"碳中和多能融合发展"丛书编委会

"十四五"国家重点出版物出版规划项目

国家出版基金项目
NATIONAL PUBLICATION FOUNDATION

碳中和多能融合发展丛书

刘中民 主编

煤 制 油

王建国 杨 勇 朱何俊 等 著

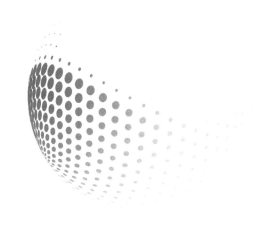

科 学 出 版 社

龙 门 书 局

北 京

内 容 简 介

我国"富煤、贫油、少气"的能源禀赋特点决定了煤制油技术是提升国家能源战略安全的重要方法。近二十年来,在科学技术部、国家自然科学基金委等部委和中国科学院的持续支持下,我国煤制油技术取得了突破性进展,实现了百万吨级工业化运行。

本书系统总结了近年来煤制油领域的核心基础问题研究,高效催化剂开发与放大生产、专有反应器和工艺开发及全系统工艺集成和工业示范,展示了从基础研究向工业应用转化的全过程。全书共分 6 章,第 1 章为煤直接液化技术,第 2 章为铁基费-托合成技术,第 3 章和第 4 章分别为碳载钴基浆态床和钴基固定床费-托合成技术,第 5 章为费-托合成尾气高值化利用,第 6 章为煤制油技术展望。

本书可供煤制油领域的科研和技术人员使用,同时对其他催化技术的开发和工业转化也具有参考意义。

图书在版编目(CIP)数据

煤制油 / 王建国等著. -- 北京:龙门书局,2024.12. -- (碳中和多能融合发展丛书 / 刘中民主编). -- ISBN 978-7-5088-6513-3

Ⅰ. TQ529

中国国家版本馆 CIP 数据核字第 2024NN9417 号

责任编辑:吴凡洁 冯晓利 罗 娟 / 责任校对:王萌萌
责任印制:师艳茹 / 封面设计:有道文化

科学出版社
龙门书局 出版
北京东黄城根北街 16 号
邮政编码:100717
http://www.sciencep.com
北京中科印刷有限公司印刷
科学出版社发行 各地新华书店经销
*
2024 年 12 月第 一 版 开本:787×1092 1/16
2024 年 12 月第一次印刷 印张:16 1/4
字数:385 000
定价:168.00 元
(如有印装质量问题,我社负责调换)

丛书序

2020 年 9 月 22 日,习近平主席在第七十五届联合国大会一般性辩论上发表重要讲话,提出"中国将提高国家自主贡献力度,采取更加有力的政策和措施,二氧化碳排放力争于 2030 年前达到峰值,努力争取 2060 年前实现碳中和"。"双碳"目标既是中国秉持人类命运共同体理念的体现,也符合全球可持续发展的时代潮流,更是我国推动高质量发展、建设美丽中国的内在需求,事关国家发展的全局和长远。

要实现"双碳"目标,能源无疑是主战场。党的二十大报告提出,立足我国能源资源禀赋,坚持先立后破,有计划分步骤实施碳达峰行动。我国现有的煤炭、石油、天然气、可再生能源及核能五大能源类型,在发展过程中形成了相对完善且独立的能源分系统,但系统间的不协调问题也逐渐显现,难以跨系统优化耦合,导致整体效率并不高。此外,新型能源体系的构建是传统化石能源与新型清洁能源此消彼长、互补融合的过程,是一项动态的复杂系统工程,而多能融合关键核心技术的突破是解决上述问题的必然路径。因此,在"双碳"目标愿景下,实现我国能源的融合发展意义重大。

中国科学院作为国家战略科技力量主力军,深入贯彻落实党中央、国务院关于碳达峰碳中和的重大决策部署,强化顶层设计,充分发挥多学科建制化优势,启动了"中国科学院科技支撑碳达峰碳中和战略行动计划"(以下简称行动计划)。行动计划以解决关键核心科技问题为抓手,在化石能源和可再生能源关键技术、先进核能系统、全球气候变化、污染防控与综合治理等方面取得了一批原创性重大成果。同时,中国科学院前瞻性地布局实施"变革性洁净能源关键技术与示范"战略性先导科技专项(以下简称专项),部署了合成气下游及耦合转化利用、甲醇下游及耦合转化利用、高效清洁燃烧、可再生能源多能互补示范、大规模高效储能、核能非电综合利用、可再生能源制氢/甲醇,以及我国能源战略研究等八个方面研究内容。专项提出的"化石能源清洁高效开发利用"、"可再生能源规模应用"、"低碳与零碳工业流程再造"、"低碳化、智能化多能融合"四主线"多能融合"科技路径,有望为实现"双碳"目标和推动能源革命提供科学、可行的技术路径。

"碳中和多能融合发展"丛书面向国家重大需求,响应中国科学院"双碳"战略行动计划号召,集中体现了国内,尤其是中国科学院在"双碳"背景下在能源领域取得的关键性技术和成果,主要涵盖化石能源、可再生能源、大规模储能、能源战略研究等方向。丛书不但充分展示了各领域的最新成果,而且整理和分析了各成果的国内国际发展情况、产业化情况、未来发展趋势等，具有很高的学习和参考价值。希望这套丛书可以为能源领域相关的学者、从业者提供指导和帮助，进一步推动我国"双碳"目标的实现。

中国科学院院士

2024 年 5 月

前言

改革开放以来,特别是进入 21 世纪后,我国的经济发展取得了举世瞩目的成就。伴随着经济规模的不断增长,能源消费总量快速增加,2009 年我国超越美国成为全球第一大能源消费国。2020 年我国能源消费总量为 49.83 亿 t 标准煤,是美国的 1.67 倍。其中,煤炭、石油、天然气和一次电力的占比分别为 56.9%、18.8%、8.4%和 15.9%。在能源生产端,2020 年一次能源的生产总量为 40.73 亿 t 标准煤,其中煤炭、石油、天然气和一次电力的占比分别为 67.5%、6.8%、6.0%和 19.7%。"富煤、贫油、少气"的能源禀赋使得煤炭在我国能源生产端和消费端均占据主导地位,是国民经济稳定发展的基石。能源的生产总量和消费总量相差约 9.1 亿 t 标准煤,这主要是由于石油和天然气储量不足,大量依赖进口。

以煤为主体的能源结构会导致大量的温室气体排放,带来严重的环境问题。大力发展可再生能源技术,推动能源消费结构转变是我国的重大战略方针。从 2011 年到 2020 年的十年间,一次电力的总量从 3.25 亿 t 标准煤提高到 7.92 亿 t 标准煤,在能源消费中的占比从 8.4%增加至 15.9%,可再生能源发展迅速,但在能源消费中的占比仍比较低,煤炭在目前以及未来相当长的一段时间内依旧是国家能源安全的"压舱石"。2011 年至 2020 年间,石油在能源消费中的比例相对稳定,维持在 17%~19%之间,但石油消费总量从 4.54 亿 t 增加到 6.54 亿 t,由于国内石油产量长期维持在 2 亿 t 以下,原油对外依存度从 55.1%增加至 73.6%,石油短缺导致的能源安全问题仍处于不断加剧的状态。目前,我国煤炭消费的主体是发电,占比超过 50%;其次为采矿、炼油、炼焦等,合计占比 18%左右;冶金和建材等行业占比为 17% 左右;煤炭转化的占比仅为 6% 左右,其中煤制油的占比更是不足 0.8%。可再生能源的主要利用方式是发电,如水电、风电、光电等。随着可再生能源规模的不断扩大,有望逐渐降低煤炭在发电中的消耗。利用这部分煤炭资源,适度发展煤制油技术,降低原油对外依存度,能够有效提高我国的能源安全。

鉴于煤制油技术对提高国家能源安全的重要意义,科学技术部、国家自然科学基金委员会等部委和中国科学院均对煤制油技术的开发和升级提供了长期的支持,推动我国煤制油技术的研发和产业化在近年来取得了长足的进步。中国科学院战略性先导科技专项设立于 2010 年,定位于解决关系国家长远发展的重大科技问题。2011 年和 2018 年先后设立了"低阶煤清洁高效梯级利用关键技术与示范"和"变革性洁净能源关键技术与示范"两个先导专项,对煤炭清洁高效转化技术进行了专项研发。本书内容隶属于"变革性洁净能源关键技术与示范"专项中的"合成气下游及耦合转化利用"项目，书中详细介绍了近年来煤炭直接液化和间接液化领域的研究进展和工业化实践。其中，第 1 章为煤直接液化技术，针对传统直接液化技术反应条件苛刻、溶剂油不平衡等问题，中国科学院山西煤炭化学研究所和中科合成油技术股份有限公司(中国科学院山西煤炭化学研究所研究团队联合产业界伙伴成立的专注于间接液化过程开发和应用的技术公司)开发了煤温和加氢液化工艺和催化剂，反应压力由传统技术的约 20MPa 降低至 5～8MPa，实现了高油收率，解决了现有技术溶剂自平衡难题，完成了万吨级中试试验，具备了商业化推广的条件；第 2 章为铁基费-托合成技术，介绍了中国科学院山西煤炭化学研究所和中科合成油技术股份有限公司自主开发的高温浆态床费-托合成技术。该技术基于创新性的中温费-托合成概念，开发了高效铁基催化剂，历经小试、千吨级中试、16 万吨级工业示范的研发历程，实现了百万吨级商业应用，建成投产的三个百万吨级项目均实现了长周期满负荷稳定运行，主要技术指标达到国际领先水平；第 3 章和第 4 章为钴基费-托合成技术，中国科学院大连化学物理研究所开发了钴基浆态床费-托合成催化剂和工艺，完成了 10 万 t/a 的工业示范，中国科学院山西煤炭化学研究所开发了钴基固定床费-托合成催化剂和工艺，完成了 20 万 t/a 的工业示范，钴基费-托合成工艺的成功开发进一步丰富了我国间接液化技术的工艺路线和产品结构；第 5 章为费-托合成尾气高值化利用，中国科学院山西煤炭化学研究所成功开发了费-托合成尾气芳构化催化剂和工艺，完成了千吨级工业侧线实验。

本书针对煤制油领域中主要的技术路线，系统展示了从基础研究向工业应用转化的全过程，内容包括核心科学问题突破，高效催化剂开发与放大生产，专有反应器和工艺开发，全系统工艺集成和工业示范等，涵盖了技术转化过程中的主要环节，能够使本领域科研和技术人员全面了解最新技术进展，同时也对其他催化技术的工业转化具有一定的参考意义。

本书由中国科学院山西煤炭化学研究所王建国、杨勇和中国科学院大连化学物理研究所朱何俊等撰写。其中，第 1 章和第 2 章由杨勇和王洪执笔，第 3 章由朱何俊和吕元执笔，第 4 章由李德宝和贾丽涛执笔，第 5 章由王建国和周浩执笔，第 6 章由王建国执笔。撰写过程中还得到两家研究机构多位老师的支持和帮助，在此深表感谢。

由于作者水平所限，书中不妥之处在所难免，敬请读者批评指正。

目录

丛书序

前言

第1章 煤直接液化技术 ··· 1

  1.1 概述 ·· 2

    1.1.1 典型煤直接液化工艺 ································ 2

    1.1.2 煤直接液化催化剂 ·································· 11

    1.1.3 煤直接液化溶剂 ···································· 15

  1.2 万吨级煤温和加氢热解装置运行情况 ················ 17

    1.2.1 煤温和加氢热解工艺 ······························ 17

    1.2.2 装置工艺流程 ···································· 17

    1.2.3 装置运行情况 ···································· 19

  1.3 煤直接液化残渣处理技术 ·························· 20

    1.3.1 煤直接液化残渣基本性质 ························ 20

    1.3.2 煤直接液化残渣流化热解技术 ···················· 22

    1.3.3 煤直接液化残渣流化热解中试 ···················· 24

    1.3.4 煤直接液化残渣流化热解技术研究结论 ············ 25

  1.4 结论 ·· 26

  参考文献 ··· 26

第2章 铁基费-托合成技术 ·· 29

  2.1 铁基费-托合成催化剂 ···························· 30

    2.1.1 活性相的精准识别与催化作用机制研究 ············ 31

    2.1.2 活性结构的生成与动态稳定控制 ·················· 34

    2.1.3 助剂作用机理研究 ·································· 38

    2.1.4 铁基高温浆态床催化剂的开发与放大 ············ 41

  2.2 费-托合成反应器与工艺 ·························· 42

    2.2.1 费-托合成反应动力学 ···························· 43

    2.2.2 浆态床反应器的模拟与设计 ······················ 46

    2.2.3 费-托合成产品方案 ······························ 48

    2.2.4 间接液化成套工艺集成优化 ······················ 49

2.3 工业化进展 ·· 50

2.4 结论 ·· 53

参考文献 ·· 54

第3章 碳载钴基浆态床费-托合成技术 ·· 61

3.1 碳载钴基催化剂的研究进展 ··· 61

3.1.1 碳纳米管负载的钴基催化剂 ·· 62

3.1.2 碳纳米纤维负载的钴基催化剂 ·· 63

3.1.3 碳球负载的钴基催化剂 ·· 64

3.1.4 金属有机骨架衍生的碳载钴基催化剂 ······························ 64

3.1.5 活性炭负载钴基催化剂 ·· 65

3.2 活性炭负载钴基催化剂的应用基础研究 ··································· 66

3.2.1 活性炭原料对 Co/AC 催化剂性能的影响 ··························· 66

3.2.2 助剂对 Co/AC 催化剂性能的影响 ···································· 70

3.2.3 合成气制油浆态床 Co/AC 催化剂的研发 ·························· 98

3.2.4 Co_2C 介导转晶及其对 Co/AC 催化剂 CO 加氢合成油反应性能的影响 ········· 103

3.3 碳载钴基催化剂的放大制备和工业生产 ··································· 112

3.3.1 活性炭载体生产 ··· 113

3.3.2 半干基催化剂生产 ·· 113

3.3.3 催化剂干燥 ··· 114

3.3.4 催化剂焙烧、还原和制浆 ·· 115

3.3.5 Co_2C 介导的催化剂浆态床反应器中原位转晶 ···················· 117

3.4 15 万 t/a 钴基浆态床合成气制油工业示范装置 ························· 117

3.4.1 工艺流程 ·· 117

3.4.2 设计规模 ·· 119

3.4.3 原料规格和产品方案 ·· 122

3.4.4 示范装置运行情况及标定考核 ·· 123

3.4.5 3 万 t 费-托蜡精加工装置 ··· 126

3.5 结论与展望 ·· 128

参考文献 ·· 130

第4章 钴基固定床费-托合成技术 ·· 133

4.1 钴基催化剂的理论研究 ·· 133

4.1.1 金属钴晶体结构对产物选择性的影响 ······························· 133

4.1.2 钌助剂对钴基催化剂微晶形貌的调变 ······························· 136

4.1.3 反应气氛下钴纳米颗粒形貌的演变行为 ···························· 138

4.2 钴基费-托合成催化剂的实验研究 ·· 140

4.2.1 金属钴晶体微观结构 ·· 140

4.2.2 钴基催化剂载体改性 ·· 142

4.2.3 钴基催化剂助剂改性 ·· 146

4.2.4 核壳结构钴基催化剂设计及产物调控 ································· 149

4.3　钴基费-托合成动力学与单颗粒内传递强化 ·············· 151

4.3.1　钴基费-托合成反应动力学模型 ·············· 151

4.3.2　多级孔钴基费-托合成催化剂颗粒内传递强化 ·············· 155

4.4　钴基费-托合成工业催化剂制备与预处理 ·············· 160

4.4.1　钴基费-托合成工业催化剂制备 ·············· 160

4.4.2　钴基费-托合成工业催化剂预处理 ·············· 161

4.5　钴基固定床费-托合成反应中试试验和工业示范 ·············· 163

4.5.1　钴基固定床费-托合成反应器 ·············· 163

4.5.2　钴基固定床费-托合成工业示范 ·············· 164

4.6　结论 ·············· 167

参考文献 ·············· 168

第 5 章　费-托合成尾气高值化利用 ·············· 174

5.1　费-托合成尾气芳构化催化剂研究 ·············· 175

5.1.1　低碳烯烃芳构化催化剂 ·············· 176

5.1.2　低碳烷烃芳构化催化剂 ·············· 178

5.1.3　催化剂作用规律及反应行为研究 ·············· 189

5.1.4　催化剂失活研究 ·············· 219

5.2　费-托合成尾气芳构化催化反应工艺 ·············· 224

5.2.1　芳构化固定床反应工艺 ·············· 224

5.2.2　芳构化移动床反应工艺 ·············· 225

5.3　千吨级费-托合成尾气芳构化工业侧线进展 ·············· 226

5.3.1　工艺流程 ·············· 226

5.3.2　装置总体运行情况 ·············· 228

5.4　结论 ·············· 232

参考文献 ·············· 232

第 6 章　煤制油技术展望 ·············· 246

第1章

煤直接液化技术

煤直接液化(direct coal liquefaction, DCL)是将煤在溶剂、高温和高压氢气条件下(添加或不添加催化剂)生成液体产物的过程，主要产品包括汽油、柴油、航空燃料、芳烃和碳材料原料，燃料气或液化燃料气为副产品。在此过程中，矿物质和有害元素可以转化为有用物质或被除去[1]。煤直接液化技术是促进煤炭清洁高效利用的有效途径，已成为保障我国能源供应安全、促进经济可持续发展的战略举措，对充分利用国内资源、解决石油安全问题具有重要的战略意义和现实意义[2, 3]。

煤是一种非常复杂的有机高分子缩聚物质[4]，一般认为，在煤直接液化过程中，氢分子不能与煤分子直接反应使煤有机结构裂解，而是煤有机分子本身先受热分解生成不稳定的裂解自由基碎片，此时若有足够的氢存在并与其发生反应，则自由基碎片就能饱和而稳定下来，生成液体产物；否则自由基碎片之间会相互结合转变为不溶性焦[5-7]。因此，在煤直接液化过程中，煤有机质热解和供氢是两个十分重要的反应。缩合反应将使液化产率降低，它是煤直接液化过程中需要被抑制的反应。同时，煤结构中的一些氧、硫、氮等在液化过程中会从化学键中断裂，发生脱氧、脱硫、脱氮等杂原子脱除反应，分别生成 H_2O(或 CO_2、CO)、H_2S 和 NH_3 气体[8, 9]。

煤直接液化技术发展的核心是煤自由基碎片的"产生速率"和自由基碎片的"加氢稳定速率"的匹配与博弈[10]。煤的热裂解与煤的化学结构以及反应温度密切相关，加氢稳定效率则取决于系统供氢性。氢的来源主要是氢气、供氢溶剂，以及煤自身结构中的氢，持续优化提高体系的供氢能力是煤直接液化技术发展面临的关键科学问题，主要措施有[11]：①提高液化系统氢气压力，在溶剂供氢能力一定的条件下，较高的氢气压力可以增大煤自由基周围氢气的浓度，同时增强氢气在催化剂表面的吸附以及孔隙间的扩散，强化氢气直接接触或通过催化剂活化稳定自由基碎片的效率，但氢气压力的提高会增加能量消耗和操作成本，降低煤液化的整体经济性。②增加溶剂的供氢能力，研究表明，部分氢化芳环，如四氢萘、二氢蒽或二氢菲都有很强的供氢和氢传递能力，可用于稳定煤热解自由基。因此，对煤直接液化溶剂进行预加氢处理，控制溶剂馏分中氢化芳烃的增加量，可以提高溶剂的供氢能力。③使用高活性催化剂，催化剂不仅可以活化氢气分子，强化氢气稳定自由基路径，也可以对脱氢后的供氢溶剂进行催化加氢，恢复其供氢性能，实现溶剂的催化循环供氢。④在气相中保持一定的 H_2S 浓度等，对于活性相是磁黄铁矿的氧化铁基催化剂，H_2S 可在直接液化升温阶段对氧化铁基催化剂进行原位活化，获得催化活性相，能够提高煤直接液化效率。

煤直接液化工艺经历了百余年的发展历程，中国、德国、美国、日本等许多国家都独立开发出了拥有自主知识产权的直接液化工艺技术，在催化剂、溶剂加氢、固液分离、反应器、油品精制等方面都取得了显著进展，操作条件进一步缓和，油收率大幅提高，热利用效率明显改善，产品成本明显降低[12-14]。发展历程可以分为以下四个阶段，第一阶段是 1913 年到第二次世界大战结束。1913 年，德国科学家贝吉乌斯(Bergius)发明了在高温高压下将煤加氢液化生成液体燃料的方法，并获得专利，为煤直接液化技术的开发奠定了基础。1927 年，德国 I. G. Farbenindustrie(燃料公司)建立了世界上第一座工业规模生产的煤直接液化厂，装置能力 10 万 t/a，开发出代表性的 IG 液化工艺。该工艺催化剂采用赤泥催化剂，循环溶剂未预加氢，固液分离采用过滤方式，反应条件比较苛刻(压力为 70MPa，温度为 470℃)。第二阶段是第二次世界大战结束到 1973 年，此时只有美国等少数国家进行基础研究，开发出了黄铁矿、赤铁矿等催化剂，其他方面的研究基本停滞。第三阶段是 1973～2000 年，美国、德国、日本等发达国家从基础理论、反应机理到工艺开发、工程化放大等方面进行了深入研究，相继开发出了多种煤直接液化新工艺，代表性的工艺主要是德国煤液化精制联合工艺，即 IGOR(integrated gross oil refining)工艺，以及美国的 HTI 工艺和日本的 NEDOL 工艺。这一阶段的工艺特点是循环溶剂采用预加氢，固液分离采用减压蒸馏方式，催化剂采用研磨后的小粒径铁基催化剂或钼、镍等有色金属催化剂。第四阶段是 2000 年至今，我国政府根据以煤为主的能源结构特点，大力支持国内企业和科研机构开展煤直接液化技术的研发工作，研发的代表性工艺技术为神华煤直接液化工艺。2008 年，世界上首套 6000t/d 的神华煤直接液化工业示范装置建成，该装置于 2011 年 7 月 4 日通过国家鉴定。该工艺液化催化剂采用超细高分散水合氧化铁(FeOOH)，其催化活性达到了世界先进水平，循环溶剂预加氢采用高活性负载型加氢催化剂。单套规模为 108 万 t/a 工业示范装置的建成与稳定运行标志着我国成为世界上唯一实现百万吨级煤直接液化关键技术工业化的国家。

1.1 概　　述

1.1.1　典型煤直接液化工艺

煤炭直接液化工艺，基本都包括备煤、煤浆制备、催化剂制备、煤液化反应、固液分离及产物精制等部分。自 20 世纪初该技术诞生以来，煤直接液化工艺经历了一百余年的发展和进步，在催化剂、循环溶剂、溶剂加氢和固液分离技术等方面取得了革命性进步，典型工艺有德国的 IGOR 工艺(减压蒸馏技术分离固液产物的应用)，美国的 H-Coal 工艺(强制循环沸腾床反应器的应用)、HTI 工艺(高效催化剂的开发与使用)和 EDS 工艺(循环溶剂供氢的提出与应用)，日本的 NEDOL 工艺(合成硫化铁或天然硫铁矿催化剂的使用)以及 21 世纪初我国的神华煤直接液化工艺(世界领先水平)[2-5]。

1. 德国 IGOR 工艺

1)工艺流程

德国是第一个将煤直接液化工艺用于工业化生产的国家，采用的工艺是德国人贝吉乌斯在 1913 年发明的贝吉乌斯法，由德国 I. G. Farbenindustrie（燃料公司）在 1927 年建成第一套生产装置，称为 IG 工艺。

IGOR 工艺[1, 15]是由德国矿业研究院、鲁尔煤炭公司和菲巴石油公司在 IG 工艺基础上开发而成，该工艺液化反应采用赤泥催化剂，液化油品加氢精制使用商业化的 Ni-Mo-Al$_2$O$_3$ 催化剂，工艺流程如图 1.1 所示。

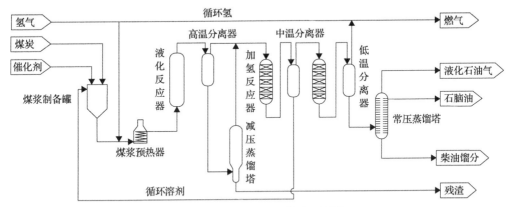

图 1.1 德国 IGOR 工艺流程图[1]

煤与循环溶剂及赤泥可弃性铁基催化剂配成油煤浆，再与氢气混合，先后进入煤浆预热器、液化反应器。典型操作温度为 470℃，压力为 30MPa，空速为 0.5t/(m^3·h)。反应后的物料进入高温分离器，重质物料与气体及轻质油蒸气在此分离，由高温分离器下部减压阀排出的重质物料经减压闪蒸分出残渣和闪蒸油，闪蒸油与高温分离器分出的气体及轻油一起进入第一固定床加氢反应器，进一步加氢后进入中温分离器，此处分出的重质油作为循环溶剂，用于煤浆制备，气体和轻质油蒸气进入第二固定床加氢反应器再次加氢后，进入低温分离器获得轻质油产品，顶部富氢气体加压后循环使用。若要使循环气体中的氢气浓度保持在所需的水平，需要补充一定数量的新鲜氢气。液化油经过两步催化加氢，已完成提质加工过程，油中的 N 和 S 含量降到 10^{-5} 数量级。此产品进入常压蒸馏塔直接蒸馏得到汽油和柴油馏分，汽油只要再经重整就可获得高辛烷值产品，柴油只需向其中加入少量添加剂即可得到合格产品。

2）工艺特点

（1）液化残渣的固液分离由 IG 工艺的过滤式改为减压蒸馏，设备处理能力增强，操作简单，蒸馏残渣在高温下仍可用泵输送。

（2）循环溶剂为液化中油和催化剂加氢重油混合油品，不含固体，煤浆黏度大大降低，溶剂的供氢能力增强，反应压力降低至 30MPa。

（3）液化残渣不再采用低温干馏，而是直接送去气化制氢。

（4）将循环溶剂加氢、液化油提质加工与煤直接液化反应串联在一套高压系统中，避免了分离流程物料降温降压又升温升压带来的能量损失，节约投资与运营成本。

（5）煤浆固体浓度大于 50%，煤处理能力强，反应器空速可达 0.6kg/(L·h)［干燥无灰基煤(dry-ash-free 煤，daf 煤)］。

2. 美国 H-Coal 工艺

1) 工艺流程

氢煤法(H-Coal)工艺的开发始于 1963 年，是在美国能源部等资助下由碳氢化合物研究公司(HRI)根据其重油提质工艺氢油法(H-Oil)工艺开发而成的煤直接液化工艺，工艺流程如图 1.2 所示。

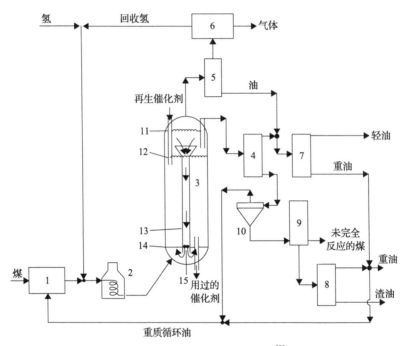

图 1.2 美国 H-Coal 工艺流程[2]

1. 煤浆制备罐；2. 预热器；3. 反应器；4. 闪蒸器；5. 冷分离器；6. 气体洗涤器；7. 常压蒸馏塔；8. 减压蒸馏塔；9. 液固分离器；10. 旋流器；11. 浆态反应物料的液位；12. 催化剂上限；13. 循环管；14. 分布板；15. 搅拌螺旋桨

煤粉磨细至小于 60 目，干燥后与循环溶剂混合，制成煤浆，与压缩氢气混合送入预热器预热到 350～400℃后，进入沸腾床催化反应器，采用加氢活性良好的镍-钼或钴-钼氧化铝载体柱状催化剂，反应温度 425～455℃，反应压力 20MPa，利用煤浆和氢气由下向上地流动，使反应器的催化剂保持沸腾状态，并利用反应器底部配置的高压油循环泵，抽出部分物料进行循环，进一步强化反应器内的循环流动，促使物料在床内呈沸腾状态。为了保证催化剂的活性，在反应中连续抽出 2%的催化剂进行再生，并同时补充等量的新鲜催化剂。反应器顶部流出的液化产物经过气液分离，蒸气冷凝冷却后，凝结出液体产物，气体经过脱硫净化和分离，氢气再循环返回到反应器，进行循环利用。凝结的液体产物经常压蒸馏得到轻油和重油，轻油作为液化粗油产品，部分重油作为循环溶剂返回制浆系统。含有固渣的液体物料离开反应器后直接进入闪蒸器分离，闪蒸塔顶物料与凝结液一起进入常压蒸馏塔精馏，塔底产物分离为高固体液流和低固体液流。低固体液流返回煤浆混合槽，以尽量减少新鲜煤制浆所需馏分油的用量；高固体液流经过最终减压蒸馏得重油和残渣，部分重油返回制浆系统，残渣进行气化制氢，作为系统氢源，这个方法可以在较低煤进料量的条件下操作获得尽可能多的馏分油。

2) 工艺特点

(1) H-Coal 工艺最大的特点是使用沸腾床三相反应器和镍-钼或钴-钼加氢催化剂，使反应系统具有等温、物料分布均衡、高效传质、催化剂活性高的特点，有利于加氢液化反应顺利进行，所得产品质量好。

(2) 反应温度保持在 450～460℃，反应压力保持在 20MPa。

(3) 操作灵活性大，对原料煤种的适应性和液化煤种的可调性好。

(4) 煤的直接液化反应、循环溶剂加氢反应和液化产物精制过程串联在一套系统中，可有效缩短工艺流程。

3. 美国 HTI 工艺

1) 工艺流程

HTI 工艺是美国 HRI 公司发展为 HTI 公司后，在 H-Coal 工艺基础上，采用自行研发的悬浮床反应器和胶体铁基催化剂而专门开发的一种两段煤催化加氢液化工艺。该工艺在 30kg/d 小型装置和 3t/d 小型中试装置进行了验证，它也是中国神华煤直接液化工艺的基础版本，HTI 工艺流程如图 1.3 所示。

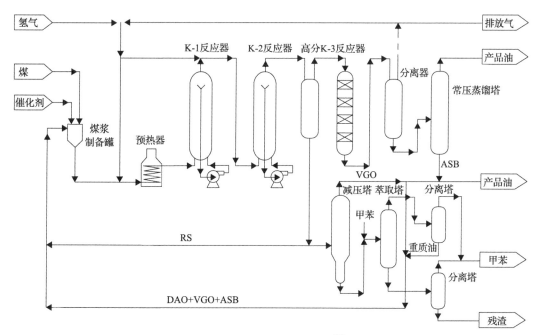

图 1.3　美国 HTI 工艺流程[2]

煤、催化剂与循环溶剂配成煤浆，预热后与氢气混合加入到沸腾床反应器的底部。第一反应器操作压力为 17MPa，温度为 400～440℃。反应产物直接进入第二段沸腾床反应器中，操作压力与第一段相同，但温度通常为 440～450℃。第二反应器的产物进入高温分离器，气相部分进入在线加氢反应器，经加氢后品质提高，并进入分离器，气相富氢气体作为循环氢使用；液相产品减压后进入常压蒸馏塔，蒸馏切割出产品油馏分，常压蒸馏塔塔底油（ASB）也作为溶剂循环至煤浆制备单元。高温分离器底部含固体的物料减压后，部分循环至煤浆制备单元，称为粗油循环（RS），其余物料进入减压蒸馏塔，塔顶蒸馏瓦斯油（VGO）为产品油，并将部分作为循环溶剂，塔底物料进入超临界甲苯萃取单元，回收得到的重质油直接作为循环溶剂去配制煤浆，萃余物料为液化残渣。

2）工艺特点

（1）反应条件比较温和，反应温度为 400～450℃，反应压力为 17MPa。

（2）采用特殊的液体循环沸腾床（悬浮床）反应器，达到全返混反应器模式。

（3）催化剂是采用 HTI 专利技术制备的铁基胶状高活性催化剂，用量少。

（4）在高温分离器后面串联有在线加氢固定床反应器，对液化油进行加氢精制。

（5）固液分离采用超临界甲苯萃取的方法，从液化残渣中最大限度回收重质油，从而大幅度提高了液化油收率。

（6）循环溶剂由高温分离器粗油、重质油、常压蒸馏塔塔底油和部分减压塔塔顶蒸馏瓦斯油四路组成。

4. 美国 EDS 工艺

Exxon 供氢溶剂法（Exxon donor solvent process，EDS）是美国埃克森研究工程公司（Exxon Research and Engineering Company，ER&E）从 1966 年开始进行研究的煤液化技术。EDS 法的技术可行性已由小型连续中试装置得到证实，在 1970 年之前，运行一个 0.5t/d 全流程液化中试装置，到 1975 年 6 月投入运行一个 1.0t/d 的中试装置，1976 年进行的实验室和工程研究进一步肯定了 EDS 法的可靠性，并认为它具有煤种适应范围宽的特点。后来建设并完成 250t/d 的中试装置运转试验，为工业化生产积累了经验。

1）工艺流程

EDS 工艺流程如图 1.4 所示，原料煤经破碎、干燥后与供氢溶剂混合，制成煤浆。煤浆与氢气混合预热后，送入液化反应器，在反应器内由下向上活塞式流动，反应温度为 425～450℃，压力为 17.5MPa，无需另加催化剂。供氢溶剂的作用是使煤分散在煤浆中，并将煤流态化输送通过反应系统，同时提供活性氢对煤进行加氢反应。液化反应器出来的产物进入气液分离器，分离出气体产物和液体产物，气体进入分离净化系统，部分用作燃料气，富氢尾气循环利用。液相产物进入常、减压蒸馏系统，分馏得到轻质燃料油、重质燃料油和石脑油产品。部分轻质燃料油用催化剂加氢后制成再生供氢溶剂，加氢催化剂为镍-钼或钴-钼氧化铝载体催化剂，反应温度为 370℃，操作压力为 11MPa。减压蒸馏塔的残渣浆液送入灵活焦化（flexicoking）器，将残渣浆液中的有机物转化为液体产品和低热值燃料气，提高碳的转化率。灵活焦化法焦化部分的反应温度为 485～650℃，气化部分的反应温度为 800～900℃，整体停留时间为 0.5～1h。

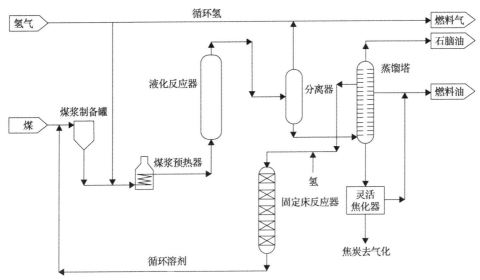

图 1.4　美国 EDS 工艺流程[11]

2）工艺特点

（1）液化反应阶段，在分子氢和富氢供氢溶剂存在的条件下，煤在非催化剂作用下加氢液化，由于使用了经过专门加氢的溶剂，增加了煤液化产物中的轻质馏分产率，提高了操作过程稳定性。

（2）供氢溶剂是从液化产物中分出的切割馏分，并且经过催化加氢恢复了其供氢能力。溶剂加氢和煤加氢液化分开进行，避免了重油、未反应煤和矿物质与高活性的 Ni-Mo 催化剂直接接触，可提高催化剂的使用寿命。

（3）全部含有固体的产物通过蒸馏的方式分离为气体燃料、石脑油、其他馏出物和含固体的减压塔底产物，且减压塔底产物在灵活焦化装置中进行焦化气化，液体产率可增加 5%～10%。

（4）液化反应条件比较温和，反应温度为 425～450℃、压力为 17.5MPa。

（5）灵活焦化器是一种一体化的循环流化床焦化气化反应装置。EDS 工艺的灵活焦化在 0.3MPa 压力下操作，残渣从焦化器上部进入，底部通入蒸汽，焦化温度为 485～650℃，焦化产生的焦油从顶部排出；剩下的半焦进入气化器与通入的蒸汽和空气反应，气化温度为 800～900℃，煤气由气化器顶导出；部分高温灰返回焦化器作热载体，其余灰渣从气化器外排。

EDS 工艺采用供氢溶剂来制备煤浆，液化反应条件温和，但由于液化反应时无催化剂，液化油收率低。虽然将减压蒸馏塔底物部分循环送回反应器，增加重质馏分的停留时间，可以改善液化油收率，但同时带来煤中矿物质在反应器中沉积的问题。

5. 日本 NEDOL 工艺

1）工艺流程

20 世纪 80 年代，日本成立新能源产业技术综合开发机构（NEDO），开发了 NEDOL

液化工艺，液化对象主要是次烟煤和低品质烟煤[3, 16]。该工艺实际上是 EDS 工艺的改进型，体现在液化反应器内加入铁基催化剂，反应压力也提高到 17～19MPa，循环溶剂是液化重油加氢后的供氢溶剂，供氢性能优于 EDS 工艺，液化油产率较高。1996 年 7 月，150t/d 的中试厂在日本鹿岛建成投入运营，至 1998 年完成了运转两种印尼煤和一种日本煤的试验，取得了工程放大设计参数。该工艺流程如图 1.5 所示。

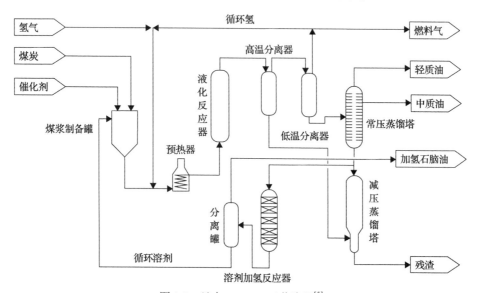

图 1.5 日本 NEDOL 工艺流程[5]

煤、催化剂与循环溶剂配成煤浆后，与氢气混合并预热后进入液化反应器，操作温度为 430～465℃，操作压力为 17～19MPa；反应产物进入高温分离器，底部物料进入减压蒸馏塔，顶部物料进入低温分离器，顶部气体用作循环氢或燃料气，底部物料进入常压蒸馏塔，得到轻质产品，塔底物料进入减压蒸馏塔，脱除中质和重质组分，塔底物含有未反应的煤、矿物质和催化剂，可作为制氢原料。减压蒸馏塔得到的大部分中质油和重质油进入溶剂加氢反应器，操作温度为 320～400℃，操作压力为 10MPa，催化剂是在传统炼油工业中馏分油加氢脱硫催化剂的基础上改进而成，加氢后进行闪蒸分离，顶部得到加氢石脑油产品，底部液体产品作为循环溶剂送至煤浆制备单元。

2) 工艺特点

(1) 催化剂使用合成硫化铁或天然硫铁矿，价格低廉，降低了煤直接液化反应成本。

(2) 反应温度为 430～465℃，反应压力为 17～19MPa，空速 0.36t/(m³·h)。

(3) 适用于次烟煤及煤化程度较低的烟煤。

(4) 固液分离采用减压蒸馏的方式。

(5) 配煤浆用的循环溶剂预加氢，提高了溶剂的供氢能力，循环溶剂预加氢技术是引进美国 EDS 工艺的成果。

(6) 液化油收率为 50%～55%，含有较多的杂原子，未进行加氢精制，必须加氢提质后才能获得合格产品。

6. 中国神华煤直接液化工艺

神华集团(2017 年中国国电集团公司与神华集团重组成立国家能源投资集团有限责任公司, 简称国家能源集团)在世界煤直接液化工艺技术发展和我国煤直接液化技术研发的基础上, 以建设百万吨级示范装置为契机, 集成各国煤直接液化技术的优点, 创新发展了神华煤直接液化工艺技术[11, 17]。

神华煤直接液化工艺开发经历了工艺创新集成、0.12t/d 小试验证试验、6t/d 中试验证试验、工艺包开发和 6000t/d 示范规模装置的设计建成以及示范装置试运行等阶段, 是唯一经过工业化示范的煤直接液化工艺。

1)工艺流程

神华煤直接液化工艺流程如图 1.6 所示。

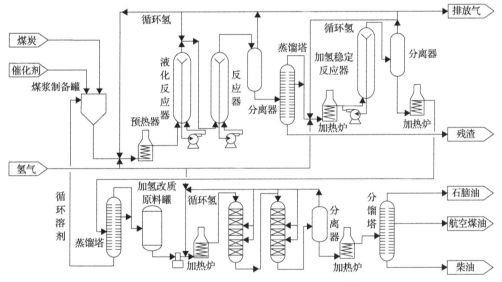

图 1.6　中国神华煤直接液化工艺流程[11]

原料煤干燥到水分小于 3%, 破碎到粒径约为 150 目的煤粉后, 在煤浆制备罐中, 与来自溶剂加氢单元的供氢溶剂和催化剂制备单元的催化剂以及补充的助催化剂硫混合配制成可泵送的油煤浆。油煤浆经过高压输送泵增压并与氢气混合后进入煤浆加热炉, 加热至反应所需温度后进入液化反应器。在 455℃、19MPa, 以及催化剂作用下, 煤发生热解、加氢液化反应, 转化为液态产品, 同时也副产一些气体和水。反应后的物料进入分离单元, 气液分离系统中富氢气体提浓后用作循环氢, 液体产物中液化油和未反应的煤、灰分和催化剂等固体物进行固液分离。分离后的液化油进入加氢稳定单元, 反应器也采用了强制循环的悬浮床反应器, 与液化反应器不同的是其催化剂为负载型催化剂, 可在线置换。加氢稳定的主要目的, 一是将煤液化溶剂馏分油加氢成为合格的供氢溶剂; 二是将生产的液化油进行加氢稳定, 为进一步的提质加工提供合格的原料。加氢后的溶剂和加氢稳定后的初级液化产品经过分离后, 循环溶剂去煤浆制备单元循环使用,稳定加氢后的液化轻油去加氢改质单元进行提质加工，得到满足符合市场规格要求的石脑油和柴油等成品油以及其他副产品。

2）工艺特点

神华煤直接液化工艺的特点有：

（1）采用超细水合氧化铁（FeOOH）作为液化催化剂。此催化剂制备成本低、制备工艺简单、重复性好，可以降低运营和投资成本。由于液化催化剂活性高、添加量少，煤液化转化率高，残渣中催化剂带出的液化油少，提高了煤液化实际蒸馏油收率，与天然黄铁矿催化剂相比可提高蒸馏油收率约 5%。

（2）煤浆制备全部采用经过加氢的循环溶剂。由于循环溶剂采用预加氢，溶剂性质稳定，成浆性好，可以制备成含固体浓度 45%～50%，黏度低、流动性好的高浓度煤浆；循环溶剂预加氢后，供氢性能好，加上高活性煤液化催化剂的使用，液化反应条件温和，反应压力为 19MPa，反应温度为 455℃；较强供氢性能的循环溶剂使得煤浆在预热器加热过程中，能阻止煤热解自由基碎片的缩合，防止结焦，延长了加热炉的操作周期，提高了热利用率。

（3）采用两个强制循环的悬浮床反应器。由于强制循环悬浮床反应器内为全返混流，轴向温度分布均匀，反应温度容易控制，通过进料温度即可控制反应温度，不需要采用反应器侧线急冷氢控制，产品性质稳定。强制循环悬浮床反应器气体滞留系数低，反应器液相利用率高；强制循环悬浮床反应器内液速高，反应器内没有矿物质沉积。

（4）采用减压蒸馏的方法进行沥青和固体物的脱除。减压蒸馏是一种成熟且有效的脱除沥青和固体的分离方法，减压蒸馏的馏出物中不含沥青，为循环溶剂的催化加氢提供合格的原料，减压蒸馏的残渣含固体含量约 50%；使用高活性的液化催化剂，添加量少，残渣中含油量少。

（5）循环溶剂和煤液化初级产品采用强制循环悬浮床加氢反应器加氢。由于采用悬浮床反应器，催化剂每天更新，加氢深度稳定，加氢原料的适应性较宽。加氢后的溶剂供氢性能好，煤液化产品性质稳定，延长了稳定加氢的操作周期，也避免了固定床反应因催化剂积炭压差增大产生的风险。悬浮床加氢反应器比固定床加氢反应器操作更加稳定，操作周期更长。

3）工艺优势

神华煤直接液化工艺与国外现有工艺相比在以下几方面具有明显优点：

（1）单系列处理量大。

由于采用高效煤液化催化剂、全部供氢性循环溶剂以及强制循环的悬浮床反应器，神华煤直接液化工艺单系列处理液化煤量为 6000t/d 干煤。国外大部分煤直接液化采用鼓泡床反应器的煤直接液化工艺，单系列最大处理量为每天 2500～3000t 干煤。

（2）油收率高。

神华煤直接液化工艺由于采用高活性的液化催化剂，添加量少、蒸馏油收率高。

（3）稳定性强。

神华煤直接液化工艺采用经过加氢的供氢性循环溶剂。溶剂性质稳定，煤浆具有较好的输送性和较强的稳定性，同时采用悬浮床加氢反应器进行循环溶剂和液化初级产品的稳定加氢，使得工艺的整体稳定性大大提高。

（4）反应条件温和。

神华煤直接液化工艺溶剂采用全部加氢的供氢性能好的循环溶剂，以及高活性和高分散性合成铁基催化剂，降低煤液化反应的苛刻条件，可以保证煤液化转化率的同时降低反应的苛刻条件，反应温度为455℃，反应压力为19MPa。

综上所述，上述各代表性煤直接液化工艺的主要特征见表1.1。

表 1.1　煤直接液化四种主要工艺特征[2]

特征/参数	工艺名称			
	HTI	IGOR	NEDOL	神华煤直接液化
反应器类型	悬浮床	鼓泡床	鼓泡床	外循环
操作条件				
温度/℃	440～450	470	465	455
压力/MPa	17	30	18	19
空速/[t/(m³·h)]	0.24	0.6	0.36	0.702
催化剂及用量	GelCat™，0.5%	炼铝赤泥，3%～5%	天然黄铁矿，3%～4%	人工合成，1.0%(Fe)
固液分离方法	超临界甲苯萃取	减压蒸馏	减压蒸馏	减压蒸馏
在线加氢	有或无	有	无	无
循环溶剂加氢	部分	在线	离线	部分
试验煤	神华煤	先锋褐煤	神华煤	神华煤
结果参数				
转化率/%(daf煤)	93.5	97.5	89.7	91.7
生成水/%(daf煤)	13.8	28.6	7.3	11.7
C₄+油/%(daf煤)	67.2	58.6	52.8	61.4
残渣/%(daf煤)	13.4	11.7	28.1	14.7
氢耗量/%(daf煤)	8.7	11.2	6.1	5.6

1.1.2　煤直接液化催化剂

煤直接液化催化剂主要包括 $ZnCl_2/SnCl_2$ 等卤化物催化剂、Mo/W/Ni/Co 等过渡金属催化剂和廉价铁基催化剂三类。卤化物催化剂具有较高的催化裂解性能，但对设备有较强的腐蚀作用，对设备耐腐蚀性要求高，目前尚无工业化前景。Mo/W/Ni/Co 等过渡金属催化剂加氢活性高，但价格相对昂贵，存在于煤直接液化残渣中，难以回收利用，在建立和完善一整套有效的催化剂回收工艺之前较难实现工业化应用。铁基催化剂因原料来源广、价格低廉、对环境无污染等特点，可以和煤直接液化残渣一起排出，而无需回收利用，被多数煤直接液化工艺采用。

1. 天然铁基催化剂

铁基催化剂主要来自两种途径，一是天然存在，二是化学合成。天然铁基催化剂包括赤铁矿、黄铁矿、褐铁矿、陨硫铁等。为提高催化剂的利用效率及催化性能、减少设备磨损和改善工艺条件，天然铁基催化剂在使用前一般需要进行物理研磨。

煤炭科学研究总院有限公司研究了中国可能用于催化煤直接液化的可弃性催化剂资源(硫铁矿、黄铁矿、铁矿石、炼铝废渣赤泥等)，同时以 Ni-Mo 催化剂为对比，发现含铁的矿物质或工业废渣对兖州北宿原煤的加氢液化都表现出一定的催化活性，尤其是黄铁矿和硫铁矿对煤的加氢液化有较好的催化作用。中国铝业股份有限公司广西分公司赤泥属于高铁含量的赤泥，用于先锋褐煤的液化中表现出很好的催化活性；而我国其他铝厂的赤泥(如中国铝业股份有限公司山东分公司、中国铝业股份有限公司河南分公司和贵州铝厂有限责任公司等)属于高硅含量的赤泥，对煤加氢液化几乎没有催化作用。研究还发现，以硫黄为助催化剂，进行抚顺露天煤和云南先锋褐煤的加氢液化试验时，首都钢铁公司的高炉飞灰表现出与 Fe_2O_3 和德国拜尔法赤泥相当的催化活性。

对天然铁矿石进行研磨粉碎，可以进一步提高其催化效果。Hirano 等[18]发现，当天然黄铁矿矿石粒径由 3.9μm 降至 0.5μm 时，液化油收率由 51.7%提高至 60.2%，气产率由 16.8%降至 15.9%，残渣量由 26.9%降为 20.7%，表明对催化剂进行研磨提高了催化剂活性中心数量，进而改善了煤直接液化效果。Kaneko 等[19]研究褐铁矿性质时发现，油收率随着褐铁矿组成中的 H_2O/Fe 质量比的提高而升高，这是由于高 H_2O/Fe 质量比的褐铁矿易于研磨，所得催化剂粒径较小；同时还发现印度尼西亚的褐铁矿由于具有较高的 Al、Ni 和 Cr 等元素，在煤直接液化反应中表现出优于其他种类的褐铁矿的催化活性。

虽然物理研磨可以降低催化剂粒径至 1μm 以下，但是研磨过程存在所需动力高、物料损耗大、研磨成本高等问题。此外，天然含铁物质多存在杂质，且其自身化学组成和结构也不是催化所需最佳特性，使用前一般需经过一种或两种以上处理(如还原处理、热处理、长时间的水洗处理或在水中浸泡处理)，以便在使用前除去其中对催化剂有害的物质。同时添加量通常较高，一般在 3.0%以上。

2. 化学合成铁基催化剂

通过化学合成的方法，可以方便获取微米甚至是纳米级催化剂，易于实现在煤粉内、外表面的高分散，且易于通过调变催化剂组成和结构提高催化剂活性。

1)非负载型铁基催化剂

利用有机溶剂体系低的溶液界面张力，可以制备较小颗粒催化剂。Suzuki 等[20]发现油溶性前驱体 $Fe(CO)_5$-S 体系具有比 Fe_2O_3-S 体系更高的菲加氢能力，这是因为相比于 Fe_2O_3-S，油溶性 $Fe(CO)_5$-S 体系在多环芳烃加氢的过程中更易于转化为分散度更高的活性相。Li 等[21]以氯化铁和油酸钠为反应物，在甲苯和乙醇体系中合成出非担载型纳米氧化铁，后经高温晶化得到氧化铁纳米晶，晶粒粒径为 15nm 左右，在此基础之上，Li 等[22]将油酸钠更换为油酸和氢氧化钠，无需后续高温晶化步骤，一步制备得到纳米氧化铁，平均粒径为 5nm，将其应用于煤炭直接液化反应中，煤的转化率为 89.6%，油收率为 65.1%。以上催化剂具有油溶性好、分散性和催化活性高等特点，但是催化剂制备过程均需要大量有机溶剂，制备成本高，难以实现工业化生产。

2) 负载型铁基催化剂

负载型催化剂是利用载体的负载效应，一方面提高金属分散度，另一方面抑制反应过程金属的团聚。Cugini 等[23]研究发现，在相同的反应条件下，煤粉负载型 FeOOH 催化煤的转化率为 85%，远高于粉末 FeOOH 的 66%。进一步深入研究发现负载型 FeOOH 催化剂在低于 300℃的反应过程中生成一种白铁矿(FeS$_2$)的中间相，正是这种白铁矿的中间相转变过程，使得活性相的晶体团聚受到了抑制，而粉末 FeOOH 催化剂则无此转变过程。已工业化的例子是神华煤直接液化工艺所采用的 "863" 纳米催化剂，主要活性组分 γ-FeOOH 分散于原料煤的表面，呈长条状，粒度为纳米级，因而有很高的催化活性[24]，同时由于载体的负载效应，催化剂在反应过程中对活性相的迁移起到锚定作用，有效抑制了活性相的聚集。煤炭科学研究总院有限公司[25]采用类似方法得到的铁基催化剂粒子形状为长条形，宽为 20～50nm，长为 60～150nm。在 0.1t/d 煤液化连续装置上，当催化剂中铁的质量分数为干基煤的 0.70%时，蒸馏油收率达到 50.6%，催化活性高于天然黄铁矿。采用金属盐的水溶液处理原料煤粉，使催化剂更好地担载在煤上也会起到一定的作用。Okamoto 等[26]将 FeCl$_2$ 和煤粉混合制成煤浆，在水溶液中采用 KBH$_4$ 原位还原 Fe^{2+}，使生成的 Fe 纳米颗粒高分散地负载至煤粉表面，制备得到纳米 Fe 负载型催化剂。同时采用不加煤粉的方式制备出 Fe 催化剂，在相同的试验条件下纳米 Fe 负载型催化剂的转化率和油收率分别为 92.0%和 43.9%，而 Fe 催化剂的转化率和油收率仅为 88.3%和 42.7%，造成这种差别的主要原因是煤粉颗粒对催化剂起到了载体的作用，使催化剂的活性中心分布更均匀且粒径更小。

3) 离子改性铁基催化剂

研究发现通过在煤直接液化铁基催化剂制备过程中引入特定的酸根离子(如 SO$_4^{2-}$、PO$_4^{3-}$、SiO$_3^{2-}$、BO$_2^{2-}$ 等)对催化剂表面进行改性处理可明显改善催化剂的性能[27-30]，其中研究报道较多的是 SO$_4^{2-}$ 的改性作用。Tanabe 等[29]将 Fe$_2$(SO$_4$)$_3$·(NH$_4$)$_2$SO$_4$·24H$_2$O 与尿素反应制备出 2.0%SO$_4^{2-}$/Fe$_2$O$_3$ 催化剂，发现相比于未经 SO$_4^{2-}$ 改性的 Fe$_2$O$_3$ 催化剂，煤直接液化所得蒸馏油收率由 51.2%提高至 69.4%，气产率由 1.7%提高至 2.4%。这是因为 SO$_4^{2-}$ 的修饰提高了催化剂的酸性，从而提高了催化剂的裂解性能。Zmierczak 等[30]进一步研究 SO$_4^{2-}$/Fe$_2$O$_3$ 固体酸催化剂中 SO$_4^{2-}$ 在煤直接液化反应中的作用发现，在低温反应阶段，Lewis 酸与水作用转化为 Brønsted 酸，有效促进低温下煤大分子的裂解，提高了煤炭的转化率；在高温阶段，催化剂表面所吸附的 SO$_4^{2-}$ 可有效抑制活性相晶粒的生长，抑制活性相团聚，保持催化剂高的加氢性能。Zhao 等[31]同样发现，引入酸根离子可有效抑制反应过程中催化剂活性相晶粒的生长，并利用穆斯堡尔谱证明了酸根离子(如 SiO$_3^{2-}$)通过化学吸附于催化剂前驱体表面，抑制反应过程水铁矿催化剂晶粒的长大，从而有利于活性相的分散。Kotanigawa 等[32]的研究还发现，即使在没有硫单质助剂的情况下，SO$_4^{2-}$/Fe$_2$O$_3$ 催化剂对煤的直接液化也具有较好的催化效果，指出 SO$_4^{2-}$/Fe$_2$O$_3$ 修饰可显著减少助剂硫的用量并提高催化剂的活性。

通过引入特定的离子，一方面可以改变催化剂的表面酸性质，有效促进煤大分子裂解；另一方面使得催化剂在反应中活性相的转变历程发生改变，这种改性作用可能抑制了催化剂活性相在煤直接液化反应过程中的团聚。但是由于反应体系的复杂性以及表征手段的欠缺，其作用本质的研究还不够深入，有待进一步探究。

4) 多元金属复合催化剂

利用第二金属调控主金属的结构特性和电子特性是提高催化剂性能(活性、选择性和稳定性)的有效途径[33, 34]。Sharma 等[35]利用气溶胶法制备出一系列多元金属催化剂，研究了各种金属化合物的复合对煤直接液化反应效果的影响，发现与单独的 Fe 催化剂相比，纳米复合 Fe-Al-S 催化剂在催化煤直接液化时的转化率提高了 8%。王勇等[36]在铁系矿物中加入少量的 Ni、Mo 元素制备出多金属复合型催化剂，研究发现复合型催化剂的转化率和油产率均高于超细高分散铁基催化剂。Sakanishi 等[37, 38]将 NiMoFe 三元金属前驱体负载至纳米碳载体 KB 之上，制备出 FeMoNi/KB 催化剂，将该催化剂用于煤直接液化反应，发现油收率达到 77%。谢晶等[39]采用共沉淀的方法向 FeOOH 中分别引入 Si、Al、Mg、Ca、Zr、La、Cu、Ni 和 Co 元素，发现掺入 Si、Al、Ca、Zr、Ni 和 Co 都能提高神东煤直接液化油收率，其中 Ni 和 Co 的影响最为明显；Mg 的掺杂没有促进作用，Cu 和 La 的掺入反而使油收率降低。借助吸附比表面测试法(BET 法)、XRD、SEM 等表征手段可知，Al、Ca、Zr 主要起结构助剂的作用，有利于促进 FeOOH 转化为小粒径的 γ-FeOOH；Ni、Co 的掺入主要起电子型助剂的作用，强化了对氢气的活化，促进煤的转化和油收率的提高。杨勇等[40]通过特定预处理过程，使掺杂有 Al、Mn、Zr、Ni、Mo、W、V 等元素的铁基催化剂具有最佳初始活性。Hu 等[41]在大柳塔次烟煤上原位浸渍 $Fe_2(SO_4)_3$ 和四硫钼酸铵，形成 $Fe(MoS_4)_3$ 双金属催化剂，发现 $Fe_2(MoS_4)_3$ 的催化活性均高于相同条件下浸渍相当量的 Fe_2S_3 和纯的四硫钼酸铵。分析认为，$Fe_2(MoS_4)_3$ 在煤液化条件下，容易形成非化学计量比的 Fe-Mo-S 化合物，通过 XRD 分析反应后的催化剂发现，催化剂中不仅有 $Fe_{1-x}S$ 和 MoS_2 相，还有 $FeMo_4S_6$ 相。

3. 煤直接液化铁基催化剂的作用机理

在液化反应中，煤首先发生弱键和桥键断裂生成自由基碎片，自由基碎片通过活性氢原子的加氢而稳定。传统理论认为，催化剂的主要作用是促进分子氢向溶剂转移，进而由溶剂向煤传递氢。也有研究者认为，催化剂促进了气相氢直接对煤加氢。总结可知，催化剂在煤的直接液化过程中主要起以下几个方面的作用。①促进煤大分子裂解生成自由基碎片：催化剂能够降低煤大分子中弱键和桥键断裂所需活化能，增大煤大分子裂解速率；②促进自由基碎片的加氢稳定：催化剂通过活化氢气或硫化氢分子，为自由基碎片提供活性氢；③促进溶剂催化循环供氢：催化剂通过催化供氢后溶剂油的加氢，实现溶剂循环供氢。

在催化机理方面，大多数研究者认为铁基催化剂的活性相是磁黄铁矿($Fe_{1-x}S$)，但是对于活性位的认识尚不统一。翁斯灏等[42]用穆斯堡尔谱分析研究了黄铁矿 FeS_2 的煤液化催化作用，发现黄铁矿需要转化为 $Fe_{1-x}S$ 后才起到催化作用，$Fe_{1-x}S$ 的化学计量受 H_2S

分压控制，H_2S 分压越高，x 值越大，产生的 $Fe_{1-x}S$ 中金属空位越多，这些金属空位既是 FeS_2 分解时 H_2S 的脱附中心，又可起到弱化 H—S 键的作用，提供活性氢。但是，刘金家[43]采用密度泛函理论计算发现，S 空位的形成是决定铁硫催化剂加氢脱硫能力的关键因素，这和加氢精制催化剂的观点相一致。由此可知，关于铁硫催化剂活性位的认识还不够深入，需要进一步的实验和理论研究。

1.1.3 煤直接液化溶剂

1. 溶剂的作用

在煤直接液化过程中，溶剂的作用主要是作为煤粉运输及热量传递的介质、热溶解煤、溶解氢气、供氢和氢传递作用等[44, 45]。

(1)作为煤粉的运输介质，使其以煤浆的形式进行输送与传递；作为液化过程中热量传递的介质，使煤受热均匀、防止局部过热。

(2)对煤颗粒间小分子的溶解和煤颗粒结构的溶胀，使煤中的有机质能够充分地与氢气和催化剂接触，促进液化反应的传质与传热。同时具有分散煤、稀释液化产物的作用，可以防止局部自由基浓度过高，抑制自由基间的缩聚反应。

(3)作为气相氢的溶解介质，溶剂溶解氢气可以提高煤、催化剂和氢气的接触，有助于自由基和脱氢溶剂的加氢，从而有利于液化反应的进行。

(4)具有较好的供氢和氢传递能力，能够通过脱氢提供氢原子及时稳定煤热解生成的自由基，防止自由基的缩合和焦化，并且起到将氢气从气相转移到煤中的"氢传递"作用。

2. 溶剂的分类

煤直接液化的溶剂大致分为三类，一是化学试剂，二是循环溶剂，三是其他溶剂。化学试剂是指部分氢化芳烃，如四氢萘、二氢蒽、二氢菲、二氢芘等，均具有很强的供氢和传递氢能力。循环溶剂是指煤液化产品的一部分经过加氢后作为煤直接液化的溶剂，实现液化过程的循环供氢[46]。除此之外，煤焦油、石油炼制过程中的重质芳烃油、废弃塑料、橡胶、油脂等也可以用来作为煤直接液化的溶剂[47]。对煤直接液化溶剂进行预加氢处理，可以控制溶剂馏分中氢化芳烃的增加量，提高溶剂的供氢能力。

化学试剂类溶剂常用于实验室中煤直接液化机理的研究，供氢和氢传递能力是煤直接液化溶剂最重要的作用。现有研究表明，溶剂的供氢活性与其饱和度和芳香环数有关。供氢溶剂指部分氢化的多环芳烃，如四氢萘、9,10-二氢菲、4,5-二氢芘等，非供氢溶剂是指多环芳香化合物和烷烃，如十氢萘、萘、菲、蒽、芘等。氢化芳烃不仅能够提供活性氢，稳定煤热解产生的自由基，抑制自由基间的缩聚反应；同时，氢化芳烃的结构处于不稳定状态，失去氢后也容易与氢重新结合，有利于液化过程气相氢的传递。因此，使用氢化芳烃作为供氢溶剂，可以显著提高煤的液化转化率。与具有部分氢化结构的芳烃相比，具有完全氢化结构的环烷烃，其结构更稳定，供氢能力较差，如十氢萘的供氢能力就远弱于四氢萘。图 1.7 是以 4,5-二氢芘为例说明溶剂的供氢与氢传递作用[7]，4,5-二氢芘被煤热解自由基连续夺取两个氢原子后生成芘，芘在煤液化过程中又可以从气相氢气或煤中获得氢原子,再被加氢为 4,5-二氢芘继续供氢。通过这种加氢再脱氢的循环,4,5-二氢芘在煤直接液化过程中起到了重要的供氢和氢传递作用。

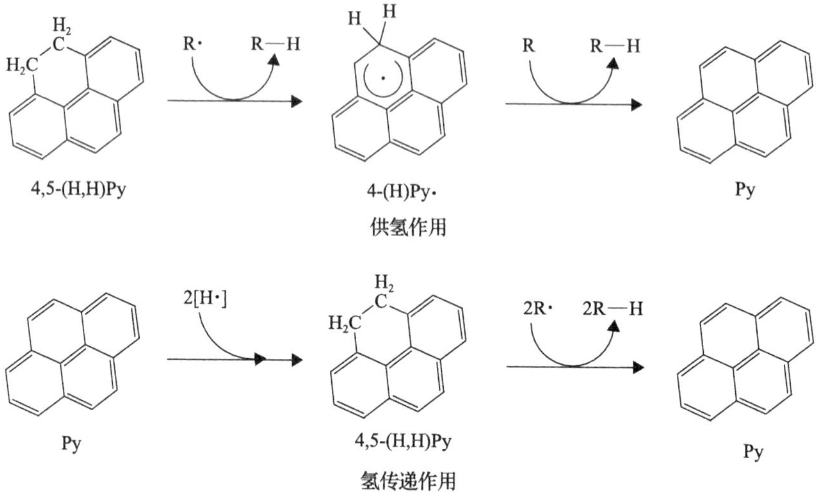

图 1.7　溶剂的供氢和氢传递作用

在煤直接液化装置的连续运转过程中,实际使用的溶剂是煤直接液化产生的中质油(沸点为 220~350℃)和重质油(沸点为 350~538℃)的混合油(即循环溶剂)[46, 48]。它是一系列供氢溶剂和非供氢溶剂的混合物,组成十分复杂,主要包括烷烃、芳烃、含杂原子的化合物以及一部分的沥青类物质,其主要组成是 2~4 环的芳烃和氢化芳烃。但循环溶剂中的氢含量较低而芳碳率较高,导致供氢性较差,通常需要对其进行适当的预加氢处理,使溶剂中稠环芳烃部分加氢饱和,提高氢化芳烃的含量,将芳碳率调整在 0.4 左右,以提高溶剂油的供氢能力。蔺华林等[49]对神华液化循环溶剂的组成进行了研究。结果表明,神华液化循环溶剂的组成非常复杂,包含了从 C_{10} 到 C_{21} 的烃类,其中,大部分芳烃以二环、三环和四环的氢化芳烃的形式存在,还有一些芘类化合物。Shan 等[50]将神华煤直接液化工厂的重油产品(初始沸点在 320℃以上)进行了加氢处理,然后用于神华上湾煤的直接液化工艺。发现与不加氢处理的原油作为溶剂相比,加氢处理后的重油供氢能力增强,使神华上湾煤的油产率增加了 5.6%。

煤直接液化工艺首次运行时没有自身产生的循环溶剂,因此需要使用其他替代油品作为起始溶剂[47]。起始溶剂可以选用高温煤焦油中的脱晶蒽油,也可采用石油重油催化裂解装置产出的澄清油、回炼油或石油常减压装置的渣油等。我国的煤焦油分布较广、产量大,为煤液化工业化装置开工所需起始溶剂的来源提供了重要保障。神华集团在 0.1t/d 小试装置和 6.0t/d 工艺开发装置上对重油催化裂化回炼油芳烃抽提装置生产的重芳烃作为煤炭直接液化的起始溶剂的考察结果表明,重芳烃经过多次加氢处理后,其密度和黏度可以满足配制煤浆的要求,其组成和芳烃含量满足作为煤炭直接液化装置的起始溶剂[47]。在中试试验条件下,煤转化率可达 90.42%,液化油收率为 56.04%[47]。王光耀等[51]利用一种高温煤焦油为液化溶剂(该高温煤焦油含有大量多环芳烃)对长焰煤进行液化,发现该煤焦油经加氢预处理后,芳碳率降低,氢化芳环的含量提高,供氢能力增强,可以使长焰煤液化油产率提高 2 个百分点。Orr 等[52]采用三种不同的溶剂即废机油、废弃轮胎热解油、废弃塑料热解油对褐煤、次烟煤以及烟煤进行液化，发现大部分情况下煤液化的转化率、沥青烯产率和油气产率是相似的，但是 Illinois 6 号煤与废弃轮胎热解油共液化时转化率却比较高。结合 GC-MS 以及 ^{1}H NMR 分析结果推测，一方面是因为废弃轮胎热解油含有比较多的芳香化合物，而这些芳香化合物的氢传递能力比较强；另一方面是因为 Illinois 6 号煤含有比较多的黄铁矿，而黄铁矿对液化反应有催化作用。

1.2　万吨级煤温和加氢热解装置运行情况

1.2.1　煤温和加氢热解工艺

煤炭直接液化技术经过上百年发展，在工艺条件缓和、液化油收率提高等方面均有所突破，但仍存在若干关键的科学或技术问题：①操作压力高达 19～30MPa，设备要求苛刻、运行成本高，且技术工程化难度极大；②存在"溶剂自平衡困难"的工艺缺陷，需要外购大量替代溶剂；③缺少液化残渣高效利用技术，影响了煤炭液化的过程能效和技术经济性。基于对现有煤炭加氢液化技术的全面分析，针对操作条件苛刻和溶剂难以自平衡等技术难题，中国科学院山西煤炭化学研究所和中科合成油技术股份有限公司提出了煤炭温和加氢热解制高品质液体燃料的工艺思路，将液化压力由传统技术的 19～30MPa 降至 5～8MPa。

煤加氢液化过程起始于弱键解离生成自由基碎片，自由基含有未成对电子，高温下非常活泼，易于缩聚生焦，若反应体系的自由基加氢稳定效率偏低，则需要通过提高操作压力来抑制自由基缩聚生焦。溶剂作为氢转移媒介可将活性氢传递至自由基，使自由基加氢稳定，溶剂供氢后再通过催化加氢恢复其供氢性能。因此，研究单位提出了"溶剂催化循环供氢"的自由基稳定路径，即通过高性能溶剂、高效催化剂及溶剂-催化剂协同循环供氢，实现低压（5～8MPa）条件下的自由基高效加氢稳定。

"十二五"期间，在国家"973"计划和中国科学院战略先导专项的支持下，中国科学院山西煤炭化学研究所和中科合成油技术股份有限公司开发了包括高效催化剂制备及高性能溶剂加工在内的煤温和加氢热解成套技术，通过优化产物分布实现了煤加氢液化工艺的溶剂循环自平衡，并进行了澳洲褐煤和哈密煤温和加氢热解的万吨级中试运行。"十三五"期间，在国家重点研发计划和中国科学院战略先导专项的持续支持下，中国科学院山西煤炭化学研究所和中科合成油技术股份有限公司通过研究不同环境下铁基催化剂的赋存形态及催化作用机理等科学问题，优化开发了高效铁基催化剂制备和预处理技术，显著提高了催化剂的加氢活性、降低了液化过程中的铁消耗量。技术成果于 2019 年通过了万吨级中试运行验证。

1.2.2　装置工艺流程

中科合成油技术股份有限公司于 2008 年斥资 2.5 亿元在内蒙古自治区鄂尔多斯市大

路新区开工建设万吨级煤炭温和加氢热解工业示范装置。经过一年多的紧张施工，装置于 2009 年 8 月建成竣工。现场如图 1.8 所示。

框架

加热炉

罐区

图 1.8　万 t/a 规模浆态床温和加氢热解中试装置

该装置包括浆态床加氢和固定床加氢两个单元，单元装置构成及工艺流程如下。

1. 浆态床加氢单元

浆态床加氢装置是中试装置的核心单元，工艺流程如图 1.9 所示。原煤经破碎及制粉处理，得到的煤粉中有 80% 粒度(80%)小于 80μm 的煤粉；煤粉、催化剂、硫与溶剂按比例充分混合后，配制成浓度为 45%～50% 的油煤浆；油煤浆以 2.0～2.5t/h 流速与炉前氢混合加热后送入浆态床反应器。

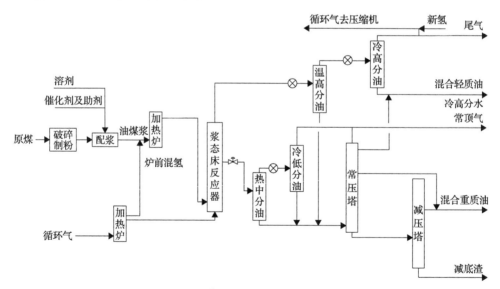

图 1.9　浆态床加氢单元工艺流程

循环气经加热炉加热后，进入浆态床反应器底部。反应器顶部气相经逐级换热降温后，分别形成温高分油、冷高分油、冷高分水和循环气。温高分油送入常压塔中部；冷高分油和冷高分水脱气后计量送入罐区；循环气一部分外排出系统，一部分与新鲜氢混合后去循环气压缩机。浆态床反应产物油浆降压后送入常压塔底部。产物经常压塔和减压塔处理后，形成常顶油、常侧油、减侧油和减底渣。常顶油等油相计量送入中间油品罐区，减底渣称重计量后降温处理形成固态物。

2. 固定床加氢单元

固定床加氢单元用于溶剂油加工和中间油的加氢精制，工艺流程如图 1.10 所示。中间油（加氢液化产物）与循环气混合加热后送入固定床反应器，产物分别经冷却、分离和降压处理后，得到循环气、污水和混合油。循环气一部分外排出系统，一部分与新鲜氢混合后送循环气压缩机；污水计量外排出系统；混合油经分馏塔处理形成石脑油、柴油和常底油（溶剂油）。

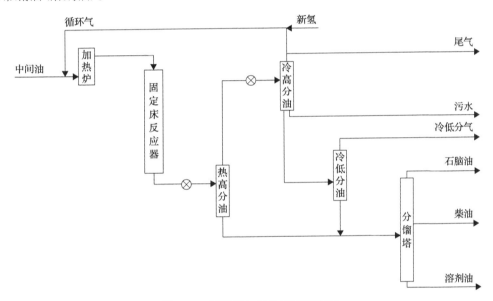

图 1.10 固定床加氢单元工艺流程

1.2.3 装置运行情况

万吨级温和加氢热解中试装置建成后，使用不同原料进行了多次试运行。

2010 年：采用稠油进行开车试运行，打通装置工艺流程，同时发现炉管堵塞等工程问题。

2012 年：解决相关装置问题后，先后使用稠油和低浓度油煤浆进行了第二次试运行，运行期间进一步发现磨煤制浆等装置问题。

2013 年：实现了稠油浆态床加氢稳态运行，但是仍然存在炉管缓慢生焦的问题。

2014 年：解决炉管缓慢生焦等问题后，分别实现了稠油和煤焦油的长周期稳态运行。

2015 年：先后以澳洲褐煤和哈密煤为原料，实现了高浓度油煤浆的温和加氢热解中试装置稳定运行。但是，由于减底泵负荷较小，减渣固含率略偏低，同时暴露高温高压调阀使用寿命短等问题。

2017 年：完成了委内瑞拉进口马瑞重油的浆态床温和加氢 168h 中试运行。

针对前期发现的工程问题，2018～2019 年进行了系统的工艺优化与改造。2019 年 9 月 24 日进行油运试车；9 月 26 日系统进煤，开始煤干燥-制粉-温和加氢热解联动中试运行，并逐步调整到稳定运行状态。装置稳定运行期间，采集了完整的稳态工艺数据，并在中国石油和化学工业联合会组织下完成了 72h 现场运行考核。以新疆哈密淖毛湖煤为原料，在操作压力为 5.0MPa、油煤浆浓度为 47wt%～50wt%（wt%表示质量分数）、油煤浆进料量 2.0～2.2t/h、反应温度 400～440℃条件下，中试运行结果如下：

(1) 干燥后煤水含量（wt%）：3.9%；

(2) 煤转化率（wt%，daf）：88.5%；

(3) 蒸馏油收率（wt%，daf）：42.1%；

(4) 氢耗（wt%，daf）：3.2%；

(5) 溶剂油平衡：达标。

中试稳定运行不仅验证了实验室研发的煤炭温和加氢热解成套技术成果，同时充分解决了装置生焦、关键设备使用寿命短等问题，标志着自主研发的温和加氢热解技术具备进一步工业示范的条件。

1.3　煤直接液化残渣处理技术

1.3.1　煤直接液化残渣基本性质

在煤温和加氢热解过程中，煤中的灰分、未转化的有机质、催化剂等固体和重质油的混合物最终会从分离系统的减压塔或常压塔底排出，通常被称为煤直接液化残渣（direct coal liquefaction residue, DCLR），其性质见表 1.2。对于一个生产油品 100 万 t/a 的煤温和加氢热解厂，生产的煤直接液化残渣就多达 75 万 t/a。这些煤直接液化残渣属于工业固废，需要合适的回收和处理工艺，防止对环境造成污染，另一方面由于夹带了大量油品，过程油收率降低，因此，回收并处理液化残渣对环境保护和提高煤温和加氢热解的总体油收率都具有非常重要的意义。

表 1.2　煤直接液化残渣性质分析

样品	单位	煤直接液化残渣样品 A			煤直接液化残渣样品 B			分析方法
		第 1 次测试	第 2 次测试	第 3 次测试	第 1 次测试	第 2 次测试	第 3 次测试	
残炭	wt%	67.32	67.94	67.1	66.52	62.82	67.62	GB/T 17144—2021
灰分	wt%	10.78	11.03	12.68	13.49	13.33	12.21	GB 508—1985
软化点	℃	185	183	182	182	181.5	183	GB/T 30043—2013

研究表明 DCLR 的热解特性随煤种、工艺流程、液化工艺条件和固液分离方法的不同而有所差别。由于减压蒸馏技术在石油工业上的应用比较成熟，因此很多煤直接液化

工艺都采用减压蒸馏技术来进行分离。此外，为了使残渣能够顺利地流出装置，残渣排出时必须具有一定的流动性，一般都要求残渣的固含量＜50%，软化点＜180℃。

1. 煤直接液化残渣基础性质分析

DCLR 的组成较为复杂。DCLR 由 3 部分组成：溶于有机溶剂的成分、难以溶于有机溶剂的不溶物成分(表 1.3)、无机矿物质及加入的催化剂。

表 1.3　煤直接液化残渣经不同溶剂抽提后不溶物的含量

有机溶剂名称	单位	样品 1	样品 2	样品 3
正己烷	wt%	75.61	77.4	85.74
甲苯	wt%	59.81	58.74	59.74
四氢呋喃	wt%	47.03	51.77	46.47

2. 煤直接液化残渣 THF 可溶物馏程分布

煤直接液化残渣 THF 可溶物的油品馏程分析(表 1.4)采用安捷伦 7890A 气相色谱仪参照 ASTM D7500-2015、ASTM D7169-2018 方法进行检测。配有冷柱头进样口、自动进样器、火焰离子化检测器(FID)，色谱柱：AC Capillary GC Column(5m×0.53mm×0.17μm)，检测范围：100～720℃(750℃)。

表 1.4　煤直接液化残渣 THF 可溶物的馏程分析

样品 1		样品 2		样品 3	
回收质量/%	BP/℃	回收质量/%	BP/℃	回收质量/%	BP/℃
IBP	280.8	IBP	281.2	IBP	281.2
5	332.4	5	333.6	5	333.4
10	360.4	10	363.8	10	362.8
20	410.2	20	415.8	20	412.8
30	462.2	30	473.2	30	467
50	581.8	50	603	50	589.4
60	658.6	60	702.4	60	660.6
64.2	719.4	61	719.4	64.2	719.4

注：IBP. 初馏点；BP. 沸点。

3. 煤直接液化残渣运行指标计算方法

1) 渣油馏分油收率

计算方法：(富气中 C_{3+} 质量+轻质油品质量+重质油品质量–溶剂油与冲洗油所产的 C_{3+} 质量)/渣油四氢呋喃可溶物质量×100%。

2）渣油干气产率

计算方法：（尾气中干气质量−溶剂油与冲洗油所产的干气质量）/渣油四氢呋喃可溶物质量×100%。

3）渣油生焦率

计算方法：[反应待生焦粒(W_C+W_H)×待生焦炭循环量−再生焦粒(W_C+W_H)×再生焦炭循环量−（原料中 THF 不溶物−原料中灰分）−溶剂油的生焦量]/渣油四氢呋喃可溶物质量×100%。

1.3.2 煤直接液化残渣流化热解技术

目前，有研究报道的煤直接液化残渣的处理技术有直接气化、先焦化再气化、固定床焦化、锅炉燃烧、回转窑热解、溶剂萃取等方法，均因存在一定的问题而未达到中试或工业化阶段，其中，热解技术可以回收大量有机质油品，可以提高直接液化的总体油收率和过程经济性，被认为具有很好的工业应用前景。以下简要介绍其中主要的处理技术。

溶剂萃取可以根据相似相溶原理萃取回收有机固废中的一部分油品，但由于溶剂损失率高，萃余相固体需要二次处理等问题，很难实现工业应用。回转窑热解是一种常见的固体废物焚烧处理技术，但只适用于含油量非常低的原料，否则会造成油品损失，并导致窑体因受热不均而破损。采用外供热的回转窑热解炉，因为传热效率差、床层易结焦等问题，目前尚无中试或工业化报道。锅炉燃烧不但降低了碳的利用效率，而且产生大量的温室气体二氧化碳，需要逐渐被绿色低碳技术所替代。

延迟焦化是炼厂处理常压或减压渣油的常用工艺路线。该技术为间歇操作，需要定期进行倒炉转换清焦等操作，存在一定的安全问题，会对环境造成污染，不适合未来绿色发展的要求。而且，当原料中固含率较高时，会对炉管造成严重磨损或者堵塞，因此不适于煤直接液化残渣的处理。为了改进延迟焦化工艺，ExxonMobil 公司提出了一种流化焦化或灵活焦化工艺，实现了炼厂渣油热转化过程的连续化生产运行，但该技术不适于本书所研究的高固含率、高残炭的有机固废。近年来出现的渣油悬浮床或浆态床加氢技术，需要对原料进行严格的脱固、脱金属、脱水等复杂的预处理工艺和设备，也无法适用于高固含率的有机固废处理。由此可见，目前工业上还没有可用于完全回收处理煤直接液化残渣的成熟技术，需要开发新的适合高含固高残炭原料的技术方案。

流化床反应器具有床层温度场均匀、固体直接接触传热效率高、连续化操作、油品收率高等特点，已普遍用于炼厂重油的催化裂化等工艺过程。为了解决煤直接液化残渣处理难的问题，中科合成油技术股份有限公司在前期大量研究的基础上，提出了流化床热解与气化整体解决方案。

现代煤化工和石油化工要实现"双碳"目标，就应该减少工艺过程中反应产生的CO_2量和供热系统中燃烧产生的CO_2量，这就要求所有碳元素尽可能进入产品中，从而提高碳的利用率，实现全生命周期碳资源的高效循环利用，过程所需的热量则可以通过太阳能等可再生能源来提供。如图 1.11 所示，有机固废中主要包含有机质和无机灰分两部分。中科合成油技术股份有限公司的流化床处理方案采用两步反应的思路，第一步先将有机质热解转化为油品和焦炭，油品在加氢工艺工段进一步加氢可得石脑油、航空煤油和柴油等优质燃料。第二步，焦炭和灰分进入气化炉，与电解水得到的氧气发生部分氧化反应，生成 CO，再与电解水得到的氢气用于下游的精细化学品合成，灰分一部分作为热载体循环回热解炉提供热量，一部分外排(经高温处理，可满足环保要求)实现总体固体平衡。这个系统几乎所有的碳均可进入产品中，并利用了电解水副产的氧气，实现了资源的最大化利用，避免了传统化工中昂贵的空分装置。合成气在生成化学品之后脱出氧生成水，生成的水经处理后可以循环回电解水装置，降低整个过程的水耗。其中，实线所述的流化床热解技术是研究的重点，其他虚线部分均可在项目实施过程中，集成现有成熟技术来实现。

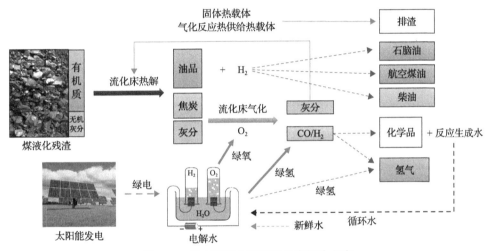

图 1.11 煤直接液化残渣流化床解决方案

对于煤直接液化残渣的流化床热解技术的开发，中科合成油技术股份有限公司从原料性质测试、实验室热解反应热态测试、流化床单器流化与两器流化冷态测试、流化床计算流体力学(CFD)模拟、进料系统测试、两器详细物料与能量平衡分析、设备开发和材质选择等各个方面进行了详细的研究，最终确定了中试装置的设计参数，确保中试实验的成功。

(1)原料性质测试分析：对煤直接液化残渣的固含率、黏度、反应热、组分、熔融性等特性进行了分析，并使用热重分析(TGA)、高温动态扫描电子显微镜(SEM)等离线和原位分析方法对热解性能等关键物性和化学反应性能进行了大量基础研究。

(2)流化床热解反应测试：在热态流化床反应器实验装置、热重分析仪等仪器上进行了大量流化床热解实验研究，考察了温度、原料组成、停留时间、表观气速等反应条件对热解反应结果的影响规律，研究相关反应参数对高温热解反应的原料转化率、油收率、气产率、产物分布和结焦率等指标的影响，对三相产物进行了详细的分析测试，并基于热重分析实验结果推导反应动力学集总表达式。同时，获得颗粒粒径尺寸范围、密度、热容、结构形貌等颗粒关键物理化学参数，为反应器设计提供了依据。

（3）流态化冷态实验：对下行床反应器的流场及颗粒循环进行了系统实验和流体力学CFD 模拟研究。对小试实验反应器以及中试示范反应器进行了反应器内构件优化研究。测试了多种热载体的流态化性能与操作范围。基于 CFD 模拟和准数放大等经验放大理论，确定中试反应器等核心设备结构尺寸。

（4）装置工艺计算与设计：基于实验和模拟数据，完成了反应器理论尺寸设计与计算工作，此外还利用 ASPEN PLUS 软件对中试工艺流程进行了全流程建模与稳态计算，以确定物料平衡、热量平衡和设备的工艺参数，这些为中试设计放大的基础数据。

1.3.3 煤直接液化残渣流化热解中试

2020 年 7 月 30 日，在内蒙古自治区鄂尔多斯市大路新区煤化工园区建设完成了千吨级（5000t/a）流化热解中试装置。流化热解技术中试装置主要包括原料预处理系统、流化床反应器和再生器、油气分离系统和烟气洗涤系统，以及其他辅助系统。该装置设计煤直接液化残渣年处理量约 5000t，原料中固含率范围从 0wt% 到 60wt%，反应器操作压力为 100～300kPa、操作温度为 500～580℃。

该装置的工艺流程如图 1.12 所示，装置现场如图 1.13 所示。前期煤温和加氢热解中试产生的煤直接液化残渣原料，首先经破碎处理得到煤直接液化残渣细粉，加入原料配制罐。在原料罐加热液化至能够流动后，经进料系统泵送喷入流化床热解反应器，在反应器内与高温的热载体焦粒相遇，迅速发生快速热解反应和缩合生焦反应。热解生成的反应油气经旋风分离器分离出夹带的焦粒后，送入油气洗涤分馏塔进行油气分离。缩合生成的焦粒经过反应器底部汽提段进行油气回收后，再通过提升管输送风送入再生器进行烧焦再生。烧焦生成的烟气经旋风气固分离后，送入烟气洗涤部分。烧焦后剩余的高温焦粒一部分送入反应器作为热载体使用，多余的部分排出反应再生系统。

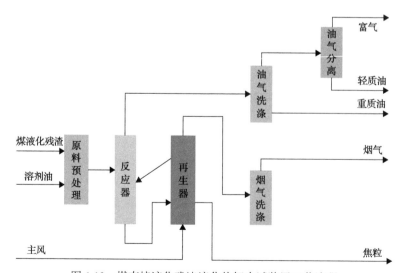

图 1.12 煤直接液化残渣流化热解中试装置工艺流程

图 1.13 煤直接液化残渣流化热解中试装置现场

该装置于 2020 年 10 月 9 日～2020 年 10 月 12 日，完成了中国石油和化学工业联合会组织的现场 72h 连续运行考核。现场考核采用的原料为 2019 年煤炭温和加氢热解试验所产的液化残渣。考核结果见表 1.5。

表 1.5 煤直接液化残渣流化床热解中试装置考核结果

项目	煤直接液化残渣四氢呋喃可溶物为基准	
	设计/wt%	中试/wt%
干气收率	6.44	12.71
LPG 收率	1.96	5.50
＜150℃馏分收率	4.10	11.20
150～360℃馏分收率	18.77	18.79
360～520℃馏分收率	35.79	30.31
焦炭收率	24.80	19.10
C_{3+}油收率	68.75	68.19

1.3.4 煤直接液化残渣流化热解技术研究结论

煤直接液化残渣流化热解技术具有完全自主知识产权，技术性能和指标先进，其特点在于：

(1) 开发了流化热解工艺、专有的进料系统、下行流化床反应器和再生器等设备，实现了千吨级流化热解技术的连续稳定运行目标，解决了高含固油浆处理的技术难题。

(2)开发、设计、建成的千吨级流化热解中试装置具有原料适应能力强、床层温度场均匀、操作参数控制灵活、可调范围宽、连续运行稳定、系统安全可靠等特点。

(3)实现了千吨级流化热解中试装置的安全稳定运行,煤直接液化残渣四氢呋喃可溶物为基准的油收率达到68.19%,油品收率高。

该技术的中试成功运行,表明该工艺具有处理煤直接液化残渣等含固油浆的技术与工程可行性,对解决煤炭液化(煤炭间接液化、煤炭温和加氢热解/煤直接液化)过程中产生的含固油浆处理难问题、提高过程能源转化效率、促进煤炭清洁高效利用、实现节能减排和环境保护,具有重要的意义,可拓展至其他含固油浆、生活有机固废处理等领域。

1.4 结 论

煤炭加氢液化是一种重要的煤炭高效转化技术,经过上百年发展,形成了 IGOR、H-Coal、HTI、EDS 及 NEDOL 等典型工艺,并于 2008 年由神华集团首次实现了加氢液化技术的百万吨级工业应用。针对传统加氢液化技术存在的操作条件苛刻、工程化难度大、残渣难以高效利用等问题,中国科学院山西煤炭化学研究所和中科合成油技术股份有限公司提出了煤炭温和加氢热解制高品质液体燃料的技术思路。基于设计"溶剂催化循环供氢"的自由基稳定路径,开发高效铁基催化剂制备及高性能溶剂加工技术,实现了煤炭加氢液化条件温和化,将反应压力由传统技术的 19~30MPa 降至 5~8MPa。所开发的煤炭温和加氢热解成套技术已通过万吨级中试运行验证。

液化残渣具有产量大、热值高、重质油/沥青质含量高的特点,其高效利用有利于提高煤加氢液化过程的能量转化效率和技术经济性。根据减渣组成及理化特性,中国科学院山西煤炭化学研究所和中科合成油技术股份有限公司开发了残渣流化焦化工艺及反应器技术,解决了液化残渣难以高效利用的问题,实现固体产物的资源化利用。残渣流化焦化成套技术成果已完成千吨级中试运行验证。

目前,中科合成油技术股份有限公司已将煤炭温和加氢热解和残渣流化焦化技术,与前期自主开发、实现百万吨级示范应用的中温费-托合成技术集成,形成了煤炭分级液化工艺,并编制完成了"哈密煤炭分级转化制高质油品示范项目"工艺包。与现有煤炭液化技术相比,该工艺包在过程能效、水耗、技术经济性等方面均具有较大优势。

参 考 文 献

[1] 高晋生, 张德祥. 煤液化技术. 北京: 化学工业出版社, 2005.

[2] 张德祥. 煤制油技术基础与应用研究. 上海: 上海科学技术出版社, 2013.

[3] 吴春来, 舒歌平. 中国煤的直接液化研究. 煤炭科学技术, 1996, 24 (4): 12-16, 43.

[4] 谢克昌. 煤的结构与反应性. 北京: 科学出版社, 2002.

[5] 史士东. 煤加氢液化工程学基础. 北京: 化学工业出版社, 2012.

[6] 李显. 神华煤直接液化动力学及机理研究. 大连: 大连理工大学, 2008.

[7] 牛犇. 煤直接液化中溶剂的作用及氢传递机理. 大连: 大连理工大学, 2017.

[8] 张德祥. 煤化工工艺学. 北京: 煤炭工业出版社, 1999.

[9] Derbyshire F, Hager T. Coal liquefaction and catalysis. Fuel, 1994, 73(7): 1087-1092.

[10] 刘振宇. 煤直接液化技术发展的化学脉络及化学工程挑战. 化工进展, 2010, 29(2): 193-197.

[11] 舒歌平. 煤炭液化技术. 北京: 煤炭工业出版社, 2003.

[12] 胡发亭, 王学云, 毛学锋, 等. 煤直接液化制油技术研究现状及展望. 洁净煤技术, 2020, 26(1): 99-109.

[13] 陈家磊. 中国煤液化技术兴衰历程初析. 中国科技史杂志, 2013, 34(2): 199-212.

[14] 李文博, 李克健, 史士东, 等. 煤直接液化催化剂取得突破性成果. 中国科技成果, 2006(23): 34-35.

[15] 李克健, 史士东, 李文博. 德国 IGOR 煤液化工艺及云南先锋褐煤液化. 煤炭转化, 2001, 24(2): 13-16.

[16] Ikeda K, Sakawaki K, Nogami Y, et al. Kinetic evaluation of progress in coal liquefaction in the 1t/d PSU for the NEDOL process. Fuel, 2000, 79(3/4): 373-378.

[17] 张继明, 舒歌平. 神华煤直接液化示范工程最新进展. 中国煤炭, 2010, 36(8): 11-14.

[18] Hirano K, Kouzu M, Okada T, et al. Catalytic activity of iron compounds for coal liquefaction. Fuel, 1999, 78(15): 1867-1873.

[19] Kaneko T, Sugita S, Tamura M, et al. Highly active limonite catalysts for direct coal liquefaction. Fuel, 2002, 81(11/12): 1541-1549.

[20] Suzuki T, Yamada H, Sears P L, et al. Hydrogenation and hydrogenolysis of coal model compounds by using finely dispersed catalysts. Energy & Fuels, 1989, 3(6): 707-713.

[21] Li Y Z, Ma F Y, Su X T, et al. Synthesis and catalysis of oleic acid-coated Fe_3O_4 nanocrystals for direct coal liquefaction. Catalysis Communications, 2012, 26(5): 231-234.

[22] Li Y Z, Ma F Y, Su X T, et al. Ultra-large-scale synthesis of Fe_3O_4 nanoparticles and their application for direct coal liquefaction. Industrial & Engineering Chemistry Research, 2014, 53(16): 6718-6722.

[23] Cugini A V, Krastman D, Martello D V, et al. Effect of catalyst dispersion on coal liquefaction with iron catalysts. Energy & Fuels, 1994, 8(1): 83-87.

[24] 谢晶, 舒歌平, 王洪学, 等. 煤直接液化铁系催化剂及其制备方法: CN202010170619.2. 2020-03-12.

[25] 舒歌平, 李文博, 史士东, 等. 一种高分散铁基煤直接液化催化剂的制备方法: CN03153377.9. 2005-02-16.

[26] Okamoto S, Kitajima A, Taniguchi H, et al. Coal hydroliquefaction with iron-loaded coal as catalyst. Energy & Fuels, 1994, 8(5): 1077-1082.

[27] Kotanigawa T, Yamamoto M, Sasaki M, et al. Active site of iron-based catalyst in coal liquefaction. Energy & Fuels, 1997, 11(1): 190-193.

[28] Pradhan V R, Hu J, Tierney J W, et al. Activity and characterization of anion-modified iron(Ⅲ) oxides as catalysts for direct liquefaction of low pyrite coals. Energy & Fuels, 1993, 7(4): 446-454.

[29] Tanabe K, Hattori H, Yamaguchi T, et al. Effect of SO_4^{2-} on catalytic activity of Fe_2O_3 for hydrocracking of coal. Fuel, 1982, 61(4): 389-390.

[30] Zmierczak W, Xiao X, Shabtai J. Hydrogenolytic activity of soluble and solid iron-based catalysts as related to coal liquefaction efficiency. Energy & Fuels, 1994, 8(1): 113-116.

[31] Zhao J M, Feng Z, Huggins F E, et al. Binary iron oxide catalysts for direct coal liquefaction. Energy & Fuels, 1994, 8(1): 38-43.

[32] Kotanigawa T, Takahashi H, Yokoyama S, et al. Mechanism for formation of sulphate in S-promoted iron oxide catalysts for coal liquefaction. Fuel, 1988, 67(7): 927-931.

[33] 王勇, 张晓静, 史士东. 煤直接液化复合催化剂研究现状和前景. 煤质技术, 2016(S1): 12-15.

[34] 孙林兵, 倪中海, 张丽芳, 等. 煤直接液化铁基催化剂的研究进展. 煤炭技术, 2002, 21(11): 65-67.

[35] Sharma R K, MacFadden J S, Stiller A H, et al. Direct liquefaction of coal using aerosol-generated ferric sulfide based mixed-metal catalysts. Energy & Fuels, 1998, 12(2): 312-319.

[36] 王勇, 张晓静, 李文博, 等. 一种直接液化复合催化剂的研究. 煤炭转化, 2011, 34(4): 17-19.

[37] Sakanishi K, Taniguchi H, Hasuo H U, et al. Remarkable oil yield from an Indonesian subbituminuous coal in liquefaction using NiMo supported on a carbon black under rapid stirring. Energy & Fuels, 1996, 10(1): 260-261.

[38] Sakanishi K, Hasuo H U, Mochida I, et al. Preparation of highly dispersed NiMo catalysts supported on hollow spherical carbon black particles. Energy & Fuels, 1995, 9(6): 995-998.

[39] 谢晶, 李克健, 章序文, 等. 煤直接液化铁系催化剂研究进展. 神华科技, 2014, 12(3): 74-77.

[40] 杨勇, 田磊, 郭强, 等. 一种煤加氢液化铁基催化剂的预处理方法: CN202110176058.1. 2021-02-09.

[41] Hu H Q, Bai J F, Guo S C, et al. Coal liquefaction with *in situ* impregnated Fe$_2$(MoS$_4$)$_3$ bimetallic catalyst. Fuel, 2002, 81(11/12): 1521-1524.

[42] 翁斯灏, 吴幼青, 高晋生, 等. 煤加氢液化铁催化剂的穆斯堡尔谱研究: Ⅰ. 铁硫化物在加氢反应中的转化及活性机理. 燃料化学学报, 1990, 18(2): 97-102.

[43] 刘金家. 铁硫化合物结构及加氢性能的理论研究. 北京: 中国科学院大学, 2020.

[44] 张晓静. 煤炭直接液化溶剂的研究. 洁净煤技术, 2011, 17(4): 26-29.

[45] 魏贤勇, 宗志敏, 秦志宏, 等. 煤液化化学. 北京: 科学出版社, 2002.

[46] 张伟, 赵鹏, 刘敏, 等. 煤直接液化循环溶剂加氢研究. 洁净煤技术, 2021(6): 121-127.

[47] 吴秀章, 舒歌平. 煤炭直接液化起始溶剂油的研究. 石油炼制与化工, 2007, 38(8): 19-22.

[48] 王薇, 舒歌平, 章序文, 等. 煤直接液化过程中供氢溶剂的组成分析. 煤炭转化, 2018, 41(4): 48-55.

[49] 蔺华林, 张德祥, 彭俊, 等. 神华煤直接液化循环油的分析表征. 燃料化学学报, 2007, 35(1): 104-108.

[50] Shan X G, Shu G P, Li K J, et al. Effect of hydrogenation of liquefied heavy oil on direct coal liquefaction. Fuel, 2017, 194: 291-296.

[51] 王光耀, 张晓静, 陈贵锋, 等. 高温煤焦油用作煤油共处理溶剂反应性能研究. 煤炭转化, 2015, 38(2): 49-52.

[52] Orr E C, Shi Y L, Shao L, et al. Waste oils used as solvents for different ranks of coal. Fuel Processing Technology, 1996, 49(1/2/3): 233-246.

第2章

铁基费-托合成技术

间接液化过程的核心是费-托合成工艺。费-托合成工艺在近百年的发展过程中，逐渐形成了低温费-托合成(180～250℃，铁基/钴基催化剂，固定床/浆态床反应器)、高温费-托合成(320～350℃，熔铁催化剂，流化床反应器)和中温费-托合成(260～290℃，铁基催化剂，浆态床反应器)等多种工艺。南非 Sasol 公司在引进、集成美国和德国技术的基础上，60 多年来陆续开发了低温 Fe 基浆态床工艺(南非，3 套 10 万 t/a 煤制油装置)、低温 Co 基浆态床工艺(卡塔尔，1 套 150 万 t/a 天然气制油装置)和高温 Fe 基流化床工艺(南非，合计 600 万 t/a 煤制油产能)。荷兰 Shell 公司是另一家实现间接液化工艺工业化运行的公司，主要采用的工艺是低温 Co 基固定床工艺(马来西亚 50 万 t/a 和卡塔尔 560 万 t/a 天然气制油装置各一套)。低温费-托合成工艺的优势是甲烷选择性低，高碳烃选择性高，最终产品以柴油和高品质蜡为主。但较低的反应温度导致催化剂活性低，副产蒸汽品位低(0.5～0.8MPa)，蒸汽发电效率低，总体能源转化效率偏低(37%～38%)。高温费-托合成工艺副产蒸汽品位高(3.5～5.0MPa)，蒸汽发电效率高，但高温导致产品轻质化严重，油品收率低，尾气分离转化工艺复杂、能耗高，降低了总体能源转化效率(38%～39%)，同时由于流化床反应器对催化剂强度的极高要求，只能使用比表面积低、活性低的熔铁催化剂。

国内，中国科学院山西煤炭化学研究所李永旺科研团队在总结现有低温费-托合成和高温费-托合成工艺的基础上，在国际上首次提出并成功开发了中温费-托合成工艺(也称为高温浆态床费-托合成工艺)[1]，主要技术指标达到国际领先水平。中温费-托合成工艺的主要技术突破包括：

(1) 反应温度由低温费-托合成工艺的 180～250℃提高至 260～290℃，使得副产蒸汽压力由 0.5～0.8MPa 提升至 3.0MPa，提高了蒸汽发电效率。

(2) 采用理论计算与实验相结合的方法深入研究了费-托合成活性相的识别、反应机理和构效关系等核心科学问题，开发了能够在较高温度下稳定运行的及具有高活性、低 CH_4/CO_2 选择性的铁基中温费-托合成催化剂，设计和运行了 12000t/a 催化剂生产线。

(3) 完善了费-托合成详细机理动力学模型和多级两相连续搅拌反应器稳态等温模型，建立了浆态床反应器模型，开发了包含气体分布器、换热器、内过滤器等核心内构件的超大型浆态床反应器及配套设备，反应器直径近 10m。

(4) 基于中温费-托合成中间产品特性，开发了柴油、汽油、航空煤油、润滑油基础油及高值化学品的联产技术。

(5) 基于分子层级物质高效利用、跨单元夹点热能利用、"三废"零排放、本质安全性，开展了包含气化、净化、变换、费-托合成、油品加工和尾气回收等单元的全系统工艺集成，形成了基于中温费-托合成工艺的煤炭间接液化成套技术，全系统能源转化效率达到 44%～45%。

2.1　铁基费-托合成催化剂

铁基费-托合成催化剂的开发和工业化历史大致可以分为四个阶段：①发现和初步发展阶段。1923 年德国人 Franz Fischer 和 Hans Tropsch 提出合成气（CO+H$_2$）在铁基催化剂上转化为烃类和含氧化合物，即 Fischer-Tropsch 合成，简称费-托合成。由于催化剂失活较快，限制了铁基催化剂的应用，第二次世界大战期间，德国重点发展了 Co 基催化剂，并建立了 9 座间接液化工厂。②铁基低温固定床工艺和铁基高温流化床工艺。1955 年，南非 Sasol 公司基于德国 Arbeitsgemeinschaft Ruhrchemie-Lurgi 公司的低温固定床工艺和美国 M. W. Kellogg 公司的高温流化床工艺（循环流化床）建成投产 Sasol-Ⅰ厂，1980 年 Sasol 公司将循环流化床工艺改进为固定流化床工艺，1980 和 1982 年采用固定流化床工艺先后建成 Sasol-Ⅱ和 Sasol-Ⅲ厂。低温固定床工艺采用沉淀铁催化剂，高温流化床工艺采用熔铁催化剂。③铁基低温浆态床工艺。1998 年 Sasol 公司进一步开发了低温铁基浆态床工艺，采用沉淀铁催化剂和浆态床反应器，建成 3 套 10 万 t/a 的示范装置。国内，山东能源集团有限公司于 2015 年基于自主开发的铁基低温浆态床工艺建成投产了一套 100 万 t/a 的商业化煤制油装置。④铁基高温浆态床工艺（即中温费-托合成工艺）。该工艺由中国科学院山西煤炭化学研究所在国际上首次提出并成功开发。2009 年建成投产 2 座 16 万 t/a 示范装置，2016～2017 年又先后建成了 3 座百万吨级商业化装置，合计产能 600 万 t。

铁和钴是仅有的两种实现了工业化应用的费-托合成催化剂。与钴基催化剂相比，铁基催化剂具有价格低廉、适应温区广、反应活性高等优点。不同于钴基催化剂在反应过程中主要以金属钴形式存在，铁基催化剂在预处理和反应过程中存在着复杂的物相转变，包括铁碳化合物和铁氧化合物之间的转变，不同铁碳化合物之间的转变，同时还伴随着体相的渗碳和表面的积炭[2]。这些复杂的物相转变导致铁基催化剂活性相识别困难，活性相结构与反应性能的构效关系不明，无法进行有效的催化剂结构设计，使得工业催化剂的性能提升困难。

中温费-托合成工艺的反应温区为 260～290℃。与传统低温费-托合成工艺相比，反应温度的提高极大提升了过程副产蒸汽品位，提高了系统能源转化效率。对催化剂而言，反应温度的提高一方面会提升催化剂反应活性，另一方面也会导致产品轻质化。此外，反应温度的提高将大幅加剧铁基催化剂物相转变速度，由此导致催化剂稳定性和强度的显著降低，无法适应浆态床反应器中苛刻的运行环境。设计在 260～290℃下能够稳定运行、重质烃选择性高的活性结构，实现活性结构在反应工况下的动态稳定是中温费-托合成催化剂开发的关键。为实现该目标，中国科学院山西煤炭化学研究所利用理论计算、先进表征、材料制备等方法系统研究了费-托合成反应机理、活性结构催化作用机制、活性结构的可控合成与动态稳定、助剂作用机理等关键科学问题，成功开发了在中温费-托合成工况下稳定运行、高活性、低甲烷选择性的高效铁基催化剂，为中温费-托合成工艺的开发奠定了基础。

2.1.1　活性相的精准识别与催化作用机制研究

费-托合成铁基催化剂制备、预处理和反应过程中存在各种氧化铁、碳化铁和金属铁。费-托合成反应活性相的确定是该领域的长期研究重点。但是受单一物相制备困难，在线表征数据（尤其是在线表面组成）不足，积炭/氧化/烧结等过程对反应性能影响显著等因素的干扰，该问题始终未能完全解决。文献中，尽管 Fe_3O_4[3, 4]、α-Fe[5, 6]等物相均被报道具有费-托合成反应活性，但更多的实验结果支持碳化铁具有较高的费-托合成反应活性[2]。目前在实验中观察到的碳化铁包括 Fe_2C[7]、$Fe_{2.2}C$[8]、Fe_3C[9]、Fe_5C_2[9]、Fe_7C_3[7]等，理论预测给出了更多可能的碳化铁亚稳相[10]。确定各种碳化铁的原子结构，研究费-托合成反应机理，对比不同碳化铁的反应性能，构建适用于反应工况的最优活性结构是高效催化剂开发的基础。

穆斯堡尔谱（MES）是对含铁物质结构分析的重要谱学方法，因其对含铁物相的结晶性没有要求，检测精度远高于基于晶体长程有序性的 XRD 技术。虽然自 20 世纪 70 年代，穆斯堡尔谱学广泛用于碳化铁体系物相研究，但是仅有 θ-Fe$_3$C、χ-Fe$_5$C$_2$、h-Fe$_7$C$_3$ 三种碳化铁具有相对可靠的标准谱。对于 ε-Fe$_2$C、ε'-Fe$_{2.2}$C、ε-Fe$_3$C、η-Fe$_2$C、o-Fe$_7$C$_3$、γ-Fe$_4$C、Fe$_4$C$_3$ 等，可能由于标准样品合成困难，并未有可靠的穆斯堡尔谱标准谱。因此，研究者采用穆斯堡尔谱方法进行物相分析时，可能使得一些亚稳态的铁碳化合物在实验中无法被确定。有鉴于此，Liu 等[11]在已有标样谱图的基础上，利用全电子从头算方法获得了大量通过结构预测程序得到的碳化铁相的穆斯堡尔参数，并将其集成于实验穆谱标样数据库中，建立了谱学拟合数据库，实现了对碳化铁相的精确识别。同时，还建立了碳化铁相多种物性关联，丰富了碳化铁相结构的谱学信息。ε-Fe$_2$C 和 ε'-Fe$_{2.2}$C 是低温费-托合成中常见的物相，两者晶体结构十分相似，通过 XRD 很难区分。虽然在铁基费-托催化剂体系研究中经常被报道，但是长期以来始终未能明确 ε-Fe$_2$C 和 ε'-Fe$_{2.2}$C 的晶体结构。Liu 等[11]利用结构搜索程序对 ε-Fe$_2$C 和 ε'-Fe$_{2.2}$C 的结构进行了高通量的计算，并通过低温缓慢碳化的方法合成了六方相的 ε-碳化铁。将实验合成的六方相 ε-碳化铁的 XRD 和 MES 谱图与理论模拟得到的 ε-Fe$_2$C 和 ε'-Fe$_{2.2}$C 谱图进行对比（图 2.1），确定了 ε-Fe$_2$C 及 ε'-Fe$_{2.2}$C 的晶体结构，发现 ε-Fe$_2$C 只有一种化学环境的铁，其对应的穆斯堡尔谱图仅有一条六线谱，而 ε'-Fe$_{2.2}$C 则有六种不同化学环境的铁，其穆斯堡尔谱图由六条六线谱组成。这一结果纠正了实验中 ε-Fe$_2$C 和 ε'-Fe$_{2.2}$C 物相的识别错误。实验谱学与理论谱学相结合的方法不仅增强了穆斯堡尔谱的物相精准识别和定量分析能力，为认识铁基催化剂活性相提供了有力的工具，也为各种碳化铁相制备、反应性能研究和体系更为复杂的工业催化剂的结构调控提供了基础。

费-托合成反应机理的研究是该领域长期研究重点。Fischer 和 Tropsch[12]最早提出了表面碳化物机理，认为 CO 首先在催化剂表面吸附解离为活性金属碳化物物种，然后与 H_2 反应形成亚甲基（—CH$_2$—）中间体，再进一步聚合生成烷烃和烯烃。Joyner[13]提出了修正的碳化物机理，认为次甲基（≡CH）是链增长的主要中间体。Lee 等[14]和 Anderson 等[15]

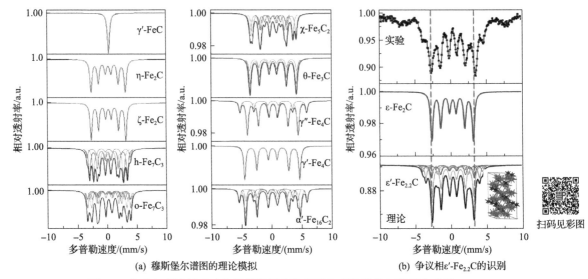

扫码见彩图

图 2.1 实验与理论辅助建立了穆谱拟合数据库和碳化铁物相的标定曲线

分别提出了烯烃的再吸附生成链烃的反应机理。该机理可以很好地描述烃类产物生成的分布规律，但无法解释支链产物和有机含氧化合物的生成。为解释有机含氧化合物的生成，Storch 等[16]和 Eidus[17]分别提出了烯醇机理，认为 CO—M 和 H—M 反应生成表面烯醇中间物种，两个 M═CHOH 物种缩合形成 CHCOH 中间体，进一步加氢形成烃和有机含氧化合物，但是烯醇中间体还没有被观测到。Pichler 等[18]提出了 CO 插入机理，认为 CO 加氢形成甲酰基表面物种，进一步加氢生成桥式氧化亚甲基物种，然后加氢和脱水生成碳烯和甲基，经过 CO 在金属-氢键、金属-烷基键中反复插入和加氢形成 C—C 键而完成链的增长。目前普遍认为，复杂的费-托合成反应体系可能不是受单一的反应机理控制的，费-托合成产物的多样性及其分布特征是几种反应机理综合作用的结果。

近年来，理论计算已成为研究不同物相、不同表面费-托合成反应机理的重要方法。中国科学院山西煤炭化学研究所采用理论计算的方法详细考察了 Fe_5C_2、Fe_3C、Fe_4C、Fe_2C 等物相的不同表面对 H_2 和 CO 的吸附行为[19-23]，以及 H_2O 在 Fe_5C_2 表面的吸附行为[24, 25]。Cao 等[26]在综合考虑碳化物机理和 CO 插入机理的基础上，通过理论计算详细考察了生成 C_2 物种的各种可能路径，发现表面中间体乙烯酮是生成 C_2 烃和有机含氧化合物的关键物种，乙烯酮直接加氢可以生成乙醇，而在乙醇的形成过程中，含氧化合物中间体 C—O 键的断裂可以生成碳氢化合物中间体，这些中间体加氢可以生成乙烯和乙烷。烃类的生成能垒低于乙醇的生成能垒使得费-托合成反应生成大量烃类和少量含氧化合物(图 2.2)。

活性相结构与费-托合成反应性能的科学关联是实现铁基催化剂物相结构理性调控的关键。构效关系研究是文献中长期关注的热点，但是由于费-托合成反应过程中，铁元素以复杂的多相态共存的形式存在、表面组成与体相组成的差异、积炭对活性位的覆盖，以及活性相尺寸、缺陷和织构性质等各种复杂因素的影响，学术界始终未能取得统一的认识。中国科学院山西煤炭化学研究所通过实验与理论计算相结合的方式详细考察了不同活性相、不同晶面结构等对催化剂活性和选择性的影响，取得了一些重要进展，对工业

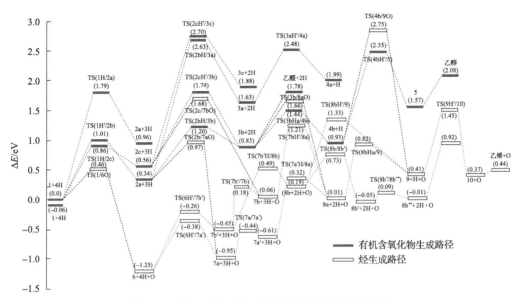

图 2.2 有机含氧化合物（上）和烃（下）生成的势能面

1. CsH$_2$CO（C 表示"碳元素"，s 表示催化剂表面的活性位点）; 2a. CsH$_2$COH; 2b. CsH$_3$CO; 2c. CsH$_2$CHO; 3a. CsH$_3$COH; 3b. CsH$_3$CHO; 4a. CsH$_3$CHOH; 4b. CsH$_3$CH$_2$O; 5. CsH$_3$CH$_2$OH; 6. CCsH$_2$; 7a. CCsH; 7b. CHCsH$_2$; 8a. CHCsH$_3$; 8b. CH$_2$CsH$_2$; 9. CH$_2$CsH$_3$. 10. CH$_3$CsH$_3$

催化剂开发具有重要的指导作用。Huo 等[27]基于密度泛函理论计算考察了 Fe$_2$C（011）、Fe$_5$C$_2$（010）、Fe$_3$C（001）和 Fe$_4$C（100）表面甲烷的生成机理，发现各表面呈现出不同的 CH$_4$ 生成热力学和动力学特征。在 Fe$_2$C（011）、Fe$_5$C$_2$（010）和 Fe$_3$C（001）表面，最稳定的 C$_1$ 物种分别为 CH$_3$、CH/CH$_2$ 和 CH。Fe$_5$C$_2$（010）和 Fe$_2$C（011）表面容易形成甲烷，而 Fe$_4$C（100）和 Fe$_3$C（001）表面可以有效抑制甲烷的生成；甲烷生成的反应能和有效势垒与表面铁碳比（Fe/C）没有直接关联，而分别与表面 C 原子的电荷和表面 d 带中心的能量线性相关（图 2.3）。He 等[28]考察了 Fe$_5$C$_2$ 表面上 CO 的活化机理，发现 Fe$_5$C$_2$ 表面上 CO 的解离难易与其所在位点或者吸附构型密切相关，相对不稳定的晶面 Fe$_5$C$_2$（001）和（221）以及高指数面（510）表面容易发生 CO 直接解离，在表面能居中的 Fe$_5$C$_2$（010）、（110）、（$\overline{4}$11）、（11$\overline{1}$）和（111）晶面上容易发生氢助解离，而在相对稳定的 Fe$_5$C$_2$（100）晶面上不容易发生 CO 解离。Yin 等[29]基于热力学和微观动力学模拟发现 Fe$_5$C$_2$ 的（010）、（110）和（11$\overline{1}$）面是甲烷生成的主要活性表面，其在颗粒总暴露表面中占比分别为 1.2%、10.6%和 11.7%，但贡献了 96.4%的颗粒表面 CH$_4$ 总产量，而（111）和（10$\overline{1}$）面则是 C$_2$ 物种生成的主要活性表面。在中温费-托合成反应 260～290℃的反应温区内，Fe$_5$C$_2$ 相具有相对较高的稳定性，通过调节 Fe$_5$C$_2$ 颗粒的形貌可以实现催化剂甲烷选择性的调控。Chang 等[7]利用不同的气氛还原 Fe-SiO$_2$ 模型催化剂，催化剂反应活性与反应后催化剂的物相组成关联结果显示，Fe$_7$C$_3$ 相对应于最高的费-托反应活性，Fe$_5$C$_2$ 相次之，Fe$_2$C 相的反应活性最低。该结果为进一步提升催化剂反应活性提供了基础支持。在对不同 Fe$_x$C 相费-托反应性能研究的基础上，中国科学院山西煤炭化学研究所进一步考察了 Fe$_x$N[30]、Fe$_x$B[31, 32]、Fe$_x$Si[33, 34]等物相的费-托合成反应性能。上述物相均表现出一定的费-托合成反应性能，但苛刻的制备条件、较低的比表面积等因素，使其反应活性低于 Fe$_x$C 相。

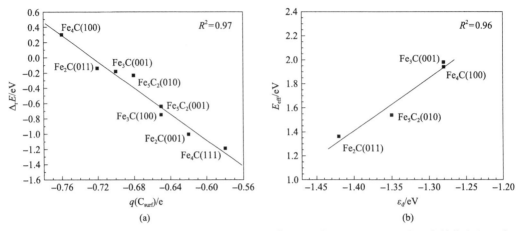

图 2.3　(a) 甲烷生成的反应能 ($\Delta_r E$) 与表面 C 原子电荷 (q) 的关系；(b) 甲烷生成的有效势垒 (E_{eff}) 与表面 d 带中心能量 (ε_d) 的关系

尽管中国科学院山西煤炭化学研究所在费-托合成反应机理和活性相构效关系研究中取得了一定的进展，但由于费-托合成反应的复杂性，未来在该方向仍需持续突破。通过计算方法的改进、在线表征设备的发展和模型催化剂制备方法的创新，有望进一步解决多因素相互干扰、工况组成不明等问题，形成实验与计算相验证的、可靠的结论，为高效催化剂的升级开发指明方向。

2.1.2　活性结构的生成与动态稳定控制

预处理过程是将无费-托合成活性的氧化铁物相转变为活性相的过程。通过调节预处理气氛、温度、压力等反应条件可实现活性结构的可控合成，催化剂的制备条件和助剂添加也能够影响活性结构的特性。Hao 等[35-37]和 Ding 等[38-41]分别针对 FeCuKSiO$_2$ 和 FeMnKSiO$_2$ 催化剂，考察了还原气氛、还原压力和还原温度对催化剂物相转变和反应性能的影响。Wang 等[42]考察了铁基催化剂的物相转变动力学。上述研究发现，通过共沉淀法制备的催化剂初始物相为 Fe$_2$O$_3$，在还原性气氛中首先快速转化为 Fe$_3$O$_4$，再进一步转化为 α-Fe（H$_2$ 中）或碳化铁（CO 或合成气中）。还原和碳化过程的温度、压力、CO 含量、水分压等因素会极大影响催化剂的相变速度、相变深度，以及表面积炭程度。

Niu 等[43]利用不同碳化气氛（炔烃、烯烃、CO 或合成气）作为碳源对 Fe 和 Fe/K 模型催化剂碳化过程的相变研究发现：CO 作为碳化气氛，催化剂会生成更多的 χ-Fe$_5$C$_2$ 物相（85%）和相对较少的 θ-Fe$_3$C 物相（15%），而合成气（CO+H$_2$）作为预处理还原气氛则生成较多的 θ-Fe$_3$C 物相（20%）（图 2.4）。利用合成气作为预处理气氛，可控制催化剂生成低甲烷选择性的 θ-Fe$_3$C 相，实现降低甲烷选择性，提高目标产物（C$_{3+}$烃）的收率和产能的目的。

确定活性相的结构，进而进行活性相的可控合成是进行催化剂开发的基础，但同一活性相在不同反应工况下会产生不同的暴露面，进而导致反应性能产生显著的差异。在目前的表征技术下，检测催化剂在反应工况下的晶面暴露情况非常困难。中国科学院山西煤炭化学研究所[44]利用第一性原子热力学方法，建立了包括铁、铁碳及铁氧体系表面

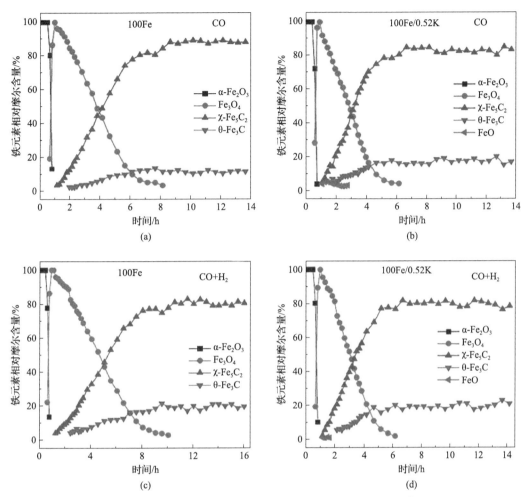

图 2.4　Fe₂O₃ 在不同气氛及助剂 K 的作用下的原位相态调变(原位 XRD)

形貌预测的数据库，考察了不同温度、压力及气氛对表面稳定性的影响。Zhao 等[45, 46] 考察了工况条件下[550K、30atm(1atm=1.01325×10⁵Pa)]下，不同反应气氛对 ε-Fe₂C、χ-Fe₅C₂、θ-Fe₃C 和 Fe₄C 微晶形貌的影响，发现 ε-Fe₂C、χ-Fe₅C₂、θ-Fe₃C 微晶暴露面均随气氛的变化而改变，高碳化学势有利于富碳面的生成，正六面体结构的 Fe₄C 微晶暴露面不随气氛变化而改变。Huo 等[47] 利用实验和理论计算相结合的方法发现 K 助剂可有效调变铁微晶暴露的晶面。对于没有 K 助剂的催化剂，Fe 微晶主要暴露(110)面；添加 K 后，(110)和(100)面占铁微晶总表面的比例减少，高活性晶面(211)和(310)的比例增加(图 2.5)。Zhao 等[48] 考察了 K 助剂对 Fe₅C₂ 微晶形貌的影响，发现当 K/Fe 比(表面原子数之比)超过 1/30 时，钾助剂对 Fe₅C₂ 微晶形貌的调变作用开始显现，并随助剂含量增加而增大。与不添加钾助剂的催化剂相比，K 助剂的添加增加了(11$\bar{1}$)、(510)、($\bar{4}$11)、(101)和(131)面在微晶表面的暴露比例，降低了(100)、(111)、(113)、(11$\bar{3}$)和(10$\bar{1}$)面的暴露比例。

在实现了高反应性能铁碳物相精准识别和定向控制生成的前提下，抑制高效活性结构在较高温度下（260～290℃）的烧结、氧化、积炭和过度碳化，实现活性结构的动态稳定是催化剂获得良好抗磨损性能和运行稳定性的关键。Ma 等[49]通过在 C_2H_2 气氛中热解 MIL-101（Fe）制得了碳包覆的 Fe_3C 活性结构，通过改变热解温度形成了无定形碳、石墨烯和石墨碳等不同结构的碳包覆层（图 2.6）。碳包覆结构尤其是石墨烯包覆结构抑制了 Fe_3C 活性相在反应过程中的烧结和氧化，显著提升了催化剂的反应活性和高碳烃选择性。Qing 和 Suo 等[50, 51]研究发现 SiO_2 助剂的添加能够抑制过度碳化和积炭、抑制碳化铁的氧化，显著提升催化剂的稳定性。Xu 等[52]通过在催化剂表面构建疏水层，抑制水在催化剂表面的吸附，提升了活性相的抗氧化性能。未添加疏水层的催化剂经过费-托合成反应后则被氧化为 Fe_3O_4，而添加疏水层的催化剂在反应结束后仍保持 Fe_5C_2 物相，并实现了催化剂 CO_2 选择性的大幅降低。

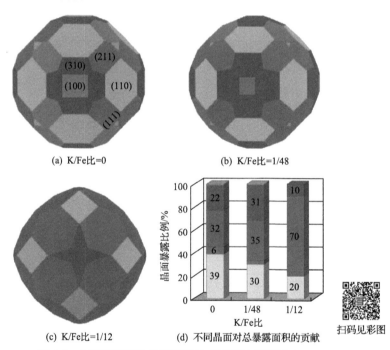

(a) K/Fe比=0

(b) K/Fe比=1/48

(c) K/Fe比=1/12

(d) 不同晶面对总暴露面积的贡献

扫码见彩图

图 2.5　K 助剂对铁微晶形貌及晶面暴露比例的影响

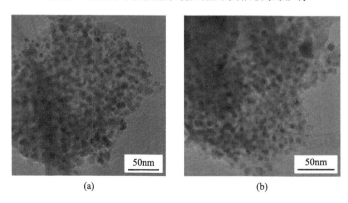

(a)　　　　　　　　　　　(b)

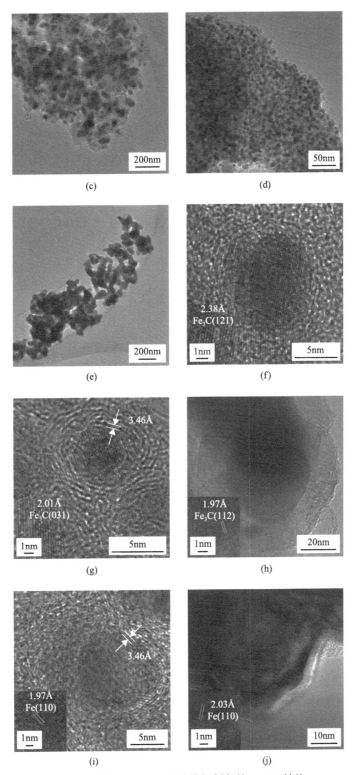

图 2.6 利用 MIL-101(Fe)热解制备的 Fe@C 结构

(a)、(f)：Fe@C-500；(b)、(g)：Fe@C-600；(c)、(h)：Fe@C-700；(d)、(i)：Fe@C-600-H₂；(e)、(j)：无碳包覆

2.1.3 助剂作用机理研究

1. K 助剂

作为费-托合成铁基催化剂的重要助剂，K 助剂受到了研究者们广泛的关注。人们发现当适量的 K 助剂加入时，可以提高费-托合成反应和水煤气变换(WGS)反应活性，使得产物中重质烃和烯烃的含量增加，而 CH_4 的生成得到明显抑制[53-60]。然而过量 K 助剂的添加会导致催化剂积炭，反而不利于费-托合成性能的改善[53, 56, 58]。通常认为，K 助剂的上述作用特点是由于 K 助剂能够促进 CO 的解离吸附，抑制了 H_2 的吸附，造成催化剂表面 C/H 比例显著升高[61, 62]。

鉴于 K 助剂的重要作用，其微观作用机制引起了研究者的广泛兴趣。如早期的 Blyholder 等认为，K 助剂能向过渡金属表面转移电子，增强金属表面电子密度，增强金属表面 CO 吸附过程的电子反馈作用，从而促进金属表面 CO 吸附但抑制 H_2 吸附，即所谓的电子转移反馈作用[63, 64]。但也有研究者对这种经典解释提出了质疑，他们认为 K 在催化剂中一般以 K^+ 而不是 K 形式存在，而 K^+ 很难再给出电子[65]。

近年来，中国科学院山西煤炭化学研究所在关于 K 助剂作用机理方面取得了系统的研究进展。Huo 等[47]利用实验和 DFT 计算相结合的方法发现 K 助剂可有效调变 Fe 微晶暴露的晶面。Zhao 等[48]的研究发现 K 的存在有利于 χ-Fe_5C_2 表面形成更加开放的结构，如暴露更多的(510)等晶面，并且对 χ-Fe_5C_2 不同表面 C 物种的加氢能垒产生影响。K 助剂的添加降低了(111)表面的甲烷生成的有效势垒，而强烈抑制了(100)和(110)表面甲烷的生成。李吉凡[66]通过对比研究第 IA 碱金属的作用规律后发现，相比于 Li、Na、Rb 和 Cs，K 助剂在改善活性和选择性方面的综合效果最优，并认为这与 K 助剂具有最合适的表面分布和迁移性能有关。Niu 等[67]最近发现，K 助剂的存在调变了 α-Fe 的碳化路径，在 CO 气氛中，有利于形成富碳相的铁碳化合物(如 ε-$Fe_{2.2}C$ 和 χ-Fe_5C_2)，而在 C_2H_4 和 C_2H_2 气氛中有利于形成贫碳型碳化铁(如 θ-Fe_3C)。这些研究为理解 K 助剂的作用机理提供了新的视角。

2. SiO_2 助剂

在铁基浆态床费-托合成催化剂中，为了增加催化剂的机械强度以提高抗磨损性能，载体的添加是必不可少的。在众多载体中，SiO_2 是最常用也是研究最广泛的载体，长期的研究发现，SiO_2 除了可以提高催化剂的机械强度等外，还能与活性组分发生明显的化学作用，进而对活性、选择性和稳定性产生复杂的影响[68, 69]。中国科学院山西煤炭化学研究所的研究人员还发现 SiO_2 对催化剂的产物选择性有复杂的影响规律。Yang 等[70]的研究结果显示，随着沉淀形式加入的 SiO_2 含量增加，产物中重质烃选择性增加，而黏结剂形式 SiO_2 含量增加时，产物中 $C_1 \sim C_4$ 轻质烃的含量增加，他们推测这可能源于不同形式 SiO_2 加入时对活性相的分散状态以及 Fe-SiO_2 相互作用产生了不同的影响。随后，该团队基于不同比例的 Fe/SiO_2 模型催化剂体系[51]，同样发现在一定含量范围内，随着 SiO_2 含量增加，CH_4 等轻质烃选择性降低，C_{5+} 等重质烃含量增加。基于 XPS、TPD 等详细表征结果，作者认为适当提高 SiO_2 含量，有助于减小活性相的晶粒尺寸，从而暴露出更多的不饱和位点，有利于增强对表面碳物种的吸附强度，最终提高了重质烃选择性。这些研究为调变铁基费-托合成催化剂的产物选择性提供了新途径。

上述研究中，SiO_2 所起的助剂作用一般都被归结为 Fe-SiO_2 强相互作用带来的影响。然而，这些结果一般是通过考察催化剂的物理化学性质来间接推测 Fe-SiO_2 相互作用的，缺乏直接的证据。中国科学院山西煤炭化学研究所在总结前人相关研究的基础上，采用 FTIR 等手段发现[50, 51]，Fe-SiO_2 相互作用可理解为铁氧化物与 SiO_2 之间形成了 Fe—O—Si 结构，该结构的存在一方面抑制了铁氧化物在热处理过程中的聚集长大，从而保持高度分散状态(图 2.7)。另外，Fe—O—Si 结构的形成强化了 Fe—O 键，进而抑制了铁氧化物向活性相碳化铁的转变，降低了催化剂的活性。同时还发现，Fe—O—Si 结构的存在提高了碳化铁在含 H_2O 气氛中的抗氧化能力，最终提高了催化剂的运行稳定性。对 Fe—O—Si 结构的检测成为当前研究 Fe-SiO_2 相互作用的有效手段之一[71]。在此基础上，发现向 Fe/SiO_2 催化剂体系中加入 ZrO_2 等相对惰性的氧化物可以有效调变 Fe-SiO_2 相互作用的强度，在不降低催化剂分散程度的前提下，提升了催化剂的还原及碳化程度，使得催化剂的活性和稳定性得到了协同优化[50, 72]。该研究为解决分散度-还原度之间的"跷跷板"现象提供了新思路。该团队近期的研究显示[73]，对于 Fe/SiO_2 催化剂体系，催化剂的性能除受到 Fe-SiO_2 相互作用的影响以外，铁物种与 SiO_2 之间的作用方式也起到重要的作用。当在铁物种表面构建 SiO_2 的壳层时，虽然此时 Fe-SiO_2 相互作用较弱，但 SiO_2 壳层的存在抑制了铁物种的聚集长大，而催化剂的反应性能受到 Fe-SiO_2 相互作用和二者之间作用方式的共同影响，该研究为全面理解 SiO_2 在铁基费-托合成催化剂中的作用提供了新的认识。

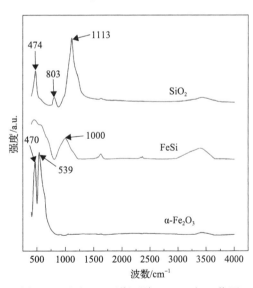

图 2.7　通过 FTIR 谱识别 Fe-SiO_2 相互作用

3. 过渡金属助剂

过渡金属助剂是铁基费-托合成催化剂的另外一类重要助剂。与前述 K 助剂、SiO_2

助剂不同，过渡金属助剂与 Fe 具有相似的电子结构，特别是与 Fe 处于同一周期的过渡金属，因此它们容易和 Fe 产生复杂的作用形式，进而表现出多种作用，如对催化剂的分散状态、还原行为产生复杂的影响，最终显著改变了催化剂的活性、选择性和稳定性[74]。

Cu 是费-托合成铁基催化剂的重要助剂，研究发现其主要作用是促进催化剂的还原活化，进而提升催化剂的活性[75-77]。然而，关于 Cu 助剂对选择性的影响较为复杂，研究者们在不同的体系中得到了不同的结论[55, 78]。这可能源于 Cu 助剂与铁物种之间复杂的作用机理。有鉴于此，中国科学院山西煤炭化学研究所对 Cu 助剂的作用机理进行了深入探索。Tian 等[79]发现 Cu 在 Fe、Fe_3C 和 Fe_5C_2 这三种物相表面都以二维单层结构吸附更为稳定，但在不同表面，由 Fe-Cu 相互作用、Cu-Cu 相互作用和最稳定吸附位之间的距离共同作用，Cu 表现出不同的分散和聚集行为，从而呈现出不同的形貌。由于各表面结构和组成不同，Cu 原子在只暴露 Fe 原子的 Fe(100)、Fe(110) 和 Fe_3C(010) 表面带负电，而在 Fe_3C(001) 和 Fe_3C(100) 表面，Cu 原子与 Fe 和 C 原子同时作用，带正电。进一步研究揭示在 Cu 部分取代的 Fe(100) 表面，CO 活化被抑制[80]，同时 Cu 的掺杂提高了 CO 加氢生成甲烷的能垒，抑制了 CH_4 的生成。

研究发现，Pt 助剂能促进铁基费-托合成催化剂的还原，提升催化剂的活性，同时还能抑制 CH_4 等轻质烃的生成[81]。He 等[82]采用 DFT 结合分子动力学模拟的方法研究了 Pt 助剂在 Fe_5C_2 表面的存在形态，发现由于 Pt 原子与 Fe_5C_2 表面具有较强的相互作用，Pt 倾向于以二维构型吸附而不形成三维颗粒结构，且其吸附构型高度依赖于 Fe_5C_2 的表面结构，在 Fe_5C_2(111) 表面，Pt 倾向于单原子分散吸附，当 Pt 含量增大到一定程度，逐渐聚集成膜，而在(100)表面，Pt 倾向于以线→带→膜的模式生长。更深入的研究显示[83]，在 Fe_5C_2 的(100)表面，Pt 的加入促进了表面 C 空缺位点对 CO 的解离，同时抑制 CH_4 的生成。

Mo 是一种较为特殊的助剂，Qin 等[84-86]研究发现，Mo 的加入可以提升催化剂的分散程度，典型的特点是可以抑制催化剂的积炭，但该助剂对催化剂的活性抑制较为明显，同时造成产物的轻质化现象。这与 Mo 和铁物种形成钼酸铁等结构和提升催化剂表面酸性等原因有关。但 Cui 等[87]后续的研究发现，Mo 的助剂效果不但与其含量有关，同时还受到预处理方式的影响。在特定的条件下（合适的温度、气氛），Mo 助剂表现出抑制 CH_4 生成、提高重质烃选择性的特点。详细的表征结果证实，Mo 的上述特殊助剂作用与其在不同预处理条件下的形貌、结构演变有关。该研究为理解助剂的作用特点提供了不同的角度。

众多研究表明，过渡金属的助剂效果与其自身特点密切相关。Wang 等[74]从助剂和铁氧化物前驱体作用方式（化合物或固溶体）出发，将第一过渡金属中的 Mn、Cr 和 Zn 等助剂的作用进行了分类讨论，发现 Mn 和 Cr 容易与铁氧化物形成固溶体，而 Zn 往往以 $ZnFe_2O_4$ 形式存在。这两类不同形式的作用方式导致催化剂具有不同的反应行为。以固溶体形式存在时（Mn、Cr），催化剂的活性会降低但稳定性得到改善，而以化合物形式存在时（Zn），催化剂的活性会显著提升。Gong 等[88]采用 DFT 计算的方法研究了第一过渡金属中 Cr、Mn、Co、Ni 和 Cu 掺杂对 Fe(100)、Fe_5C_2(100) 表面 CO 活化的影响，发现 Cr 和 Mn 的掺杂(电负性小于 Fe)会增加活性位点的电子密度,从而降低了 CO 的解离能垒;当掺杂 Co、Ni 和 Cu 时(电负性大于 Fe),提高了 CO 的解离能垒,从而不利于 CO 的活化。该认识为工业催化剂有效助剂的选择提供了基础支持(图 2.8)。

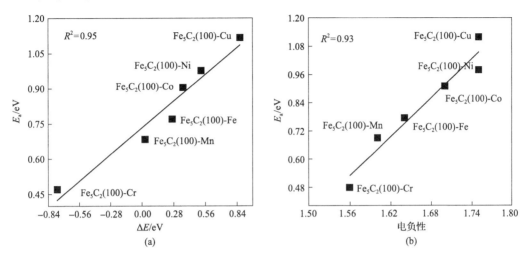

图 2.8 金属掺杂 $Fe_5C_2(100)$ 表面 CO 活化的 BEP 关系(a)及 CO 活化能和掺杂金属电负性的线性关联(b)

BEP: Brønsted-Evans-Polanyi,布朗斯特-埃文斯-波兰尼关系式,简称 BEP 关系式。该关系式在催化化学中用于描述反应活化能与反应焓变之间的线性关联

2.1.4 铁基高温浆态床催化剂的开发与放大

通过基础研究的长期积累和技术开发的创新突破,中国科学院山西煤炭化学研究所和中科合成油技术股份有限公司成功开发出了高效铁基费-托合成工业催化剂(图 2.9)。该催化剂具有高活性、低 CH_4 和 CO_2 选择性,能够在较高温度下实现高稳定性和高抗磨损性。催化剂活性达到约 $1.0g_{C_5^+}/(g_{cat}\cdot h)$ 的同时,甲烷和 CO_2 选择性分别降至 3.0wt%和 16mol%(mol%表示摩尔分数)以下,催化剂产油能力达到 $700\sim1000t_{C_5^+}/t_{cat}$ 以上。该催化剂是国内外迄今公开报道的活性最高、甲烷/CO_2 选择性最低的间接液化铁基催化剂。表 2.1 显示了该催化剂与全球主要费-托合成工业催化剂的性能对比。

图 2.9 研制的浆态床合成工业铁基催化剂

(a)制备的铁基催化剂形貌;(b)铁基催化剂运行 1240h 后的形貌

表 2.1 费-托合成工业催化剂性能对比

技术商	催化剂	反应器	操作温度 /℃	副产蒸汽 压力 /MPa	过程能效 /%	催化剂指标		
						活性 /[gC$_{3+}$/(g$_{cat}$·h)]	CH$_4$ 选择性 /wt%	产油能力 /(t C$_{3+}$/t$_{cat}$)
Shell	Co	固定床	180~220	0.5~0.8	—	0.10	6~8	—
Sasol	Co	浆态床	180~220	0.5~0.8	—	0.15	8	—
Sasol	沉淀 Fe	浆态床	230~250	0.8~1.0	37~38	0.25~0.30	5~6	200
Sasol	熔铁	流化床	320~350	3.5~4.0	38~39	0.25~0.30	12~14	250
中国科学院山西煤炭化学研究所和中科合成油技术股份有限公司	沉淀 Fe	浆态床	260~290	3.0	43~45	1.0	≤3	700~1000

高效铁基费-托合成催化剂于 2007 年完成定型和百吨级放大，2008 年建成投产了我国首条具有自主知识产权的费-托合成催化剂生产线，产能为 1500t/a。该生产线为内蒙古伊泰煤制油有限责任公司和山西潞安煤基合成油有限责任公司两个 16 万 t/a 的煤制油厂提供高效催化剂，保障了煤制油示范项目的高效稳定运行，并极大地推动了百万吨级煤制油项目的实施。2015 年，随着百万吨级煤制油项目的实施，中国科学院山西煤炭化学研究所和中科合成油技术股份有限公司又建成投产了一条 12000t/a 的催化剂生产线，为神华宁夏煤业集团有限责任公司(简称神华宁煤)400 万 t/a、内蒙古伊泰化工有限责任公司 100 万 t/a 和山西潞安煤基清洁能源有限责任公司 100 万 t/a 三个商业化煤制油项目提供催化剂。该生产线以低价的金属铁为原料，自制硝酸铁溶液，产生的 NO$_x$ 气体经吸收制得稀硝酸回用，NO$_x$ 气体排放＜10μg/g。通过开发专有合成设备、专有成型焙烧设备以及全厂水循环利用工艺实现了高成品率、低水耗、低能耗和"三废"零排放。催化剂水耗＜5t 水/t 催化剂(国际上同类催化剂水耗约 200t 水/t 催化剂)，电耗降至约 2500 元/t 催化剂。高温浆态床费-托合成催化剂及其工业应用技术荣获中国石油和化学工业联合会 2019 年技术发明奖一等奖。

2.2 费-托合成反应器与工艺

煤炭间接液化是以费-托合成为核心，涉及输煤备煤、煤气化、合成气净化与变换、油品加工、大型合成反应器的研制、尾气转化与发电、产品分离、环保处理等单元的复杂的系统工程。提高全系统能源转化效率、降低煤耗和 CO$_2$ 排放、降低水耗、优化产品结构、提高市场竞争力是煤炭间接液化过程的核心问题。中国科学院山西煤炭化学研究所和中科合成油技术股份有限公司在国际上首次提出中温费-托合成工艺，完成了高效费-托合成催化剂的开发，在此基础上，进一步完成了费-托合成反应动力学模型和反应器模型的建立，开发了大型浆态床反应器；基于费-托合成中间产品结构形成了完善的产品方案；采用废水回用、空冷与密闭循环等技术实现水耗的大幅降低；通过系统耦合，集成优化形成了以中温费-托合成工艺为核心的、完善的煤炭间接液化成套技术方案。

2.2.1　费-托合成反应动力学

反应动力学研究对于认识费-托合成反应机理和反应器设计具有重要意义。费-托合成反应动力学主要包括 CO 消耗动力学模型和详细机理动力学模型。早期的幂指数经验关联模型并未考虑 CO 活化机理，关联式形式简单，如 $r_{FT}=kP_{CO}^a P_{H_2}^b$，适用范围较窄。随后 Anderson 等基于简单的 CO 活化机理假设推导了 Eley-Rideal 机理模型[89-99]，van Steen 等[100]、van der Laan 等[101]和 Botes 等[102]则支持 LHHW 模型。表 2.2 汇总了文献中主要的 CO 消耗动力学模型。

表 2.2　CO 消耗动力学模型汇总

反应速率方程	催化剂类型	反应器类型	参考文献
$-r_{FT}=\dfrac{k_{FT}P_{CO}P_{H_2}}{P_{CO}+bP_{H_2O}}$	熔铁/沉淀铁	固定床/循环流化床反应器	[89-91]
$-r_{FT}=\dfrac{k_{FT}P_{CO}P_{H_2}^2}{P_{CO}P_{H_2}+bP_{H_2O}}$	熔铁	搅拌釜反应器	[92, 93]
$-r_{FT}=\dfrac{k_{FT}C_{CO}C_{H_2}}{C_{CO}bC_{H_2O}+cC_{CO_2}}$	沉淀 Fe/K	搅拌釜反应器	[94]
$-r_{FT}=\dfrac{k_{FT}P_{CO}P_{H_2}^\alpha}{P_{CO}P_{H_2}^\beta+bP_{H_2O}+cP_{CO_2}}$	沉淀铁	浆态床反应器	[95]
$-r_{FT}=\dfrac{k_{FT}P_{H_2}^{1.5}P_{CO}/P_{H_2O}}{\left(1+kP_{CO}P_{H_2}/P_{H_2O}\right)^2}$ $-r_{FT}=\dfrac{k_{FT}P_{CO}P_{H_2}}{\left(1+k_{CO}P_{CO}+k_{H_2O}P_{H_2O}\right)^2}$	铁基/钴基	搅拌釜反应器	[100]
$-r_{FT}=\dfrac{k_{FT}P_{CO}P_{H_2}^{0.5}}{\left(1+k_{CO}P_{CO}+k_{H_2O}P_{H_2O}\right)^2}$ $-r_{FT}=\dfrac{k_{FT}P_{CO}P_{H_2}}{1+aP_{CO}+bP_{H_2O}}$	Fe/Cu/K/SiO$_2$	转篮反应器	[101]
$-r_{FT}=\dfrac{k_{FT}P_{CO}P_{H_2}^{0.5}}{\left(1+k_{CO}P_{CO}\right)^2}$	沉淀铁	浆态床反应器	[102]

注：r_{FT} 为费-托合成反应速率；k_{FT} 为费-托合成反应速率常数；k_{CO} 和 k_{H_2O} 分别为 CO 和 H_2O 的吸附平衡常数；a、b、c 本质上也是对应物种的吸附平衡常数（如 bP_{H_2O} 中，b 表示 H_2O 的吸附平衡常数）；α 和 β 为物种的反应级数；P 为物种的分压；C 为物种的浓度。

中国科学院山西煤炭化学研究所[103]基于铁基中温费-托合成催化剂，通过借鉴量子化学对 CO 活化机理的计算结果，系统分析了典型的 CO 活化基元步骤和速控步假设，建立了对应的动力学模型，从理论角度和大量实验数据对模型做了辨析，且对有争议性的 CO_2、H_2O 和空活性位等平衡项对速率计算的影响做了详细分析，提出了适用条件广泛的 CO 消耗动力学模型：

$$-r_{FT} = \frac{k_{FT}C_{CO}C_{H_2}^{0.5}}{\left(1+k_{CO}C_{CO}\right)^2}$$

式中，r_{FT} 为费-托合成反应速率，k_{FT} 为费-托合成反应速率常数，k_{CO} 为 CO 吸附平衡常数，C_{CO} 和 C_{H_2} 分别为 CO 和 H_2 的浓度。

在分别控制 H_2 或者 CO 出口浓度不变时采集了一系列动力学数据，该动力学数据可以很好地被上述模型拟合(图 2.10)。CO 消耗速率随着 H_2 浓度增加并非线性关系，而是接近 0.5 级反应。消耗速率随 CO 浓度变化会经过一个峰值，这与该 LHHW 机理模型理论值非常接近。

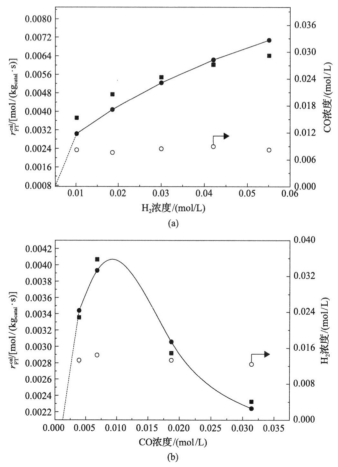

图 2.10 CO 消耗速率(生成烃)随 CO 浓度和 H_2 浓度的变化关系
■. 实验数据；●. 模型计算值；○. 固定 H_2 或者 CO 浓度

Lox 等[104, 105]较早基于费-托合成碳化物机理建立了烷烃和烯烃生成的详细机理动力学模型，但与实际的产物分布有一定的偏差。中国科学院山西煤炭化学研究所针对 Lox 模型进行了大量优化。马文平等[106, 107]在碳化物机理的基础上考虑到烯烃再吸附机理，基于详细的基元反应步骤推导并结合等温积分固定床反应的实验数据，拟合获得了包含烷烃、烯烃详细产物分布和水煤气变换反应产物的费-托合成动力学模型，改进了 Lox 模型的缺陷。随后 Wang 等[108, 109]、Yang 等[110]、Chang 等[111, 112]、Zhou 等[113]进一步完善和改进了这一模型。Teng 等[114-117]提出了采用无梯度反应器，利用反应器内反应气氛、温度均一的优势，将复杂反应动力学解耦，对烃、有机含氧化合物生成、水煤气变换反应单独进行动力学建模与估算，进而耦合获得费-托合成综合模型的方法，利用该方法，基于碳化物机理、CO 插入机理和烯烃再吸附机理，进一步提出了一个更详细和全面综合的费-托合成基元反应机理图式(图 2.11)，依据转篮式无梯度反应器上的实验数据拟合出包含烷、烯、醇、酸生成和水煤气变换反应的费-托合成统一动力学模型(图 2.12)。费-托合成综合反应动力学模型可以较好地模拟烷、烯、醇、酸等产物的分布情况，与实验值基本吻合(图 2.13)。

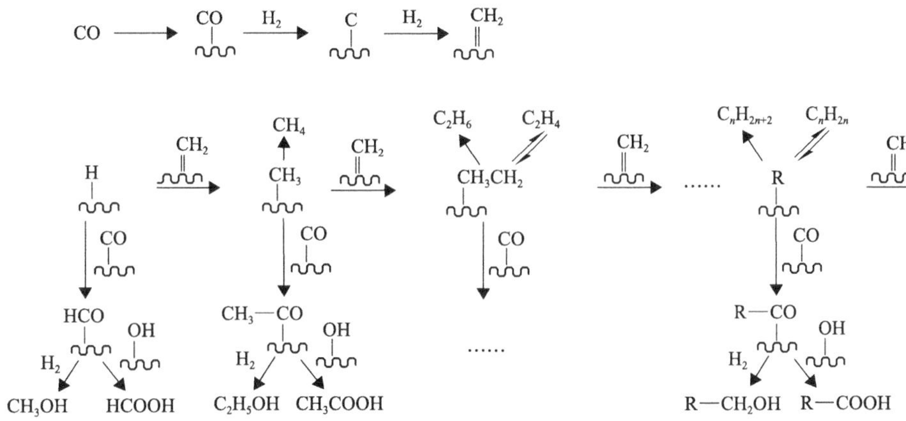

图 2.11　费-托合成综合机理模型图式

$$R_{CH_4} = k_{11,1}[CH_3 - s][H - s] = k_{11,1}\alpha_{T,1}K_2 P_{H_2}[s]^2$$

$$R_{C_nH_{2n+2}} = k_{11}[C_nH_{2n+1} - s][H - s] = k_{11}K_4 P_{H_2}[s]^2 \prod_{i=1}^{n}\alpha_{T,i}$$

$$R_{C_nH_{2n}} = k_{12}[C_nH_{2n+1} - s] - k_{12}^- P_{C_nH_{2n}}[H - s] = k_{12}\sqrt{K_4 P_{H_2}}[s]\prod_{i=1}^{n}\alpha_{T,i}(1 - \beta_n)$$

$$R_{CH_3OH} = k_{9,1}K_1 K_4 K_7 K_8 P_{CO} P_{H_2}^2[s]^2$$

$$R_{C_nH_{2n+1}OH} = k_9 K_1 K_4 K_7 K_8 P_{CO} P_{H_2}^2 \prod_{i=1}^{n-1}\alpha_{T,i}[s]^2$$

$$R_{C_nH_{2n+1}OOH} = k_{10}K_1 K_7 P_{CO} P_{H_2O} \prod_{i=1}^{n-1}\alpha_{T,i}[s]^2 / K_6$$

图 2.12　包含烷、烯、醇、酸生成和水煤气变换反应的费-托合成统一动力学模型

k 表示速控步的反应速率常数，K 表示平衡步的平衡常数，属于基元反应的一般表达形式。$\alpha_{T,1}$ 和 $\alpha_{T,i}$ 分别指碳数为 1 和碳数为 i 时的费-托合成链增长因子；[s]为催化剂表面空活性位浓度；[M-s]为表面物种吸附浓度，其中，M 指不同的中间物种，如 CH_3、C_nH_{2n+1} 等烷基基团

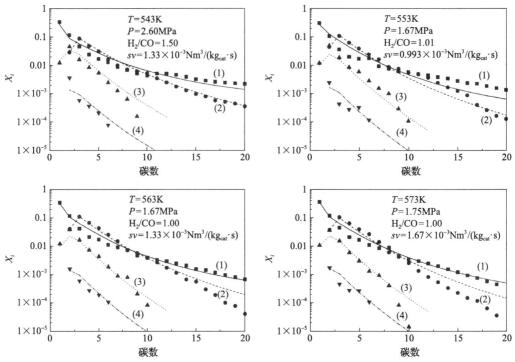

图 2.13　烷(1)、烯(2)、醇(3)、酸(4)产物分布的实验值与计算模拟值的对比
图中符号为实验值，线为计算值；sv: space velocity, 空速

2.2.2　浆态床反应器的模拟与设计

　　鼓泡塔反应器属于多相反应器的一种，是圆柱形反应器，底部装有气体分布器，气体以气泡的形式喷射进液相中或者液固的悬浮液(浆液)中。当液相中有固体颗粒时，就被称为浆态床鼓泡塔反应器(slurry bubble column reactor, SBCR)，在反应器中液体为连续相，气体和固体为分散相。浆态床反应器的主要优点在于：结构简单；有良好的传质和传热性能；较低的维护和操作费用；稳定的压降；可实现等温操作；催化剂不易磨损，且可在线添加和移出催化剂等。虽然浆态床反应器具有许多优点，但由于反应器内的传递特性(如流型、气含率、气泡行为、传质和传热特性)和反应非常复杂，可能的影响因素太多，因此用于费-托合成的工业浆态床反应器仍存在设计与放大的未知情况和风险。反应器模型能提供反应器内的多相流体力学、温度分布、浓度分布和物料停留时间等信息，为浆态床反应器的工业放大和工艺条件优化提供一定的理论指导。20 世纪 60 年代，Calderbank 等[118]就开始了对费-托合成在浆态床反应器中的模型化研究，他们用平推流理想反应器模型模拟浆态床中气液两相，尽管采用的是单一的氢气组分和简单的氢气一级反应动力学，但为浆态床反应器的模型化研究开了先河。随后 80 年代，Satterfield 等[119]、Deckwer 等[120, 121]、Bukur[122]、Kuo[123]和 Turner 等[124]采用不同的理想流动模型组合或者非理想流动模型来模拟浆态床中的气液行为，主要有气相采用平推流模型+液相采用全混流模型，气、液相采用轴向扩散模型或者多级全混流模型建模。

20 世纪 90 年代后期以来,随着人们对浆态床中流体力学行为的更加深入研究,逐渐发展出双气泡/多气泡理论[125]来更详细地对气相做出描述,典型的如大气泡采用平推流模型、小气泡采用全混流模型或者大小气泡均采用轴向扩散模型[126]。

中国科学院山西煤炭化学研究所[127]在费-托合成搅拌釜反应器模型的基础上提出了费-托合成浆态床反应器的多级串联模型,并在典型的工业操作条件下系统地分析了级数、温度、进口 H_2/CO 比以及传质阻力对反应器性能的影响。考虑到相平衡计算是费-托合成反应、传质研究、过程模拟及关联技术开发的关键环节,Zheng 等[128, 129]以 PC-SAFT 状态方程为基础,建立了使用一套规律性参数就能够准确预测费-托合成产物气液平衡、液液平衡和气-液-液平衡的热力学模型。Wang 等[130]在适当简化流体行为的基础上,建立了双泡模型,并引入催化剂沉降模型来描述铁基催化剂在反应器内的不均匀分布。该模型对工业操作条件、气体添加以及传质等进行了模拟和分析。

浆态床反应器中的内构件设计是反应器设计的关键部分,主要包括气体分布器、换热器、蜡-催化剂内过滤器、气液分离器等。国外现有的间接液化公司对于内构件的结构和设计一直严格保密,真正工业应用的技术在专利中鲜有报道。中国科学院山西煤炭化学研究所[131]基于费-托合成详细机理动力学,通过涉及产物在床层分布的传质传热的多级两相 CSTR 稳态等温模型,结合 CFD 流体力学对带有内构件的浆态床反应器内部流场模拟分析和冷模实验验证(浆态床反应器直径ϕ1200mm),建立了浆态床反应器仿真模型,自主设计制造了内径为 5.3~5.8m、高为 48m、单台产能达 16 万~20 万 t/a 的大型高温浆态床反应器[132]。经过内蒙古伊泰煤制油有限责任公司和山西潞安煤基合成油有限责任公司两个 16 万 t/a 示范装置的长期运行测试,证明该反应器运行平稳,反应器轴向温差<1℃,径向温差<3℃,在换热、物料分布及产品分离等方面体现出优异的工程性能。在示范规模的费-托合成浆态床反应器技术开发和现场运行验证的基础上,中国科学院山西煤炭化学研究所和中科合成油技术股份有限公司进一步开展了单台产能为 50 万 t/a、内径为 9~10m 的超大型高温浆态床合成反应器放大、内构件技术和核心关键装备的研发。新设计开发的超大型高温浆态床反应器具有如下特点:①新型贯穿式同心圆多层管下吹气式分布器能够匹配超大型浆态床各相分布,热质传递,以及流动混合要求,通过计算流体力学对气体分布器影响区多相流场模拟,优化布气元件气孔结构和布置,确保合成气进入反应器后沿反应器截面迅速达到均匀分布,优化后的反应器底部流场能够使催化剂充分悬浮,避免出现流动死区致使催化剂沉积或混合不佳;②新设计的分布梯级换热系统,解决了超大型高温浆态床反应器内高空速下强放热与多相传热耦合问题,将床层径向温差控制在 2℃以内,保证了催化剂在高活性和目标烃类产物高选择性的反应温度"窗口",提高了装置产能和转化效能;③新型模块化蜡-催化剂连续分离系统,在保证过滤蜡固含率<5ppm(1ppm=10^{-6})的同时,通过优化过滤顺控程序,不仅提高了过滤通量,还显著增加了过滤组件的检修周期(增加至两年以上),极大降低了浆态床反应器的维护成本,提高装置的在线率;④设计了一体式高效旋风分离构件,能够去除合成尾气中夹带的少量雾沫和微小固体颗粒,对下游尾气处理系统起到了保护作用;⑤根据 CFD 对降液管浆态床流场模拟分析[130, 133-136],进一步优化了导流内构件结构以及换热构件的

布置形式，增强了反应器的湍流强度和各相混合效果，有利于催化剂颗粒沿床层轴向均匀分布。内构件优化与分布梯级换热系统协同作用强化了移热效果，扩展了换热构件的作用范围，减小了因内构件干涉难以布设换热构件而导致的移热不良的区域。

超大型高温浆态床合成反应器主分段重量达到 2000 余吨，直径接近 10m，高度达50 余米(图 2.14)。该超大型合成反应器通过神华宁煤 400 万 t/a、内蒙古伊泰化工有限责任公司 100 万 t/a 和山西潞安煤基清洁能源有限责任公司 100 万 t/a 三个商业化煤间接液化项目的长期运行验证，完全满足各项设计指标，保障了商业项目达到满负荷生产。大型高温浆态床反应器专利《用于费-托合成的气-液-固三相悬浮床反应器及其应用》(专利号ZL200710161575.1)获得了第二十一届中国专利奖金奖。

图 2.14　50 万 t/a 超大型浆态床反应器

中国科学院山西煤炭化学研究所和中科合成油技术股份有限公司基于超大型浆态床反应器的长周期稳定运行验证，通过计算流体力学考察了新型内构件结构、组合及布置方案对流场特性分布特性的影响，进一步提出单台套产能 80 万～100 万 t/a 级别浆态床反应器和内构件的概念设计。新一代的超大型合成反应器拟用于陕西延长榆能清洁能源有限公司 500 万 t/a 煤炭间接液化项目。

2.2.3　费-托合成产品方案

煤炭间接液化合成出的粗产品主要为长链烷烃和烯烃，具有无硫、无氮、低芳烃和环烷烃的特点。中国科学院山西煤炭化学研究所针对高温浆态床费-托合成中间油品分子组成特征，开发了全馏分油一次通过加氢精制、中间精制馏分加氢异构、精制重质馏分加氢裂化的产品加工工艺技术，开发了非硫态化的油品加工催化剂，形成了高品质的柴油加工技术。任杰等[137, 138]开发了 Ni 基非硫化态加氢精制催化剂及油品加氢工艺。该催化剂在加氢过程中无需补硫，能够有效地将烯烃加氢饱和转化为相应的烷烃，同时可以有效地脱除油品中的有机含氧化合物，生产出直馏柴油和石脑油产品。陶智超等[139-143]开发了非硫化态加氢裂化和加氢异构催化剂和反应工艺，生产不同型号的高品质柴油。针对费-托合成蜡的加工，许丽恒等[144]通过对石油加工所用 Stangeland 模型的改进，按结构族组成和碳数范围将原料蜡和加氢裂化产物划分为 9 个虚拟组分，建立了更为准确的蜡加氢裂解的集总动力学模型，揭示了工艺参数对加氢裂化产物选择性和收率的影响规律，为费-托合成蜡加氢裂解生产柴油的产品调控和反应器设计提供了理论依据。Zhao 等[145]根据费-托蜡催化裂化产物选择性的特点(低积炭量、低碳烯烃二次反应-芳构化)，建立了费-托合成催化裂化集总动力学模型，通过提升管反应器模拟展示了操作条件变化和反应器尺寸变化对汽油和液化石油气选择性的影响。

中温费-托合成的产物以直链烃为主，易于生产高十六烷值柴油，目前正在运行的各煤制油厂均以柴油、石脑油、高品质蜡、润滑油基础油为主产物(图 2.15)。所产高品质柴油中 S 含量<0.5ppm，多环芳烃含量<1%，十六烷值>74，所产柴油经台架试验表明，与市场 0 号柴油相比，各项尾气排放指标显著下降，同时使用合成柴油可节约 8%～12% 的油耗，达到了欧 V 柴油的标准。为保障产业健康发展，中科合成油技术股份有限公司联合相关企业申报了多项煤炭间接液化产品的国家标准，包括《煤基费托合成 柴油组分油》(GB/T 29720—2013)、《煤基费托合成 液体石蜡》(GB/T 32066—2024)、《费-托合成 汽油组分油》(GB/T 36564—2018)、《费托合成 石脑油》(GB/T 36565—2018)等。

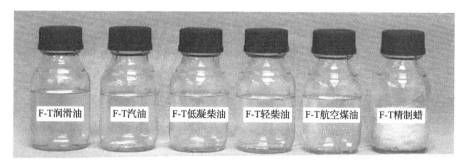

扫码见彩图

图 2.15　间接液化产品

为进一步提高过程的经济性，丰富产品结构，中国科学院山西煤炭化学研究所和中科合成油技术股份有限公司正在开发包含石脑油重整、烯烃芳构化、重质组分催化裂化和油品调和等单元工艺的汽油加工技术[146-152]。目前已完成了万吨级中试验证，基本实现了技术定型，后期将应用于陕西延长榆能清洁能源有限公司 500 万 t/a 煤炭间接液化项目。

2.2.4　间接液化成套工艺集成优化

中国科学院山西煤炭化学研究所和中科合成油技术股份有限公司基于能效和过程经济性原则，采用以费-托合成详细机理动力学模型和浆态床反应器模型为核心编写的煤制油全流程工艺模拟软件[153]，对煤气化(气化炉/水煤浆气化、碎煤加压气化、Shell 气化等)—气体净化—费-托合成(高/低温浆态床、固定床)—油品加工—化学品—发电等多种组合工艺方案进行了局部和全流程模拟计算与优化，形成了示范厂(16 万～20 万 t/a)和百万吨级商业厂(100 万～540 万 t/a)系统集成方案[154-157]。图 2.16 显示了以柴油为主要产物的高温浆态床煤炭间接液化工艺的典型流程。

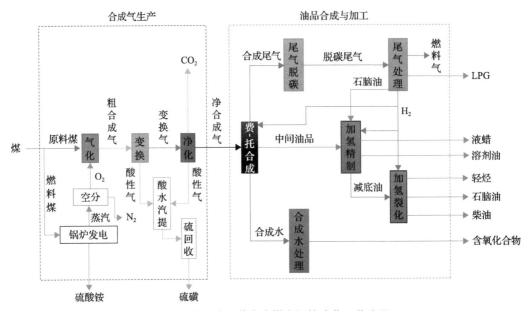

图 2.16　典型高温浆态床煤炭间接液化工艺流程

通过系统集成优化使全系统能源转化效率由低温浆态床工艺的 37%～38%提高到高温浆态床工艺的 40%～42%(16 万吨级示范厂)和 44%～45%(百万吨商业化厂)，水耗降至 13t 水/t 油(16 万吨级示范厂)和 5t 水/t 油(百万吨商业化厂)。能效的提升主要来源于：①费-托合成反应温度提升至 260～290℃，使得副产蒸汽压力提升至 3.0MPa，蒸汽发电效率提升使得总能效提高约 2 个百分点；②高效费-托合成催化剂的成功开发，使得甲烷选择性降低到 3%以下，减少了尾气甲烷转化的负荷，提高总能效率约 1 个百分点；③全系统的集成优化，提高了总能效率 1～3 个百分点。

2.3　工业化进展

1997 年，中国科学院山西煤炭化学研究所将费-托合成反应的研发重点由固定床工艺转向更为先进的浆态床工艺，并开展了大量的基础研究，主要包括费-托合成反应机理、反应动力学、浆态床反应器模拟、流体力学计算、反应器冷态测试、催化剂设计与评价、催化剂制备、反应工艺模拟优化等方面。2000～2004 年期间，在山西省太原市小店区经济技术开发区，建立了 750～1000t/a 的中试实验装置，完成了低温浆态床费-托合成工艺和催化剂的开发，技术指标与国际同类技术基本一致。中国科学院山西煤炭化学研究所针对低温浆态床工艺存在的能源转化效率低、催化剂活性低等问题，在国际上首次提出了高温浆态床费-托合成工艺。经过数年的基础研究和中试验证[图 2.17(a)]，高温浆态床费-托合成工艺(HTSFTP)于 2008 年实现了工艺和催化剂定型，国际同行根据该工艺的运行温度区间(260～290℃)将其命名为中温费-托合成工艺，以区别于已有的低温费-托合成工艺(180～250℃)和高温费-托合成工艺(320～350℃)。2006 年中国科学院山西煤炭化学研究所技术团队联合内蒙古伊泰集团有限公司、神华、山西潞安矿业(集团)有限责任公司等业界伙伴成立了中科合成油技术股份有限公司，进行煤炭间接液化技术的基础研究、技术开发、催化剂生产和商业化推广。

(a) 千吨级中试

(b) 内蒙古伊泰16万t/a

(c) 神华宁煤400万t/a

图 2.17　中温费-托合成煤间接液化技术的产业化历程

2009 年，采用高温浆态床费-托合成工艺建成投产了内蒙古伊泰煤制油有限责任公司 16 万 t/a 和山西潞安煤基合成油有限责任公司 16 万 t/a 两个煤炭间接液化示范厂[图 2.17(b)]。2010 年后，伊泰和潞安示范厂先后实现了"安、稳、长、满、优"的工业化生产，合成气总转化率为 91%～92%，催化剂产油能力达到 1000t 油品/t 催化剂以上，甲烷选择性小于 3.0%，CO_2 选择性为 16%，系统能量转化效率达到 40.53%，合成柴油十六烷值达到 74，硫含量小于 0.5ppm。

内蒙古伊泰煤制油有限责任公司 16 万 t/a 高温浆态床费-托合成工艺的流程如图 2.18 所示。净化的合成气与循环的合成气混合，通入浆态床反应器进行费-托合成反应，生产宽馏程的碳氢化合物，以及一些副产物水和 CO_2。未转化的合成气与反应产物从反应器排出后，与循环气换热和空气冷却，分离出大部分冷凝物重油、轻油和水，之后大部分未冷凝的气体经压缩机循环回主气体回路，一少部分作为尾气排放。尾气首先进入本菲尔德脱碳装置，在 105℃通过碱液的化学吸收脱除尾气中的 CO_2。无 CO_2 的脱碳净化气一部分返回主循环气，剩余部分送入下游的低温油洗单元，在−20℃温度下回收尾气中的低碳烃，主要是 LPG、石脑油等烃类。脱除低碳烃的尾气经干燥后进入 PSA 变压吸附单元，分离出高纯氢气，供催化剂还原和油品加氢使用，并用于平衡整个系统的合成气 H_2/CO 比。PSA 单元其余气体作为燃料气使用。费-托合成单元生成的油品先经加氢精制反应器进行加氢饱和，再经加氢裂化反应器进行裂化，从而生产石脑油和柴油等产品。反应生成的合成水经精馏萃取出水中的含氧化合物之后，送往污水处理装置进行处理和回用。与其他技术相比，高温浆态床费-托合成工艺的合成气转化率高达 93%，产物的甲烷选择性也低于 2.5%，因此尾气比例非常小，尾气处理系统大大简化，能源转化效率较高。

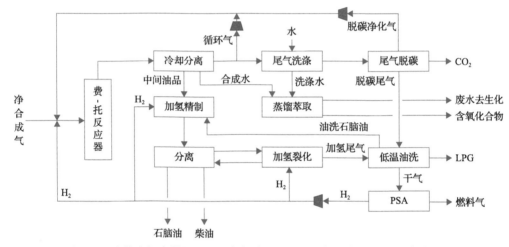

图 2.18　内蒙古伊泰煤制油有限责任公司 16 万 t/a 高温浆态床费-托合成工艺

16 万吨级间接液化示范项目的成功运行极大地推动了百万吨级商业化项目的进展。2011 年，神华集团经过对国产技术和 Sasol 公司技术的工业运行对比后，终止了与 Sasol 公司长达 10 年的技术谈判，决定采用高温浆态床费-托合成工艺建设全球单体最大的神华宁煤 400 万 t/a 煤炭间接液化项目。此外，采用该工艺建设的商业化煤制油厂还包括内蒙古伊泰化工有限责任公司 100 万 t/a 和山西潞安煤基清洁能源有限责任公司 100 万 t/a 两个项目。

神华宁煤 400 万 t/a 煤炭间接液化示范项目于 2013 年 9 月 28 日在宁东能源化工基地开工建设，2017 年 12 月 17 日达到满负荷，并稳定运行至今[图 2.17(c)]。杭锦旗 100 万 t/a 煤炭间接液化工业装置于 2017 年 9 月 14 日达到满负荷运行，仅用 69 天达到设计产能，并稳定运行至今，创造了间接液化历史上最快的达产纪录(国际上，商业化装置一般需要 3～5 年方能达产)，2019 年的运行负荷达到了 110%，获得了较好的经济效益；山西潞安煤基清洁能源有限责任公司 100 万 t/a 煤炭间接液化装置于 2018 年 10 月 1 日达到满负荷，并稳定运行至今。

三个百万吨级煤制油项目先后实现满负荷运行。全系统能源转化效率达到 44%～45%，水耗、煤耗、催化剂甲烷选择性和产油能力等技术指标均处于国际领先水平。神华宁煤 400 万 t/a 煤炭间接液化项目获得 2020 年度国家科学技术进步奖一等奖。百万吨级煤制油项目的达产和稳定运行，开创了我国煤炭间接液化的产业先河，为国家大规模煤制油战略产能的实施奠定了技术和产业基础，标志着自主开发的催化剂、工艺和工程化水平的全面领先性和可靠性，为走向更大规模的商业化应用进程奠定了基础。习近平指出，这一重大项目建成投产对我国增强能源自主保障能力、推动煤炭清洁高效利用、促进民族地区发展具有重大意义，是对能源安全高效清洁低碳发展方式的有益探索，是实施创新驱动发展战略的重要成果。这充分说明，转变经济发展方式，调整经济结构、推进供给侧结构性改革、构建现代产业体系，必须大力推进科技创新，加快推动科技成果向现实生产力转化[①]。

2.4　结　　论

中国科学院山西煤炭化学研究所和中科合成油技术股份有限公司通过长期的基础研究和技术开发在国际上首创了中温费-托合成工艺，开发了高效铁基费-托合成催化剂、大型浆态床反应器，完成了煤炭间接液化工艺的系统集成。自 2009 年起，以中温费-托合成为核心的煤炭间接液化技术完成了 16 万吨级和百万吨级工业化应用，成功运行了全球单体最大神华宁煤 400 万 t/a 煤炭间接液化项目，带动我国装备制造业技术实现大幅提升和全面国产化。百万吨级煤制油项目的成功建设和稳定运行标志着我国煤炭间接液化工艺实现了完全自主化，技术水平达到国际领先水平，为缓解我国油品短缺、提升国家能源战略安全奠定了扎实的基础。

尽管取得了显著的技术进步，但是在当前复杂的国际形势和我国"双碳""双控"战略的背景下，中温费-托合成煤炭间接液化技术仍需进一步提升技术水平，重点提高能源转化效率，降低煤耗和 CO_2 排放，拓展产品结构，提升市场竞争力，满足产业常态下的运行效益和特殊时期的国家能源战略需求。中国科学院山西煤炭化学研究所和中科合成油技术股份有限公司根据上述目标，确定了煤炭间接液化技术的升级方案，通过耦合集成开发多元气化技术，开发低 CO_2 选择性、高产油能力的中温费-托合成催化剂和工艺，开发适用于中低阶煤种的高效温和加氢液化技术；开发汽/柴/航/化联产的油品加工技术，形成新一代中温费-托合成煤炭间接液化技术，能源转化效率提升至 51%～53%，实现 CO_2 减排 20%～30%，推动技术的产业化推广，进一步提升我国的能源自主保障能力。远期，当绿氢和绿电技术逐渐成熟，煤炭间接液化技术将耦合绿氢和绿电，实现全流程 CO_2 零排放。

---

① 央视网. 习近平对神华宁煤煤制油示范项目建成投产作出重要指示强调 加快推进能源生产和消费革命 增强我国能源自主保障能力. (2016-12-28) [2024-07-23]. http://news.cctv.com/2016/12/28/ARTID8u4R14lWZSYDbLAIrhc161228.shtml.

参 考 文 献

[1] Maitlis P M, de Klerk A. Greener Fischer-Tropsch Processes: For Fuels and Feedstocks. New York: John Wiley and Sons Inc, 2013.

[2] de Smit E, Weckhuysen B M. The renaissance of iron-based Fischer-Tropsch synthesis: On the multifaceted catalyst deactivation behaviour. Chemical Society Reviews, 2008, 37(12): 2758-2781.

[3] Kuivila C S, Stair P C, Butt J B. Compositional aspects of iron Fischer-Tropsch catalysts: An XPS/reaction study. Journal of Catalysis, 1989, 118(2): 299-311.

[4] Reymond J P, Mériaudeau P, Teichner S J. Changes in the surface structure and composition of an iron catalyst of reduced or unreduced Fe_2O_3 during the reaction of carbon monoxide and hydrogen. Journal of Catalysis, 1982, 75(1): 39-48.

[5] Loaiza-Gil A, Fontal B, Rueda F, et al. On carbonaceous deposit formation in carbon monoxide hydrogenation on a natural iron catalyst. Applied Catalysis A: General, 1999, 177(2): 193-203.

[6] Niemantsverdriet J W, van der Kraan A M, van Dijk W L, et al. Behavior of metallic iron catalysts during Fischer-Tropsch synthesis studied with Mössbauer spectroscopy, X-ray diffraction, carbon content determination, and reaction kinetic measurements. The Journal of Physical Chemistry, 1980, 84(25): 3363-3370.

[7] Chang Q, Zhang C H, Liu C W, et al. Relationship between iron carbide phases (ε-Fe_2C, Fe_7C_3, and χ-Fe_5C_2) and catalytic performances of Fe/SiO_2 Fischer-Tropsch catalysts. ACS Catalysis, 2018, 8(4): 3304-3316.

[8] Bukur D B, Okabe K, Rosynek M P, et al. Activation studies with a precipitated iron catalyst for Fischer-Tropsch synthesis I. characterization studies. Journal of Catalysis, 1995, 155(2): 353-365.

[9] Herranz T, Rojas S, Pérez-Alonso F J, et al. Genesis of iron carbides and their role in the synthesis of hydrocarbons from synthesis gas. Journal of Catalysis, 2006, 243(1): 199-211.

[10] Yuan X Z, Zhou Y W, Huo C F, et al. Crystal structure prediction approach to explore the iron carbide phases: Novel crystal structures and unexpected magnetic properties. The Journal of Physical Chemistry C, 2020, 124(31): 17244-17254.

[11] Liu X W, Cao Z, Zhao S, et al. Iron carbides in Fischer-Tropsch synthesis: Theoretical and experimental understanding in epsilon-iron carbide phase assignment. The Journal of Physical Chemistry C, 2017, 121(39): 21390-21396.

[12] Fischer F, Tropsch H. The synthesis of petroleum at atmospheric pressures from gasification products of coal. Brennstoff-Chem, 1926, 7: 97-104.

[13] Joyner R W. Mechanism of hydrocarbon synthesis from carbon monoxide and hydrogen. Journal of Catalysis, 1977, 50(1): 176-180.

[14] Lee W H, Bartholomew C H. Multiple reaction states in CO hydrogenation on alumina-supported cobalt catalysts. Journal of Catalysis, 1989, 120(1): 256-271.

[15] Anderson R B, Kölbel H, Rálek M. The Fischer-Tropsch Synthesis. New York: Academic Press, 1984.

[16] Storch H H, Golumbic N, Anderson R B. The Fischer-Tropsch and Related Syntheses: Including a summary of theoretical and applied contact catalysis. New York: John Wiley & Sons, Inc., 1951.

[17] Eidus Y T. The mechanism of the Fischer-Tropsch reaction and the initiated hydropolymerisation of alkenes, from radiochemical and kinetic data. Russian Chemical Reviews, 1967, 36(5): 338-351.

[18] Pichler H, Schulz H. Neuere Erkenntnisse auf dem Gebiet der Synthese von Kohlenwasserstoffen aus Co und H_2. Chemie Ingenieur Technik, 1970, 42(18): 1162-1174.

[19] Cao D B, Li Y W, Wang J G, et al. Adsorption and reaction of surface carbon species on Fe_5C_2(001). The Journal of Physical Chemistry C, 2008, 112(38): 14883-14890.

[20] Cao D B, Zhang F Q, Li Y W, et al. Density functional theory study of CO adsorption on Fe_5C_2(001), ($\bar{1}$00), and ($\bar{1}$10) surfaces. The Journal of Physical Chemistry B, 2004, 108(26): 9094-9104.

[21] Cao D B, Zhang F Q, Li Y W, et al. Structures and energies of coadsorbed CO and H_2 on Fe_5C_2(001), Fe_5C_2(110), and Fe_5C_2(100). The Journal of Physical Chemistry B, 2005, 109(21): 10922-10935.

[22] Deng C M, Huo C F, Bao L L, et al. CO adsorption on Fe_4C (100), (110), and (111) surfaces in Fischer-Tropsch synthesis. The Journal of Physical Chemistry C, 2008, 112(48): 19018-19029.

[23] Liao X Y, Cao D B, Wang S G, et al. Density functional theory study of CO adsorption on the (100), (001) and (010) surfaces of Fe_3C. Journal of Molecular Catalysis A: Chemical, 2007, 269(1/2): 169-178.

[24] Gao R, Cao D B, Liu S L, et al. Density functional theory study into H_2O dissociative adsorption on the Fe_5C_2(010) surface. Applied Catalysis A: General, 2013, 468: 370-383.

[25] Gao R, Cao D B, Yang Y, et al. Adsorption and energetics of H_2O molecules and O atoms on the χ-Fe_5C_2 (111), $(\overline{4}411)$ and (001) surfaces from DFT. Applied Catalysis A: General, 2014, 475: 186-194.

[26] Cao D B, Li Y W, Wang J G, et al. Chain growth mechanism of Fischer-Tropsch synthesis on Fe_5C_2(001). Journal of Molecular Catalysis A: Chemical, 2011, 346(1/2): 55-69.

[27] Huo C F, Li Y W, Wang J G, et al. Insight into CH_4 formation in iron-catalyzed Fischer-Tropsch synthesis. Journal of the American Chemical Society, 2009, 131(41): 14713-14721.

[28] He Y R, Zhao P, Meng Y, et al. Hunting the correlation between Fe_5C_2 surfaces and their activities on CO: The descriptor of bond valence. The Journal of Physical Chemistry C, 2018, 122(5): 2806-2814.

[29] Yin J Q, Liu X C, Liu X W, et al. Theoretical exploration of intrinsic facet-dependent CH_4 and C_2 formation on Fe_5C_2 particle. Applied Catalysis B: Environmental, 2020, 278: 119308.

[30] Li L G, Qing M, Liu X W, et al. efficient one-pot synthesis of higher alcohols from syngas catalyzed by iron nitrides. ChemCatChem, 2020, 12(7): 1939-1943.

[31] Wan H L, Liu X W, Qing M, et al. Insight into the magnetic moment of iron borides: Theoretical consideration from the local coordinative and electronic environment. Dalton Transactions, 2020, 49(7): 2168-2175.

[32] Wan H L, Liu X W, Qing M, et al. Surface structure and morphology evolution of iron borides under dynamic conditions: A theoretical study. Applied Surface Science, 2020, 525: 146462-146469.

[33] Sun X D, Liu X W, Liu J J, et al. Elucidation of the influence of Cu promoter on carburization prior to iron-based Fischer-Tropsch synthesis: An *in situ* X-ray diffraction study. ChemCatChem, 2019, 11(2): 715-723.

[34] Sun X D, Liu X W, Liu X C, et al. Exploration of properties from both the bulk and surface of iron silicides: A unified theoretical study. The Journal of Physical Chemistry C, 2019, 123(18): 11939-11949.

[35] Hao Q L, Bai L, Xiang H W, et al. Phase transformations of a spray-dried iron catalyst for slurry Fischer-Tropsch synthesis during activation and reaction. Fuel Processing Technology, 2008, 89(12): 1358-1364.

[36] Hao Q L, Bai L, Xiang H W, et al. Activation pressure studies with an iron-based catalyst for slurry Fischer-Tropsch synthesis. Journal of Natural Gas Chemistry, 2009, 18(4): 429-435.

[37] Hao Q L, Liu F X, Wang H, et al. Effect of reduction temperature on a spray-dried iron-based catalyst for slurry Fischer-Tropsch synthesis. Journal of Molecular Catalysis A: Chemical, 2007, 261(1): 104-111.

[38] Ding M Y, Yang Y, Wu B S, et al. Study of phase transformation and catalytic performance on precipitated iron-based catalyst for Fischer-Tropsch synthesis. Journal of Molecular Catalysis A: Chemical, 2009, 303(1/2): 65-71.

[39] Ding M Y, Yang Y, Xu J, et al. Effect of reduction pressure on precipitated potassium promoted iron-manganese catalyst for Fischer-Tropsch synthesis. Applied Catalysis A: General, 2008, 345(2): 176-184.

[40] Ding M Y, Yang Y, Li Y W, et al. Impact of H_2/CO ratios on phase and performance of Mn-modified Fe-based Fischer-Tropsch synthesis catalyst. Applied Energy, 2013, 112: 1241-1246.

[41] Ding M Y, Yang Y, Wu B S, et al. Effect of reducing agents on microstructure and catalytic performance of precipitated iron-manganese catalyst for Fischer-Tropsch synthesis. Fuel Processing Technology, 2011, 92(12): 2353-2359.

[42] Wang H, Yang Y, Wu B S, et al. Hydrogen reduction kinetics modeling of a precipitated iron Fischer-Tropsch catalyst. Journal of Molecular Catalysis A: Chemical, 2009, 308(1/2): 96-107.

[43] Niu L W, Liu X W, Liu X, et al. *In situ* XRD study on promotional effect of potassium on carburization of spray-dried precipitated Fe_2O_3 catalysts. ChemCatChem, 2017, 9(9): 1691-1700.

[44] 温晓东、杨勇，相宏伟，等. 费-托合成铁基催化剂的设计基础:从理论走向实践. 中国科学:化学，2017，47(11): 1298-1311.

[45] Zhao S, Liu X W, Huo C F, et al. Surface morphology of Hägg iron carbide (χ-Fe₅C₂) from *ab initio* atomistic thermodynamics. Journal of Catalysis, 2012, 294: 47-53.

[46] Zhao S, Liu X W, Huo C F, et al. Determining surface structure and stability of ε-Fe₂C, χ-Fe₅C₂, θ-Fe₃C and Fe₄C phases under carburization environment from combined DFT and atomistic thermodynamic studies. Catalysis, Structure & Reactivity, 2015, 1(1): 44-60.

[47] Huo C F, Wu B S, Gao P, et al. The mechanism of potassium promoter: Enhancing the stability of active surfaces. Angewandte Chemie-International Edition, 2011, 50(32): 7403-7406.

[48] Zhao S, Liu X W, Huo C F, et al. Morphology control of K₂O promoter on Hägg carbide (χ-Fe₅C₂) under Fischer-Tropsch synthesis condition. Catalysis Today, 2016, 261: 93-100.

[49] Ma C P, Zhang W, Chang Q, et al. θ-Fe₃C dominated Fe@C core-shell catalysts for Fischer-Tropsch synthesis: Roles of θ-Fe₃C and carbon shell. Journal of Catalysis, 2021, 393: 238-246.

[50] Qing M, Yang Y, Wu B S, et al. Modification of Fe-SiO₂ interaction with zirconia for iron-based Fischer-Tropsch catalysts. Journal of Catalysis, 2011, 279(1): 111-122.

[51] Suo H Y, Wang S G, Zhang C H, et al. Chemical and structural effects of silica in iron-based Fischer-Tropsch synthesis catalysts. Journal of Catalysis, 2012, 286: 111-123.

[52] Xu Y F, Li X Y, Gao J H, et al. A hydrophobic FeMn@Si catalyst increases olefins from syngas by suppressing C₁ by-products. Science, 2021, 371(6529): 610-613.

[53] Bukur D B, Mukesh D, Patel S A. Promoter effects on precipitated iron catalysts for Fischer-Tropsch synthesis. Industrial & Engineering Chemistry Research, 1990, 29(2): 194-204.

[54] Dictor R A, Bell A T. Fischer-Tropsch synthesis over reduced and unreduced iron oxide catalysts. Journal of Catalysis, 1986, 97(1): 121-136.

[55] Li S, Li A, Krishnamoorthy S, et al. Effects of Zn, Cu, and K promoters on the structure and on the reduction, carburization, and catalytic behavior of iron-based Fischer-Tropsch synthesis catalysts. Catalysis Letters, 2001, 77(4): 197-205.

[56] Ma W P, Kugler E L, Dadyburjor D B. Potassium effects on activated-carbon-supported iron catalysts for Fischer-Tropsch synthesis. Energy & Fuels, 2007, 21(4): 1832-1842.

[57] Wang C, Liu S L, Wang Q X, et al. Study on the carburizing character of iron catalysts by temperature programmed surface reaction of carburization. Reaction Kinetics and Catalysis Letters, 2006, 88(1): 73-79.

[58] Yang Y, Xiang H W, Xu Y Y, et al. Effect of potassium promoter on precipitated iron-manganese catalyst for Fischer-Tropsch Synthesis. Applied Catalysis A: General, 2004, 266(2): 181-194.

[59] Zhang C H, Zhao G Y, Liu K K, et al. Adsorption and reaction of CO and hydrogen on iron-based Fischer-Tropsch synthesis catalysts. Journal of Molecular Catalysis A: Chemical, 2010, 328(1/2): 35-43.

[60] Dry M E, Shingles T, Boshoff L J, et al. Heats of chemisorption on promoted iron surfaces and the role of alkali in Fischer-Tropsch synthesis. Journal of Catalysis, 1969, 15(2): 190-199.

[61] Graf B, Muhler M. The influence of the potassium promoter on the kinetics and thermodynamics of CO adsorption on a bulk iron catalyst applied in Fischer-Tropsch synthesis: A quantitative adsorption calorimetry, temperature-programmed desorption, and surface hydrogenation study. Physical Chemistry Chemical Physics, 2011, 13(9): 3701-3710.

[62] Kolbel H, Schottle E, Hammer H. Wirkung von alkali-promotoren auf eisenkatalysatoren. Zeitschrift für Physikalische Chemie Neue Folge, 1965, 46: 88-102.

[63] Blyholder G. Molecular orbital view of chemisorbed carbon monoxide. The Journal of Physical Chemistry, 1964, 68(10): 2772-2777.

[64] Toomes R L, King D A. The coadsorption of CO and K on Co{1010}. Surface Science, 1996, 349(1): 19-42.

[65] Bonzel H P, Krebs H J. Surface science approach to heterogeneous catalysis: CO hydrogenation on transition metals. Surface

Science, 1982, 117 (1/2/3): 639-658.

[66] 李吉凡. 碱性金属对 F-T 合成铁基催化剂的助剂作用研究. 北京: 中国科学院大学, 2013.

[67] Niu L W, Liu X W, Liu J J, et al. Tuning carburization behaviors of metallic iron catalysts with potassium promoter and CO/syngas/C_2H_4/C_2H_2 gases. Journal of Catalysis, 2019, 371: 333-345.

[68] Yoshioka T, Koezuka J, Ikoma H. Mössbauer spectral observation on the supported iron catalyst. Journal of Catalysis, 1970, 16 (2): 264-267.

[69] Cagnoli M V, Marchetti S G, Gallegos N G, et al. Influence of the support on the activity and selectivity of high dispersion Fe catalysts in the Fischer-Tropsch reaction. Journal of Catalysis, 1990, 123 (1): 21-30.

[70] Yang Y, Xiang H W, Tian L, et al. Structure and Fischer-Tropsch performance of iron-manganese catalyst incorporated with SiO_2. Applied Catalysis A: General, 2005, 284 (1/2): 105-122.

[71] Mogorosi R P, Fischer N, Claeys M, et al. Strong-metal-support interaction by molecular design: Fe-silicate interactions in Fischer-Tropsch catalysts. Journal of Catalysis, 2012, 289: 140-150.

[72] Qing M, Yang Y, Wu B S, et al. Effect of the zirconia addition manner on the modification of Fe-SiO_2 interaction. Catalysis Today, 2012, 183 (1): 79-87.

[73] Zhang Y, Qing M, Wang H, et al. Comprehensive understanding of SiO_2-promoted Fe Fischer-Tropsch synthesis catalysts: Fe-SiO_2 interaction and beyond. Catalysis Today, 2021, 368: 96-105.

[74] Wang H L, Yang Y, Xu J, et al. Study of bimetallic interactions and promoter effects of FeZn, FeMn and FeCr Fischer-Tropsch synthesis catalysts. Journal of Molecular Catalysis A: Chemical, 2010, 326 (1/2): 29-40.

[75] Zhang C H, Yang Y, Teng B T, et al. Study of an iron-manganese Fischer-Tropsch synthesis catalyst promoted with copper. Journal of Catalysis, 2006, 237 (2): 405-415.

[76] de Smit E, de Groot F M F, Blume R, et al. The role of Cu on the reduction behavior and surface properties of Fe-based Fischer-Tropsch catalysts. Physical Chemistry Chemical Physics, 2010, 12 (3): 667-680.

[77] Wan H J, Wu B S, Zhang C H, et al. Promotional effects of Cu and K on precipitated iron-based catalysts for Fischer-Tropsch synthesis. Journal of Molecular Catalysis A: Chemical, 2008, 283 (1/2): 33-42.

[78] Raje A P, O'Brien R J, Davis B H. Effect of potassium promotion on iron-based catalysts for Fischer-Tropsch synthesis. Journal of Catalysis, 1998, 180 (1): 36-43.

[79] Tian X X, Wang T, Yang Y, et al. Structures and energies of Cu clusters on Fe and Fe_3C surfaces from density functional theory computation. Physical Chemistry Chemical Physics, 2014, 16 (48): 26997-27011.

[80] Tian X X, Wang T, Yang Y, et al. Copper promotion in CO adsorption and dissociation on the Fe (100) surface. The Journal of Physical Chemistry C, 2014, 118 (35): 20472-20480.

[81] Yu W Q, Wu B S, Xu J, et al. Effect of Pt impregnation on a precipitated iron-based Fischer-Tropsch synthesis catalyst. Catalysis Letters, 2008, 125 (1/2): 116-122.

[82] He Y R, Zhao P, Guo W P, et al. Hägg carbide surfaces induced Pt morphological changes: A theoretical insight. Catalysis Science & Technology, 2016, 6 (17): 6726-6738.

[83] He Y R, Zhao P, Liu J J, et al. Suppression by Pt of CO adsorption and dissociation and methane formation on Fe_5C_2 (100) surfaces. Physical Chemistry Chemical Physics, 2018, 20 (39): 25246-25255.

[84] Qin S D, Zhang C H, Wu B S, et al. Fe-Mo catalysts with high resistance to carbon deposition during Fischer-Tropsch synthesis. Catalysis Letters, 2010, 139 (3/4): 123-128.

[85] Qin S D, Zhang C H, Xu J, et al. Effect of Mo addition on precipitated Fe catalysts for Fischer-Tropsch synthesis. Journal of Molecular Catalysis A: Chemical, 2009, 304 (1/2): 128-134.

[86] Qin S D, Zhang C H, Xu J A, et al. Fe-Mo interactions and their influence on Fischer-Tropsch synthesis performance. Applied Catalysis A: General, 2011, 392 (1/2): 118-126.

[87] Cui X J, Xu J, Zhang C H, et al. Effect of pretreatment on precipitated Fe-Mo Fischer-Tropsch catalysts: Morphology, carburization, and catalytic performance. Journal of Catalysis, 2011, 282 (1): 35-46.

[88] Gong H Y, He Y R, Yin J Q, et al. Electronic effects of transition metal dopants on Fe(100) and Fe$_5$C$_2$(100) surfaces for CO activation. Catalysis Science & Technology, 2020, 10(7): 2047-2056.

[89] Anderson R B, Karn F S. A rate equation for the Fischer-Tropsch synthesis on iron catalysts. The Journal of Physical Chemistry, 1960, 64(6): 805-808.

[90] Atwood H E, Bennett C O. Kinetics of Fischer-Tropsch reaction over iron. Industrial & Engineering Chemistry Process Design and Development, 1979, 18(1): 163-170.

[91] Dry M E. Practical and theoretical aspects of the catalytic Fischer-Tropsch process. Applied Catalysis A: General, 1996, 138(2): 319-344.

[92] Huff Jr G A, Satterfield C N. Intrinsic kinetics of the Fischer-Tropsch synthesis on a reduced fused-magnetite catalyst. Industrial & Engineering Chemistry Process Design and Development, 1984, 23(4): 696-705.

[93] Yates I C, Satterfield C N. Intrinsic kinetics of the Fischer-Tropsch synthesis on a cobalt catalyst. Energy & Fuels, 1991, 5(1): 168-173.

[94] Ledakowicz S, Nettelhoff H, Kokuun R, et al. Kinetics of the Fischer-Tropsch synthesis in the slurry phase on a potassium promoted iron catalyst. Industrial & Engineering Chemistry Process Design and Development, 1985, 24(4): 1043-1049.

[95] van Berge P J. Fischer-Tropsch studies in the slurry phase favouring wax production. Potchefstroom: North-West University, 1994.

[96] Deckwer W D, Kokuun R, Sanders E, et al. Kinetic studies of Fischer-Tropsch synthesis on suspended iron/potassium catalyst-rate inhibition by carbon dioxide and water. Industrial & Engineering Chemistry Process Design and Development, 1986, 25(3): 643-649.

[97] Dixit R S, Tavlarides L L. Kinetics of the Fischer-Tropsch synthesis. Industrial & Engineering Chemistry Process Design and Development, 1983, 22(1): 1-9.

[98] Dry M E, Boshoff L J, Shingles T. Rate of Fischer-Tropsch reaction over iron catalysts. Journal of Catalysis, 1972, 25(1): 99-104.

[99] Wojciechowski B W. The kinetics of the Fischer-Tropsch synthesis. Catalysis Reviews-Science and Engineering, 1988, 30(4): 629-702.

[100] van Steen E, Schulz H. Polymerisation kinetics of the Fischer-Tropsch CO hydrogenation using iron and cobalt based catalysts. Applied Catalysis A: General, 1999, 186(1/2): 309-320.

[101] van der Laan G P, Beenackers A A C M. Intrinsic kinetics of the gas-solid Fischer-Tropsch and water gas shift reactions over a precipitated iron catalyst. Applied Catalysis A: General, 2000, 193(1-2): 39-53.

[102] Botes F G, Breman B B. Development and testing of a new macro kinetic expression for the iron-based low-temperature Fischer-Tropsch reaction. Industrial & Engineering Chemistry Research, 2006, 45(22): 7415-7426.

[103] Zhou L P, Hao X, Gao J H, et al. Studies and discriminations of the kinetic models for the iron-based Fischer-Tropsch catalytic reaction in a recycle slurry reactor. Energy & Fuels, 2011, 25(1): 52-59.

[104] Lox E S, Froment G F. Kinetics of the Fischer-Tropsch reaction on a precipitated promoted iron catalyst.1. Experimental procedure and results. Industrial & Engineering Chemistry Research, 1993, 32(1): 61-70.

[105] Lox E S, Froment G F. Kinetics of the Fischer-Tropsch reaction on a precipitated promoted iron catalyst .2. Kinetic modeling. Industrial & Engineering Chemistry Research, 1993, 32(1): 71-82.

[106] 马文平, 李永旺, 赵玉龙, 等. 工业 Fe-Cu-K 催化剂上费-托合成反应动力学(Ⅰ): 基于机理的动力学模型. 化工学报, 1999(2): 159-166.

[107] 马文平, 李永旺, 赵玉龙, 等. 工业 Fe-Cu-K 催化剂上费-托合成反应动力学(Ⅱ): 模型筛选与参数估值. 化工学报, 1999(2): 167-173.

[108] Wang Y N, Ma W P, Lu Y J, et al. Kinetics modelling of Fischer-Tropsch synthesis over an industrial Fe-Cu-K catalyst. Fuel, 2003, 82(2): 195-213.

[109] Wang Y N, Xu Y Y, Xiang H W, et al. Modeling of catalyst pellets for Fischer-Tropsch synthesis. Industrial & Engineering

Chemistry Research, 2001, 40(20): 4324-4335.

[110] Yang J, Liu Y, Chang J, et al. Detailed kinetics of Fischer-Tropsch synthesis on an industrial Fe-Mn catalyst. Industrial & Engineering Chemistry Research, 2003, 42(21): 5066-5090.

[111] Zhang R L, Chang J, Xu Y Y, et al. Kinetic model of product distribution over Fe catalyst for Fischer-Tropsch synthesis. Energy & Fuels, 2009, 23(10): 4740-4747.

[112] Chang J, Bai L, Teng B T, et al. Kinetic modeling of Fischer-Tropsch synthesis over Fe-Cu-K-SiO$_2$ catalyst in slurry phase reactor. Chemical Engineering Science, 2007, 62(18/19/20): 4983-4991.

[113] Zhou L P, Froment G F, Yang Y, et al. Advanced fundamental modeling of the kinetics of Fischer-Tropsch synthesis. AIChE Journal, 2016, 62(5): 1668-1682.

[114] Teng B T, Chang J, Yang J, et al. Water gas shift reaction kinetics in Fischer-Tropsch synthesis over an industrial Fe-Mn catalyst. Fuel, 2005, 84(7/8): 917-926.

[115] Teng B T, Chang J, Zhang C H, et al. A comprehensive kinetics model of Fischer-Tropsch synthesis over an industrial Fe-Mn catalyst. Applied Catalysis A: General, 2006, 301(1): 39-50.

[116] Teng B T, Wen X D, Fan M H, et al. Choosing a proper exchange-correlation functional for the computational catalysis on surface. Physical Chemistry Chemical Physics, 2014, 16(34): 18563-18569.

[117] Teng B T, Zhang C H, Yang J, et al. Oxygenate kinetics in Fischer-Tropsch synthesis over an industrial Fe-Mn catalyst. Fuel, 2005, 84(7/8): 791-800.

[118] Calderbank P H, Patra R P. Mass transfer in liquid phase during the formation of bubbles. Chemical Engineering Science, 1966, 21(8): 719-721.

[119] Satterfield C N, Huff G A. 25 Effects of mass-transfer on Fischer-Tropsch synthesis in slurry reactors. Chemical Engineering Science, 1980, 35(1/2): 195-202.

[120] Deckwer W D, Serpemen Y, Ralek M, et al. Fischer-Tropsch synthesis in the slurry phase on manganese/iron catalysts. Industrial & Engineering Chemistry Process Design and Development, 1982, 21(2): 222-231.

[121] Deckwer W D, Serpemen Y, Ralek M, et al. On the relevance of mass-transfer limitations in the Fischer-Tropsch slurry process. Chemical Engineering Science, 1981, 36(4): 773-774.

[122] Bukur D B. Some comments on models for Fischer-Tropsch reaction in slurry bubble column reactors. Chemical Engineering Science, 1983, 38(3): 440-446.

[123] Kuo J. Slurry Fischer-Tropsch/Mobil two stage process of converting Syngas to high octane gasoline. Final report. Paulsboro: Mobil Research and Development Corp, 1983.

[124] Turner J R, Mills P L. Comparison of axial-dispersion and mixing cell models for design and simulation of Fischer-Tropsch slurry bubble column reactors. Chemical Engineering Science, 1990, 45(8): 2317-2324.

[125] De Swart J W A, Krishna R, Sie S T. Selection, design and scale up of the Fischer-Tropsch reactor. Studies in Surface Science and Catalysis, 1997, 107: 213-218.

[126] Iliuta I, Larachi F, Anfray J, et al. Multicomponent multicompartment model for Fischer-Tropsch SCBR. AIChE Journal, 2007, 53(8): 2062-2083.

[127] Wang G, Wang Y N, Yang J, et al. Modeling analysis of the Fischer-Tropsch synthesis in a stirred-tank slurry reactor. Industrial & Engineering Chemistry Research, 2004, 43(10): 2330-2336.

[128] Zheng K, Wu H S, Geng C Y, et al. A comparative study of the perturbed-chain statistical associating fluid theory equation of state and activity coefficient models in phase equilibria calculations for mixtures containing associating and polar components. Industrial & Engineering Chemistry Research, 2018, 57(8): 3014-3030.

[129] Zheng K, Yang R Y, Wu H S, et al. Application of the perturbed-chain saft to phase equilibria in the Fischer-Tropsch synthesis. Industrial & Engineering Chemistry Research, 2019, 58(19): 8387-8400.

[130] Wang Y, Fan W, Liu Y, et al. Modeling of the Fischer-Tropsch synthesis in slurry bubble column reactors. Chemical Engineering and Processing: Process Intensification, 2008, 47(2): 222-228.

[131] 相宏伟, 杨勇, 李永旺. 煤炭间接液化:从基础到工业化. 中国科学:化学, 2014, 44(12): 1876-1892.

[132] 王晋生, 郝栩, 刘东勋, 等. 用于费-托合成的气-液-固三相悬浮床反应器及其应用: CN101396647B. 2011-03-16.

[133] 王逸凝, 李永旺, 赵玉龙, 等. 鼓泡浆态床费-托合成(FTS)的模拟数值分析. 燃料化学学报, 1999, 27(3): 193-202.

[134] 刘鑫, 张煜, 张丽, 等. 基于气泡群相间作用力模型的加压鼓泡塔流体力学模拟. 化工学报, 2017, 68(1): 87-96.

[135] 樊伟, 郝栩, 相宏伟, 等. F-T合成反应器汽包换热系统动态响应研究. 现代化工, 2010, 30(3): 64-68.

[136] 张丽, 高军虎, 杨勇, 等. 浆态床反应器内构件结构优化与流场分析. 杭州: 中国力学大会-2019, 2019.

[137] 任杰, 李永旺, 王峰, 等. 一种用于非硫化费-托合成油品加氢转化的工艺: CN100345944C. 2007-10-31.

[138] 任杰, 相宏伟, 曹立仁, 等. 费-托合成油的加氢处理工艺: CN101177625A. 2008-05-14.

[139] 万会军, 陶智超, 杨强. 一种提高费-托合成油品生产柴油的工艺的柴油收率的方法: CN113046126A. 2021-06-29.

[140] 卢银花, 范立闯, 刘飞鹏, 等. 一种非硫化态催化剂及其制备方法与应用: CN103301872B. 2015-08-05.

[141] 范立闯, 卢银花, 刘飞鹏, 等. 一种临氢异构化/裂化催化剂及其制备方法与应用: CN103316710B. 2015-05-13.

[142] 樊连莲, 陶智超, 杨勇, 等. 一种高活性无定形硅铝、以其为载体的加氢裂化催化剂以及它们的制备方法: CN106732496B. 2019-07-16.

[143] 董思洋, 徐智, 孙鑫, 等. 一种利用费-托合成物生产柴油的方法: CN103320166B. 2016-02-24.

[144] 许丽恒, 高军虎, 郝栩, 等. 费-托合成蜡加氢裂化工艺条件的研究. 石油炼制与化工, 2013, 44(6): 85-90.

[145] Zhao W, Wang J J, Song K P, et al. Eight-lumped kinetic model for Fischer-Tropsch wax catalytic cracking and riser reactor simulation. Fuel, 2022, 308: 122028.

[146] 王新娟, 郝坤, 侯瑞峰, 等. 由费-托合成油品联产高辛烷值汽油和低碳烯烃的方法及装置: CN112961701A. 2021-06-15.

[147] 李永旺, 申宝剑, 郝坤, 等. 一种生产高辛烷值组分汽油的催化剂及其制备方法和应用: CN112371167A. 2021-02-19.

[148] 李明, 万会军, 陶智超, 等. 一种制备高辛烷值汽油的方法及用于实施该方法的装置: CN111925822A. 2020-11-13.

[149] 姜大伟, 侯瑞峰, 陶智超, 等. 一种从费-托合成中间产品生产高辛烷值汽油的方法和装置: CN112725004A. 2021-04-30.

[150] 黄丽华, 杨永, 陈骁, 等. 一种石脑油重整催化剂及其制备方法: CN106391098A. 2017-02-15.

[151] 侯瑞峰, 郝坤, 杨德祥, 等. 一种从费-托合成油品生产高辛烷值汽油的方法和装置: CN112480961A. 2021-03-12.

[152] 郝坤, 陶智超, 徐智, 等. 一种由费-托合成油相产品制汽油调和组分的方法: CN109762597B. 2021-08-03.

[153] 中科合成油技术股份有限公司. 煤基合成液体燃料工业设计软件 1.0: 2006SR12354. 2006-09-08.

[154] 于戈文, 徐元源, 郝栩, 等. 不同煤气化过程的FT合成油-电多联产模拟计算. 过程工程学报, 2009, 9(3): 545-551.

[155] 于戈文, 李永旺, 徐元源, 等. 不同工艺路线FT合成油-电多联产模拟计算. 过程工程学报, 2010, 10(5): 964-970.

[156] Yu G W, Xu Y Y, Hao X, et al. Process analysis for polygeneration of Fischer-Tropsch liquids and power with CO_2 capture based on coal gasification. Fuel, 2010, 89(5): 1070-1076.

[157] Hao X, Djatmiko M E, Xu Y Y, et al. Simulation analysis of a GTL process using ASPEN plus. Chemical Engineering & Technology, 2008, 31(2): 188-196.

第 3 章

碳载钴基浆态床费-托合成技术

费-托合成技术可实现煤的清洁转化，并能解决部分石油对外依存的问题，成为我国替代石油和煤炭清洁化利用的有效途径之一。与铁基催化剂相比，钴基催化剂具有本征活性高、水煤气变换倾向低、寿命长等优点，已经成功应用于生产重质蜡和清洁油品等。浆态床反应器具有传热效率高、床层内温度均匀、反应物混合好、可等温操作等优点。本书通过设计和研制催化剂，以达到提高催化剂的活性，调控产物的选择性，减少甲烷的生成，选择性合成目标产物(液体燃料、醇类、重质烃等)的研究目标，创制性能优异、适用于浆态床反应器、具有应用前景的催化剂。在此基础上，进行催化剂放大制备和工业生产，开展 15 万吨级钴基浆态床工业示范的研究，开发出钴基费-托合成浆态床技术。

本章从碳载钴基催化剂及其浆态床反应的应用基础研究出发，首先简短综述其研究现状，进一步结合近二十年在该领域的研究内容和工作成果，介绍碳载钴基催化剂从实验室应用基础研究向 15 万吨级浆态床工业示范装置应用的发展历程。

3.1 碳载钴基催化剂的研究进展

催化剂的典型载体包括 SiO_2、Al_2O_3、TiO_2、MgO、介孔材料和分子筛等，它们具有较高的孔隙率和较大的比表面积，能够使金属在其上具有很高的分散度[1]。然而，金属钴和这些氧化物载体具有较强的金属-载体相互作用，容易生成难以还原的铝酸钴、硅酸钴等，导致催化剂的性能较差[2]。因此，研究者一方面致力于催化剂制备工艺的开发，如开发还原氧化再还原(ROR)技术[3]和碳化物介导转晶方法等[4]，另一方面也致力于研发新的高性能载体，如研究具有高导热性的碳化硅(SiC)[5]、高性能复合氧化物[6-8]和碳材料等，并取得了较好进展。

其中，碳作为一种来源广泛易于调变的材料，具有结构稳定、耐酸碱、孔隙率高、比表面积大、易于回收金属等优点，作为载体负载费-托合成钴基催化剂具有良好的应用前景。现有研究已经报道了采用活性炭(AC)、碳纳米管(CNT)、碳纳米纤维(CNF)、碳球(CS)，以及金属有机骨架(MOF)等聚合物衍生碳材料等为载体，合成系列碳载钴基催化剂的工作[9]，如图 3.1 所示。碳材料灵活可调的表面理化特性，使其作为载体合成的钴基催化剂具备极大的性能调变空间和广阔的应用前景[10]。尤其是碳与金属钴的相互作用力相对较弱，碳载钴基催化剂上金属钴的还原度更高，比一些氧化物负载的催化剂具有更高的活性[11]。

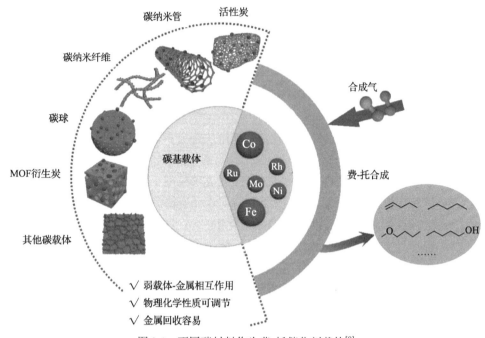

图 3.1　不同碳材料作为费-托催化剂载体[9]

3.1.1　碳纳米管负载的钴基催化剂

　　碳纳米管(CNT)作为一种具有代表性的新型碳材料,由于其表面石墨化程度较高,金属-载体相互作用力弱,不会产生惰性物种,因此受到很多研究者的关注。Tavasoli 等比较了 CNT 和 γ-Al$_2$O$_3$ 两种载体对钴物种粒径、分布和还原度以及催化剂活性和选择性的影响。认为 Co/CNT 催化剂具有更低的还原温度和更弱的金属-载体相互作用,其费-托活性优于 Co/γ-Al$_2$O$_3$ 催化剂。但是其倾向于产生低碳数的组分,且催化剂在反应过程中活性下降较快,其原因在于钴粒子在载体表面的快速烧结和团聚[11]。研究者们后续设计了在 MgO 和 Al$_2$O$_3$ 上原位生长 CNT 作为钴基催化剂的载体,并发现沉积在氧化物上的 CNT 能够抑制金属钴与氧化物的相互作用,提高金属还原度,显著提高催化活性[12]。研究人员对比了 Co/CNT 和负载于碳球(CS)上的 Co/CS 催化剂,用不同的钴前驱体和合成工艺,获得了范围在 3～45nm 不同粒径的金属 Co 纳米粒子[13]。上述催化剂虽然都能够在 753K 氮气环境下被碳载体还原,但是在 673K 氢气环境下再原后,显示出更优的费-托活性。研究同时证明,催化剂活性只与金属钴粒径有关,钴粒径大于 10nm 后,转换频率(TOF)为常数,而小于 10nm 时 TOF 随粒径的下降很快下降。

　　碳纳米管的表面功能化是调变其性能的重要手段。采用酸处理、碱处理、氧化和等离子体处理、真空紫外光化学反应和微波法等[14-17],调变 CNT 表面的含氧官能团种类和含量,以改变其亲疏水性、润湿性能等,调节其与金属前驱体的作用力,获得更强的金属纳米粒子锚定位。其中采用硝酸、硫酸和混合酸进行的液相氧化酸处理是最常用和廉价的处理方法。Trépanier 等研究了酸处理后的 CNT 负载钴基催化剂的效果，提出用 30wt%的 HNO$_3$ 处理后的 CNT 作为载体，合成金属 Co 负载量为 10wt%的 10Co/CNT 催化剂，结果表明处理温度对催化性能有显著影响。298K 下处理的 CNT 比表面积提升了 18%，CO 转化率为 35%，而 373K 下处理的 CNT 比表面积提升了 25%，CO 转化率为 50%。其原因在于金属钴分散度和还原度的提高[18]。Zhang 等发现酸处理后的 CNT 去掉了杂质，同时氧化了载体表面，能够一定程度地提高催化剂的活性，但并不影响其分散度[19]。同时发现不同直径 CNT 上的钴粒子具有相似的粒径和还原度，显示出相似的费-托活性和选择性。Tavasoli 等[20]在连续搅拌釜式反应器中，研究了不同负载量(15wt%、25wt%、35wt%和 40wt%)的 Co/CNT 催化剂的费-托性能。随着 Co 负载量从 15wt%提升到 40wt%，催化活性显著提高，这主要是由于即使提高钴负载量，催化剂上仍能保持小的钴晶粒尺寸、良好的还原度和较弱的金属-载体相互作用。Eschemann 等[21]发现，用乙醇和正丙醇作为溶剂制备的 Co/CNT 催化剂，负载的 Co$_3$O$_4$ 粒子比用水作为溶剂更易还原，表现出更好的费-托活性。并注意到采用 65%硝酸回流后制备的 CNT 负载的 Co/CNT 催化剂具有更好的稳定性，因为其表面丰富的含氧基团，能够有效地锚定金属钴粒子。

3.1.2 碳纳米纤维负载的钴基催化剂

碳纳米纤维(CNF)也可用作费-托合成钴基催化剂的载体。de Jong 等采用 CNF 为载体，合成了稳定性超过 400h 的 Co/CNF 催化剂，并通过改变钴负载量和合成方法，设计了钴粒径从 2.6nm 到 27nm 不同尺度下的 Co/CNF 催化剂，开展了费-托结构敏感性的研究[22]。研究发现，当钴粒径超过 6nm 时，费-托合成的转换频率(TOF)和烃类选择性与钴粒径无关，其中，TOF 在钴粒径 6~27nm 时基本为级别在 10^{-2}s^{-1} 的常数，但当粒径小于 6nm 时，活性和 C$_{5+}$烃类选择性都随着钴粒径的减小而降低，TOF 显著降低到 10^{-3}s^{-1} 级别。另一方面，当 Co 纳米粒子小于 5nm 时，生成甲烷的选择性更高，说明催化剂表面具有丰富的解离氢、缺乏链增长的活性位。因此认为费-托反应需要的最优金属钴粒径是 6nm。稳态同位素瞬态动力学分析(SSITKA)也被用于考察钴粒径的影响[23]，研究表明，小粒径时(<6nm)具有更低的本征活性，因而具有更长的 CH$_x$ 停留时间，而 CO 的停留时间更短，粒径表面的 CH$_x$、OH$_x$ 和 CO 中间体的覆盖度更低、氢的覆盖度更高，导致了更高的甲烷选择性。在 Co/CNF 催化剂上，当 Co 粒径大于 6nm 时，CH$_x$、OH$_x$ 和 CO 的停留时间和表面覆盖率基本为常数，因此催化剂的活性与钴粒径无关[24]。Co/CNF 催化剂中由于 CNF 与钴的弱金属-载体相互作用，添加助剂产生的助剂作用更加显著。研究发现，Co/CNF 掺杂 0.15wt%的 Mn 即可提升 25%的 C$_{5+}$烃选择性。Bezemer 等认为，Mn 氧化物与钴纳米粒子的紧密接触是提升费-托选择性的关键，而加入 Mn 能阻碍钴的还原[25]。不同合成方法对于催化剂的性质结构具有明显的影响。研究发现，采用酸溶液尿素热解和蒸氨法合成了 Co/CNF-L 和 Co/CNF-H 两种催化剂，其中 Co/CNF-L 的钴粒径在 25nm，而 Co/CNF-H 的钴粒径在 8nm。碱溶液增强了离子吸附，从而提高了钴在 CNF 上的分散度，因而获得了更小的钴粒径[26]。不同结构 CNF 负载的钴基催化剂的表面结构性质及其催化性能明显不同[27]。相对于鱼骨(fishbone)结构的 CNF，具有板状结构的 Co/CNF-P 能

够得到更高的钴分散度。由于板状结构具有更多的边界点和表面含氧基团，活性和C_{5+}选择性得到了提高。

3.1.3 碳球负载的钴基催化剂

碳球(CS)具有规则的几何结构、良好的机械性能、可调的孔隙率和表面官能团等特点，因此成为一种理想的模型催化剂载体[28-30]，也有很多工作报道了将其用作钴基催化剂的载体。Qin 等采用直接碳化法，用可再生的木质素合成了一种 Co@C 核壳结构催化剂[31]，在 873K 碳化的催化剂具有相当高的活性，因为核壳结构促进了金属钴和 CO 分子之间的电子传递，同时抑制了 Co 纳米粒子的团聚。N 改性的碳材料比氧官能团化的催化剂具有更好的费-托活性[32]，Antonietti 等采用三聚氰胺作为 N 源，通过后合成方法对中空碳球材料(HCS)进行 N 改性，在不同温度下碳化，获得了具有不同的键合结构和 N 含量的 HCS，并研究了其碳骨架上的缺陷情况。发现 N 改性的 HCS 负载的钴催化剂 10Co/N-HCS 具有更好的活性和稳定性，钴纳米粒子要小于未改性的 10Co/HCS(粒径分别为 15nm 和 30nm)，说明 N 改性 HCS 能够抑制 Co 纳米粒子的烧结[9]。

3.1.4 金属有机骨架衍生的碳载钴基催化剂

以金属有机骨架(MOF)化合物为前驱体合成的碳载钴基催化剂，近年来得到了较多的关注。尤其是其有潜力合成同时具有高金属负载量和理想的钴粒径分布的催化剂。沸石咪唑酯骨架材料-67(ZIF-67)是一种典型的 Co-MOF 材料，可以用于合成 Co@C 催化剂。Oar-Arteta 等[33]开发了一种 Co@SiO$_2$ 催化剂，采用含 Co 的 MOF 材料作为硬模板，进行多步合成。首先是将 TEOS 分子浸渍到 ZIF-67 上，然后水解。将得到的 ZIF-67@SiO$_2$ 在 N$_2$ 条件下热解，获得 Co@C-SiO$_2$ 催化剂。最后将其在空气中焙烧以除掉碳。这种方法能够获得具有 5~15nm 粒径分布的良好分散的催化剂，金属钴负载量达到 50wt%，氧化钴还原度达到 80%。最重要的是，这种催化剂的活性比传统浸渍法的 Co/SiO$_2$ 要高 2 倍，比采用含 Co 的 MOF 热解得到的 Co@C 催化剂高 3 倍。MOF 衍生的钴基催化剂的费-托活性会受到碳的孔结构、孔径分布以及骨架 N 元素等因素的强烈影响。北京大学 Oar-Arteta 等[34]研究了孔隙率和 N 物种对 MOF 衍生钴基催化剂的影响，合成了两种材料 Co-MOF-74 和 ZIF-67,前者热解后得到 Co@C 催化剂,后者热解后能获得含 N 的 Co@NC 催化剂。观察到 Co@C 催化剂有更宽的介孔分布和更大的孔径(7nm)，而 Co@NC 的孔径只有 3nm。大孔的催化剂能促进气体在催化剂内的扩散，因此 Co-MOF-74 催化剂具有更高的活性。碳骨架中的 N 物种被认为是有效的电子供体，加速 CO 的吸附和解离过程，导致产物向轻组分偏移。Co@NC 具有更低的 CO 转化率(10%)和更低的 C_{5+}选择性(31%)，C_2~C_4选择性达到了 37%，而 Co@C 的 CO 转化率为 30%，C_{5+}产物达到了 65%，C_2~C_4只有 10%。陕西师范大学刘忠文教授团队[35]研究了来自 ZIF-67 的 Co/C 催化剂，通过改变热解温度(450~900℃)，合成了粒径在 8.4~74.8nm 的系列催化剂。认为 ZIF-67 在 623K 开始分解，从 723K 开始，金属钴纳米粒子被包覆在部分石墨化的碳骨架中。这种碳骨架中包含一些吡啶碳、石墨碳、N 元素以及少量的吸附氧。在费-托反应中基本没有观察到烧结和重新氧化，说明均匀分散的 Co 纳米粒子被限域在碳骨架中，有很好的稳定性。TOF 从 $1.8 \times 10^{-2} s^{-1}$ 提高到 $4.0 \times 10^{-2} s^{-1}$。研究认为，ZIF 的热解有潜力提供一种新的制备方法，用于合成在碳载体上均匀分布 Co 纳米颗粒的催化剂，且有很好的稳定性，认为具有 10nm 粒径的 Co 纳米粒子具有最好的费-托性能。Isaeva 等[36]证明了 MIL-53(Al)能够用于负载 Co 粒子。得到的 Co@MIL-53(Al)催化剂表现出比传统的 Al_2O_3 载体更高的 C_{5+} 选择性。钴纳米粒子被固定在 MIL-53(Al)中，在 673K 氢气条件下没有孔结构的破坏。认为在具有纳米结构的 MIL-53(Al)载体中，扩散限制被削弱了，载体的纳米晶结构也有很好的限域作用，阻碍了 Co 纳米粒子在费-托过程中的烧结。中科合成油技术股份有限公司[37]提出在 MOF 上用乙烯化学气相沉积(CVD)法获得多孔的碳球，用于合成具有超小钴物种的催化剂。采用这种方法得到的碳壳层具有多孔结构，有利于反应物和产物的扩散。得到的 Co@C 催化剂显示出在 533K 和 3.0MPa 条件下很高的活性[$CTY^{①}$=254.1～312.1μmol CO/($g_{Co} \cdot s$)]。虽然现在一般来说 CNT 和 CNF 负载的钴基催化剂具有比 MOF 作为前驱体更好的活性和选择性，但总的来说，由于 MOF 材料的丰富多样性，以其为前驱体得到的 Co@C 催化剂具有丰富的孔隙结构和良好的延展性。更重要的是，在前驱体热解过程中，金属 Co 催化的高温碳化热解，能获得包裹在 Co 纳米粒子周边的碳材料，其限域作用能获得高负载量和高分散的碳载钴基催化剂。

3.1.5 活性炭负载钴基催化剂

活性炭(AC)是一种具有特殊结构的碳材料，由微晶石墨碳和无定形碳构成，表现为许多芳环通过不同程度弯曲皱折组成的片条状多孔性载体。它具有丰富的孔内表面、不饱和键、缺陷位，以及不同比例的大孔、中孔和微孔。活性炭价格低廉、能耐酸碱、性质稳定，具有发达的孔隙结构、巨大的比表面积和优良的吸附性能。由于活性炭中的微晶由大量的不饱和价键(特别是沿着晶格的边缘)构成，产生大量类似于结晶缺陷的结构，而且石墨层平面 π 电子结构的存在使其具有很强传输电子的能力，这些特性使活性炭成为良好的催化剂载体。此外，活性炭负载的金属通过载体燃烧容易回收，不产生固废，因此具有更好的环保意义。因此最近几十年，活性炭载体广泛应用于卤化、氧化、加氢、聚合、异构化和光催化等一系列多相催化反应。

对钴基催化剂来说，活性炭表面有丰富的含氧官能团，对金属具有较强的锚定和分散作用，可以在高负载量的条件下保持较高的金属分散度，合成高性能活性炭负载钴基催化剂。从 1981 年开始，研究者们就对活性炭负载钴基催化剂(Co/AC)开展了研究，认为活性炭的碳源对载体性质有关键影响，从而决定了催化剂的性能。Lahti 等开发了一种新的活性炭，由木质素经碳化和水蒸气活化合成，并提出采用硝酸处理的方法降低其灰分含量，也有助于提高催化剂的活性[38]。Lebarbier 等证明了活性炭载体能够促进碳化钴(Co_2C)的形成，然而传统载体如 SiO_2 和 Al_2O_3 则具有抑制作用，这是由于高度分散的钴粒子强化了向 Co_2C 生成的热力学倾向[39]。华东理工大学应卫勇教授团队研究了 Co/AC 催化剂上费-托合成产物分布，认为较高的温度、空速、H_2/CO 比和低压下倾向于生成低碳组分，而其分布偏离 Anderson-Schulz-Flory(ASF)分布，是因为烯烃在催化剂上的

---

① CTY 通常用于描述催化剂的活性。

吸附和二次反应[40]，并提出了在一个较宽范围下 Co/AC 催化剂上的动力学模型，计算了催化剂上费-托合成的活化能。Chen 等[41]开发了一种新的 CoZr/AC@ZSM-5 核壳催化剂，通过将 ZSM-5 分子筛涂覆在 CoZr/AC 催化剂表面来实现费-托合成产物的原位裂解，从而降低长链烃的产量。Venter 等[42,43]开发的活性炭负载 Fe-Mn 催化剂下费-托合成产物只有甲烷和低碳烯烃，没有长链烃形成，Barrault 等[44]发现在 P=0.1MPa、H_2/CO 比=1、T=523K 的条件下，Co/C 催化剂的 TOF 值仅为 $2.1 \times 10^{-3} s^{-1}$，而甲烷选择性高达 89%，几乎不含 C_{5+}烃。Guerrero-Ruiz 等[45]也发现活性炭负载 Co、Ru 催化剂的费-托活性很低，甲烷选择性高，产物中没发现 C_{3+}的烃类化合物。上述工作表明，活性炭负载钴基催化剂更倾向于产生较轻组分的产物，使其可能直接合成汽柴油馏分。

3.2 活性炭负载钴基催化剂的应用基础研究

中国科学院大连化学物理研究所 DNL0805 组从三十年前就开始了活性炭负载费-托合成催化剂的相关研究，并取得了一系列进展[46-51]。尤其是研制的活性炭负载钴基(Co/AC)催化剂可以得到高选择性的汽柴油馏分，降低甲烷的选择性，产品中不含有石蜡烃，可以实现一段法制备石脑油和柴油组分，大幅度降低重质烃加氢或异构化获得中间馏分的生产成本。本节总结丁云杰、朱何俊研究团队二十多年来在活性炭负载钴基费-托催化剂的应用基础研究工作。

3.2.1 活性炭原料对 Co/AC 催化剂性能的影响

选取 5 种碳材料，标记为 AC-1～AC-4 和 C-5，采用等体积浸渍法制备了金属钴负载量 15wt%的 Co/C 催化剂，催化剂活性评价结果列于表 3.1。碳载体对 Co 基催化剂的活性影响有明显的不同。15Co/AC-1 和 15Co/AC-2 表现出较高的活性，CO 的转化率分别为 28.4%和 34.1%，而 15Co/C-5 的 CO 转化率最低。烃产物分布如图 3.2 所示，15Co/AC-2 的 C_{5+}选择性大于 70%，CH_4 和 CO_2 选择性较低，而其余四种载体则有较高的低碳烃和 CO_2选择性，C_{5+}选择性低于 35%。

表 3.1 不同碳载体对钴基催化剂性能的影响

催化剂	CO 转化率/%	CO_2 选择性/%	产物分布/%			ASF
			CH_4	C_2～C_4	C_{5+}	
15Co/AC-1	28.4	15.1	38.4	30.9	30.7	0.6
15Co/AC-2	34.1	3.4	16.4	13.2	70.4	0.8
15Co/AC-3	21.1	22.8	30.9	34.7	34.4	0.6
15Co/AC-4	10.1	16.4	49.8	24.4	25.8	0.6
15Co/C-5	6.2	23.2	47.4	33.5	19.1	0.3

注：α 代表碳链增长概率。

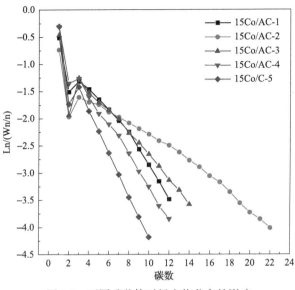

图 3.2　不同碳载体对烃产物分布的影响

上述结果说明，活性炭载体的性质会显著影响催化剂性能。因此我们采用多种方法对载体的性质进行了表征，以揭示关键的影响因素。

碳材料的织构性质对催化剂的性能有显著影响。用 N_2 化学吸附方法，研究了编号为 AC-1、AC-2、AC-3、AC-4 和 C-5 的五种碳材料的孔隙率、比表面积和孔径分布，数据列于表 3.2 和图 3.3。发现不同碳材料的比表面积和孔容有较大的差异，其中 AC-1 具有最大的比表面积，而 AC-2 具有最大的总孔容和平均孔径。AC-2 载体呈双中孔分布，平均孔径排序是 AC-2＞AC-3＞AC-1＞AC-4 ≫ C-5。

活性炭的化学组成以碳元素为主，还有一些非碳物质成分，如氢、氧、硫、氮、磷、铁、硅、卤素等元素以及残渣灰分。五种碳载体的 X 射线荧光（XRF）分析结果见表 3.3，AC-1 和 AC-2 具有较好的纯度，而 AC-3、AC-4 和 C-5 三个载体的杂质含量均很高。

催化剂的还原性质是影响其性能的关键。我们对上述五种碳载体负载的 Co 基催化剂进行了程序升温还原（TPR）表征。表 3.4 给出了不同催化剂的还原度。催化剂的还原度依次为 62.3%、74.2%、55.6%、38.7% 和 67.1%。

表 3.2　不同活性炭载体的织构性质

样品	比表面积/(m²/g)	微孔比表面积/(m²/g)	总孔容/(cm³/g)	微孔孔容/(cm³/g)	平均孔径/Å	微孔孔径/Å
AC-1	1135.2	657.4	0.59	0.35	20.9	6.2
AC-2	1068.7	641.6	0.65	0.38	24.5	6.1
AC-3	604.6	494.7	0.38	0.25	24.3	5.4
AC-4	648.8	466.5	0.34	0.28	20.8	5.5
C-5	17.8	13.8	0.01	0.01	—	—

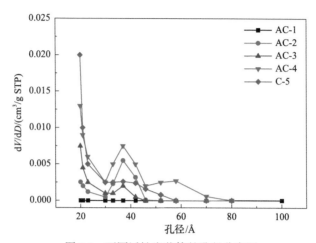

图 3.3　不同活性炭载体的孔径分布图

表 3.3　不同碳载体的 XRF 分析结果

组分名称	AC-1	AC-2	AC-3	AC-4	C-5
Na$_2$O	0.03	—	0.10	0.16	0.15
MgO	0.03	0.07	0.18	0.06	0.10
Al$_2$O$_3$	0.06	0.28	0.91	3.90	0.19
SiO$_2$	0.11	0.15	7.16	4.43	1.16
SO$_3$	0.09	0.20	6.29	4.06	0.23
K$_2$O	0.04	0.07	0.52	0.06	0.39
CaO	0.04	0.33	0.18	0.21	0.15
Fe$_2$O$_3$	0.05	0.19	0.53	1.30	0.38
其他杂质	—	0.25	0.22	0.09	—
C	99.54	98.47	83.92	85.74	97.25

表 3.4　Co/C 催化剂在 TPR 过程中的氢气消耗量和催化剂的还原度

催化剂	氢气消耗量/(mmol/g)	还原度/%
15Co/AC-1	2.1	62.3
15Co/AC-2	2.5	74.2
15Co/AC-3	1.9	55.6
15Co/AC-4	1.3	38.7
15Co/C-5	2.3	67.1

　　如图 3.4 所示，用 X 射线衍射(XRD)技术表征焙烧后 Co/C 催化剂的晶相，发现钴物种主要是以 Co$_3$O$_4$ 形式存在，特征峰在 2θ=37.0°。高比表面积的载体上 Co$_3$O$_4$ 的衍射峰宽化，强度很弱，表现出高分散的状态，而比表面积很小的 C-5 上 Co$_3$O$_4$ 衍射峰尖锐且信号强，说明其分散程度差。

　　图 3.5 显示反应后催化剂 XRD 谱图。图中 2θ=44.2°尖锐的衍射峰归属于金属 Co 的面心立方结构(fcc)晶相，而 2θ=41.7°和 47.5°是金属 Co 的 hcp 晶相衍射峰。15Co/C-5 催

化剂有最强的 fcc、六方密堆积结构(hcp)的晶相衍射峰，说明该催化剂比表面积小，金属在载体表面分散不好，导致活性 Co 在反应时容易大量聚集，形成很大金属 Co 晶粒。而 AC-2 载体具有很高的比表面积，金属在载体表面分散度高，因而催化剂的催化活性较好。以上结果显示，高比表面积的催化剂载体，有利于促进活性金属在载体表面的分散，可以显著提高催化剂的活性。由 Scherrer 公式计算 15Co/AC-1、15Co/AC-2、15Co/AC-3、15Co/AC-4 和 15Co/C-5 各催化剂反应后金属钴晶粒度的大小。结果表明，各催化剂的金属晶粒度大小依次为 16.9nm、12.9nm、22.5nm、18.9nm 和 30.5nm，该数据与催化剂活性呈现出相似规律，说明钴基催化剂的费-托活性与金属分散度密切相关，而反应过程中 Co 金属晶粒的烧结可能为催化剂失活的主要原因之一。

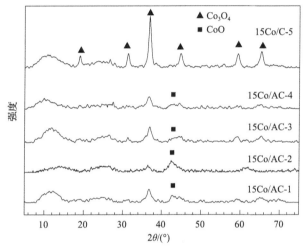

图 3.4　焙烧后 Co 基催化剂的 XRD 谱图

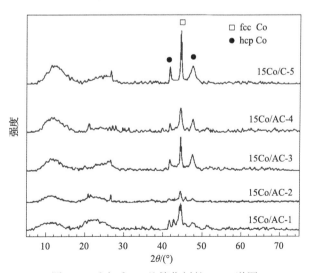

图 3.5　反应后 Co 基催化剂的 XRD 谱图

表 3.5 给出了不同 Co/C 催化剂的 CO 脉冲化学吸附结果，可以发现催化剂的活性与 CO 吸附量呈现很好的正相关性，活性最好的 15Co/AC-2 催化剂具有最高的 CO 吸附量。

表 3.5 不同载体的 CO 脉冲化学吸附

催化剂	CO 吸附量/(μmol/g_{cat})
15Co/AC-1	82.6
15Co/AC-2	107.2
15Co/AC-3	30.6
15Co/AC-4	27.2
15Co/C-5	12.1

上述结果表明，活性炭载体的杂质、比表面积和孔隙率等理化性质，会影响金属钴在载体上的分散性、还原度和 CO 吸附量等，从而决定了 Co/C 催化剂的性能。因此寻找具有更大比表面积、优良孔分布、杂质含量低的活性炭载体，是获得高性能 Co/C 催化剂的关键基础。

3.2.2 助剂对 Co/AC 催化剂性能的影响

助剂对催化剂性能的影响非常关键，因此在优化载体的基础上，选择合适的助剂来提升催化剂性能，是工业催化剂开发的重点。对于活性炭负载钴基催化剂体系，我们研究团队做了大量工作，研究了多种稀土金属和过渡金属的作用效果，并揭示了其机理。

1. La 助剂

文献表明，稀土金属的加入可以提高 Co 基催化剂的长链选择性和降低产物中 CH_4 选择性。例如，在 Co/SiO_2 和 Co/Al_2O_3 催化剂中加入助剂 Ce 能降低催化剂的起始还原温度，有效提高催化剂的费-托合成活性和 C_{5+} 选择性，在 Co/SiO_2 催化剂中加入 La 能够增加活性位的密度，从而提高催化剂费-托合成活性、增加链增长概率、降低产物中低碳烃的选择性。稀土助剂有两个作用：一是作为结构助剂增加分散度和金属颗粒的稳定性，抑制金属纳米粒子的团聚和长大；二是作为电子助剂增强 CO 的吸附和解离，提高长链烃生成的活性和选择性。对于活性炭负载的钴基催化剂，Barrault 等[44]研究了 La_2O_3 对 Co/AC 催化剂性能的影响，加入 La_2O_3 可以增加生成长链烃的活性和选择性，降低 CH_4 选择性。

在活性炭载体优选的基础上，系统地研究了 La 助剂对 Co/AC 催化剂性能的影响。催化剂的性能见表 3.6。

表 3.6 Co-La/AC 催化剂的催化性能

催化剂	CO 转化率		产物选择性/C%				链增长概率
	/%	/[mol/($kg_{Co}\cdot$h)]	CH_4	$C_2\sim C_4$	C_{5+}	C_{21+}	α
15Co/AC	33.9	28.4	16.5	20.7	62.0	0.07	0.67
15Co-0.7La/AC	36.0	29.1	7.8	16.5	74.7	0.01	0.70
15Co-1.7La/AC	56.0	43.3	11.9	17.0	70.4	0.02	0.67
15Co-8.1La/AC	45.1	32.4	21.4	24.8	50.2	0.04	0.64
15Co-12.4La/AC	46.0	33.1	26.2	25.5	43.5	0.04	0.60

注：反应条件为 $H_2/CO=2$，$T=503K$，$P=2.5MPa$，$GHSV=500h^{-1}$。

　　稀土金属 La 的加入可提高钴基催化剂的 CO 转化率，在 La 含量为 1.7wt%时活性达到最高，但随着 La 含量继续增加，催化剂的活性下降。同时，La 的加入还可以降低 CH_4 选择性，增加 C_{5+} 选择性，其中 15Co-0.7La/AC 催化剂的 CH_4 选择性由 16.5%降低到 7.8%，C_{5+} 选择性则由 62.0%增加到 74.7%，平均链增长概率从 0.67 增加到 0.70。该结果说明少量 La 的存在有助于增加长链烃的选择性，提高催化剂的链增长概率，而过多 La 助剂则会降低催化剂性能。

　　图 3.6 为反应后催化剂的 XRD 谱图。催化剂中的 Co 物种主要以 fcc Co、hcp Co 和 Co_2C 三种形式存在。在 15Co/AC、15Co-0.7La/AC 和 15Co-1.7La/AC 三个催化剂中，都明显存在归属于 cubic-Co 的[111]晶面的特征峰，在 15Co-0.7La/AC 和 15Co/AC 催化剂中还发现归属于 α-Co 的[100]晶面和 Co_2C 的特征峰。而其余两个催化剂中则几乎没检测到 Co 晶相的特征峰。由此可见，助剂 La 的加入有助于提高 Co 物种的分散，且能够抑制 Co_2C 相的形成。

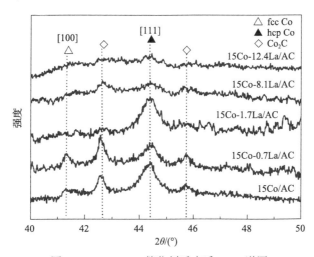

图 3.6　Co-La/AC 催化剂反应后 XRD 谱图

　　我们通过助剂 La 的电子效应，推测了 La 对 Co 基催化剂中 Co_2C 形成的抑制机制，如图 3.7 所示。La 在催化剂中以 La_2O_3 状态存在，与金属 Co 的紧密接触将抑制催化剂在

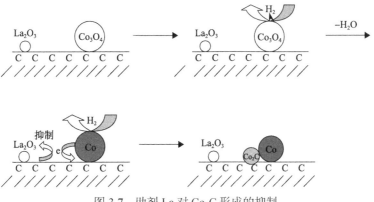

图 3.7　助剂 La 对 Co_2C 形成的抑制

还原过程中 Co 向 C 给出电子，该效应随着催化剂中 La 含量的增加而提升，从而抑制 Co₂C 的形成，提高催化剂在费-托合成的活性，并影响其选择性。

图 3.8 列出了催化剂的 SEM 图。在催化剂 15Co/AC 中 Co 颗粒在活性炭表面均匀分布，其平均粒径为 60nm 左右；在催化剂 15Co-0.7La/AC 中则为 20nm 左右；在催化剂 15Co-1.7La/AC 中，Co 粒子以聚集的大颗粒和分散小颗粒两种状态存在；而在其余两种催化剂中未观察到明显的金属颗粒，表面物种呈现黏结状态，推测是由于金属呈现高度分散，与 XRD 检测中晶体衍射峰宽化的结果一致。该结果也表明 La 的加入能够提高催化剂分散度，适量的 La 有利于提高催化剂费-托合成活性。

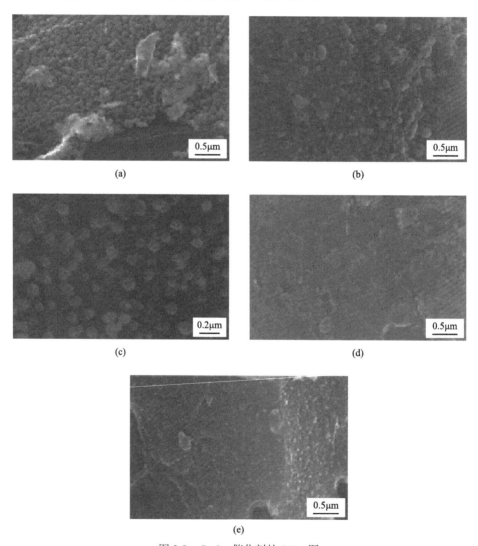

图 3.8　Co-La 催化剂的 SEM 图
(a) 15Co/AC；(b) 15Co-0.7La/AC；(c) 15Co-1.7La/AC；(d) 15Co-8.1La/AC；(e) 15Co-12.4La/AC

图 3.9 给出了 Co-La 催化剂的 TPR 谱图。所有催化剂均存在两个耗氢峰，前者为 Co₃O₄

还原为 CoO，后者为 CoO 还原为 Co。通过 Gauss 法拟合计算出催化剂还原耗氢量，与 CuO 标准样对比计算出催化剂的还原度，结果列于表 3.7。由表 3.7 可以看出，随着催化剂中助剂 La 含量的增加，催化剂在 TPR 过程中的耗氢量从 1.8mmol/g 逐渐减少到 1.4mmol/g，催化剂的还原度也由 71.5%逐渐减少到 53.0%，说明 La 助剂的加入会导致 Co 催化剂的还原度降低。同时，图 3.8 表明催化剂的还原温度随 La 含量的增加向高温区移动，说明 La 抑制了 Co 的还原。体现出较强的 Co-La 相互作用。

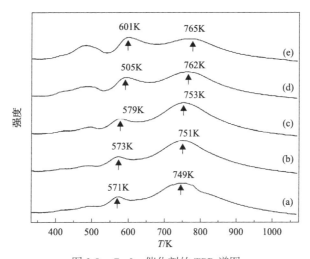

图 3.9　Co-La 催化剂的 TPR 谱图

(a) 15Co/AC；(b) 15Co-0.7La/AC；(c) 15Co-1.7La/AC；(d) 15Co-8.1La/AC；(e) 15Co-12.4La/AC

表 3.7　Co-La 催化剂的氢气消耗量和还原度

催化剂	氢气消耗量/(mmol/g)	还原度/%
15Co/AC	1.8	71.5
15Co-0.7La/AC	1.8	69.6
15Co-1.7La/AC	1.7	66.0
15Co-8.1La/AC	1.4	55.4
15Co-12.4La/AC	1.4	53.0

图 3.10 给出了 15Co-0.7La/AC 催化剂的 CO-TPD 谱图，该过程中产生了 CO、CO_2、H_2O 和 CH_4 四种主要脱附物种。其中 CO 的脱附峰就有四个，396K 为物理吸附 CO 的脱附峰，而高温段的三个脱附峰为化学吸附 CO 的脱附。在 446K 左右的 CO_2 脱附峰归属于羧酸根物种分解产生的 CO_2 脱附，而 789K 脱附峰为 CO 发生歧化反应而生成 CO_2。CO-TPD 过程中产生的水是活性炭表面物理吸附和化学反应产生的少量水。而 789K 的 CH_4 为活性炭表面有机物分解的产物。

图 3.11 为不同 La 载量的 Co-La 催化剂的 CO-TPD 谱图。La 助剂的加入明显改变了 Co 基催化剂的 CO 脱附性质。随着 La 的增加，CO 脱附峰逐渐向高温区移动，表明 La 增强了 CO 吸附能力。将积分计算的 CO 脱附峰面积列于表 3.8，可见 La 的加入也提高

了 CO 的吸附量，且 CO 吸附量最高的两个催化剂体现出较好的费-托性能。

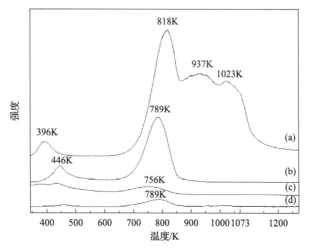

图 3.10　15Co-0.7La/AC 催化剂的 CO-TPD 产物谱图

(a) CO；(b) CO_2；(c) H_2O；(d) CH_4

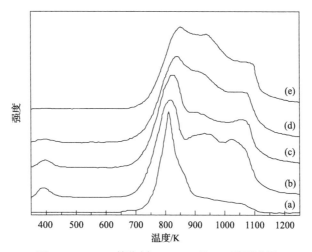

图 3.11　Co-La 催化剂 CO-TPD 的 CO 脱附谱图

(a) 15Co/AC；(b) 15Co-0.7La/AC；(c) 15Co-1.7La/AC；(d) 15Co-8.1La/AC；(e) 15Co-12.4La/AC

表 3.8　Co-La 催化剂的 CO 脱附峰面积

催化剂	CO 脱附峰面积/a.u.
15Co/AC	1.8
15Co-0.7La/AC	3.7
15Co-1.7La/AC	3.6
15Co-8.1La/AC	3.3
15Co-12.4La/AC	3.3

采用程序升温反应(TPSR)技术可以研究催化剂的活性位特性。图 3.12 给出了

15Co-12.4La/AC 催化剂的 TPSR 谱图，发现在 439K、611K 和 878K 处存在三个耗氢峰，说明催化剂活性组分对 CO 吸附的不同导致了三种不同的解离能力。439K 的耗氢峰反映出催化剂上较强 CO 解离能力的活性位，611K 和 878K 则为较弱 CO 解离能力的活性位。由于本节费-托合成反应温度为 503K，说明两个弱 CO 解离活性位在实际反应过程中没有贡献，催化剂的活性主要来自强 CO 解离活性位的贡献。同时，催化剂的耗氢峰与 CH_4 和 C_2H_6 等烃类产物的信号峰吻合，CH_4 的信号峰分别出现在 439K、597K 和 727K，C_2H_6 的信号峰则出现在 435K 和 907K 温度处。

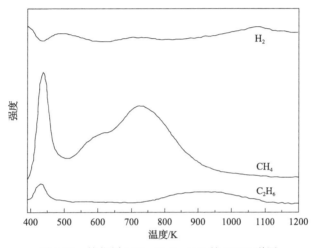

图 3.12　催化剂 15Co-12.4La/AC 的 TPSR 谱图

C_2H_6 信号放大 10 倍

　　助剂 La 的加入改变了催化剂的反应性质。在加入 La 助剂后，催化剂 CH_4 的出峰位置由 15Co/AC 的 452K 降低到 439K，说明助剂 La 的加入使催化剂对 CO 的解离能力增强，提高了催化剂在费-托合成活性。但同时由于 CH_4 形成温度的降低，催化剂 CH_4 的选择性将升高，C_{5+} 选择性降低，这也是与反应结果相符的。

　　总的来说，助剂 La 能够通过抑制 Co_2C 的形成，增强 CO 的吸附，提高金属 Co 的分散度等多种途径，提高 Co/AC 催化剂的费-托活性。适量 La(0.7%) 的加入还能够同时提升 C_{5+} 的选择性，降低 CH_4 等低碳烃的选择性。其 α 值约为 0.7，产物分布落入汽柴油馏分区间，有潜力实现合成气直接高选择性制清洁汽柴油。

2. Ti 助剂

　　在费-托合成的诸多助剂中，TiO_2 以其优异的性质而引起人们极大的兴趣。许多工作研究了 TiO_2 对 Co 基催化剂性能的影响，发现在 SiO_2 或 Al_2O_3 负载的 Co 基催化剂中加入 TiO_2 能够提高催化剂的活性。因此我们研究团队进一步探索了 Ti 助剂对 Co/C 催化剂性能的影响。

　　表 3.9 列出了 Ti 助剂对 15Co/AC 催化剂性能的影响，发现 Ti 的加入极大地提升了催化剂活性，同时影响了催化剂的选择性。与 La 类似，Ti 助剂也存在一个较优的添加

比例，对于 15Co-2Ti/AC 催化剂，Ti 的加入使 CO 转化率由 73.9%增加到 84.1%，CH₄
选择性由 18.8%减少到 16.1%，C_{5+}选择性由 70.9增加到 72.9%，催化剂的平均链增长
概率 α 也由 0.81 增加到 0.84。而过多的 Ti 添加虽然能提高 CO 转化率，但其 C_{5+}选择性
也有所下降。

表 3.9　Ti 助剂对催化剂性能的影响

催化剂	CO 转化率		产物选择性/C%				链增长概率
	/C%	/[mol/(kg₍Co₎·h)]	CH₄	$C_2 \sim C_4$	C_{5+}	C_{21+}	α
15Co/AC	73.9	59.0	18.8	10.3	70.9	2.7	0.81
15Co-2Ti/AC	84.1	83.3	16.1	11.1	72.9	1.1	0.84
15Co-4Ti/AC	86.9	82.7	18.3	13.2	68.5	1.5	0.82
15Co-6Ti/AC	98.3	65.5	20.1	13.7	66.2	1.6	0.80
15Co-8Ti/AC	94.4	64.0	20.6	15.8	63.7	1.2	0.80

注：反应条件为 $H_2/CO=2$，$T=513K$，$P=2.5MPa$，$GHSV=500h^{-1}$。

对反应前后的催化剂进行表征，图 3.13 给出了反应后催化剂在 40°～50°范围内的小
角 XRD 衍射谱图，可以看出催化剂中 Co 物种以三种形式存在，包括 fcc Co、hcp Co 和
Co_2C。

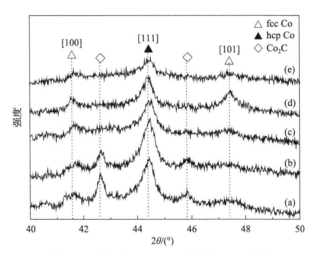

图 3.13　反应后 Co-Ti/AC 催化剂 XRD 谱图
(a)15Co/AC；(b)15Co-2Ti/AC；(c)15Co-4Ti/AC；(d)15Co-6Ti/AC；(e)15Co-8Ti/AC

如图 3.13 所示，随着 Ti 含量的增加，催化剂中 Co_2C 的晶体衍射峰逐渐减小，在 Ti
含量超过 4wt%后，催化剂中检测不到 Co_2C 的晶体衍射峰。因此可知助剂 Ti 的加入抑制
了催化剂中 Co_2C 的形成，有助于提升其费-托合成活性。与此同时，从 XRD 谱图中衍射
峰的宽化可以得知，助剂 Ti 的加入可以降低催化剂中金属 Co 颗粒的尺寸，增加催化剂
的分散度，也有助于提升催化剂活性。通过 Co-Ti/AC 催化剂的 TEM 表征研究发现，加

入助剂 Ti 以后，其催化剂中金属 Co 的颗粒明显减小，15Co-2Ti/AC 催化剂的平均 Co 粒径为 20nm，该结果再次说明助剂 Ti 的加入可以提高催化剂的分散度，与 XRD 表征结果一致。从图 3.14 Co-Ti 催化剂的 TPR 结果来看，助剂 Ti 的加入使催化剂在 627K 左右出现了一个新的耗氢峰，说明还原状态发生了改变。加入 Ti 之后，Co_3O_4 和 CoO 的还原峰随着助剂 Ti 的负载量的增加逐步向高温区移动，说明助剂 Ti 与金属 Co 的强相互作用抑制了催化剂中氧化态 Co 的还原。表 3.10 给出了 Co-Ti/AC 催化剂在还原过程中的耗氢量和还原度，发现随着 Ti 助剂加入量的增加，催化剂还原度降低。

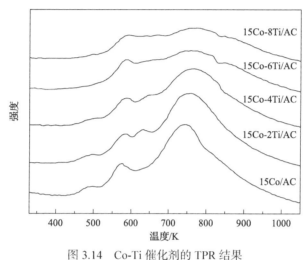

图 3.14　Co-Ti 催化剂的 TPR 结果

表 3.10　Co-Ti/AC 催化剂在 TPR 过程中的氢气消耗量和催化剂的还原度

催化剂	氢气消耗量/(mmol/g)	还原度/%
15Co/AC	1.82	71.5
15Co-2Ti/AC	1.34	52.7
15Co-4Ti/AC	1.13	44.3
15Co-6Ti/AC	0.92	36.0
15Co-8Ti/AC	0.73	28.5

图 3.15 给出了 15Co-4Ti/AC 催化剂的 CO-TPD 谱图。在 400K 左右的 CO 脱附峰为催化剂表面物理吸附的少量 CO，而在高温区（>700K）的 CO 脱附则为化学吸附的 CO 脱附产生的峰。如图所示 Ti 的加入改变了 15Co/AC 催化剂对 CO 的吸附性质，总体上使催化剂对 CO 吸附能力增强，CO 的脱附峰极大值向高温方向偏移。而且注意到 Ti 加入以后，催化剂在高于 870K 温度区出现了新的 CO 脱附峰，推测是由于助剂 Ti 与金属 Co 之间形成了新的 CO 吸附位。表 3.11 给出了 Co-Ti 催化剂的 CO 脱附峰面积，加入 Ti 的催化剂 CO 的吸附能力都增加到原催化剂的两倍以上，说明 Ti 的加入显著提升了催化剂的 CO 吸附能力，这应是催化剂费-托活性显著提高的关键原因。

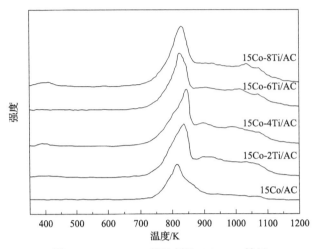

图 3.15 Co-Ti/AC 催化剂的 CO-TPD 结果

表 3.11 Co-Ti 催化剂的 CO 脱附峰面积

催化剂	CO 脱附峰面积/a.u.
15Co/AC	1.0
15Co-2Ti/AC	2.2
15Co-4Ti/AC	2.5
15Co-6Ti/AC	2.3
15Co-8Ti/AC	2.3

综上，助剂 Ti 的加入极大地增加了 Co/AC 催化剂费-托合成的活性，且适量 Ti 的加入也可同时增加 C_{5+} 产物的选择性，抑制 CH_4 等低碳烃生成，增加产物中汽柴油馏分的收率。其原因在于 Ti-Co 之间具有较强的相互作用，提高了金属 Co 的分散度，抑制了 Co_2C 的生成，显著增强了催化剂的 CO 吸附解离能力。

3. Cr 助剂

Cr 氧化物通常用作 Fe 基和 Ni 基水煤气变换（WGS）反应的催化剂助剂。Cr 能促进 H_2 的吸附，提高催化剂的还原度和分散度，但 Cr 助剂对 Co 基费-托合成催化剂性能的影响鲜有报道。本节通过研究 Cr 助剂对 Co/AC 催化剂的结构与 CO 加氢性能的影响，探究催化剂的构效关系和反应机理，并推测在 CO 加氢过程中的催化剂结构变化。

不同 Cr 含量的 Co_xCr/AC 催化剂的 CO 加氢反应评价结果见表 3.12。产物主要为烷烃、烯烃、混合伯醇和少量 CO_2，$C_1 \sim C_4$ 烃类分布于尾气中，C_{5+} 烃类主要分布于液相产物中，混合伯醇分布于液相产物中。从表 3.12 的评价结果可以看出，当 Cr 含量从 0wt% 增加到 2wt% 时，CO 转化率从 28.9% 增加至 47.0%，C_{5+} 烃类选择性从 32.0% 增加至 41.4%，混合伯醇选择性从 20.8% 下降至 15.5%，同时 CH_4 和 $C_2 \sim C_4$ 烯烃的选择性略有降低，$C_2 \sim C_4$ 烷烃选择性略有增加。此外，Cr 可以提高液相产物中 C_{5+} 烃类的选择性（从 45.5wt% 升高至 60.5wt%）。由于 Cr 的加入提高了催化剂的 CO 加氢活性和 C_{5+} 烃类的选择性，因此各产物的时空收率均有所增加，其中烷烃的时空收率增加最为显著[从 89.7g/(kg$_{cat}$·h) 增加至 173.2g/(kg$_{cat}$·h)]。当 Cr 的含量继续增加，则表现出相反的规律，当 Cr 含量从 2wt%增加到 5wt%时，CO 转化率从 47.0%降低至 30.1%，C$_{5+}$烃类选择性从 41.4%降低至 35.8%，混合伯醇选择性从 15.5%增加至 18.5%，同时 CH$_4$ 和 C$_2$～C$_4$ 烷烃的选择性基本保持不变。根据产物分布计算得到混合伯醇的 α 值约为 0.70，烯烃的 α 值约为 0.60，烷烃的 α 值略有增加(从 0.70 增加至 0.74)。因此，该反应遵循费-托合成机理，而且 Cr 的加入对链增长可能性的影响不大。

表 3.12　不同 Cr 含量 CoxCr/AC 催化剂的 CO 加氢反应性能

催化剂	CO 转化率/%	选择性/C%						液体产品分布/wt%		时空收率/[g/(kg$_{cat}$·h)]		
		CH$_4$	CO$_2$	C$_2^=$～C$_4^=$	C$_2^o$～C$_4^o$	C$_{5+}$	醇	C$_{5+}$	醇	醇	烯烃	烷烃
Co/AC[a]	28.9	23.1	0.6	10.8	12.7	32.0	20.8	45.5	54.5	41.7	32.4	89.7
Co1Cr/AC[a]	35.0	21.3	0.5	10.5	12.2	36.6	18.9	55.1	44.9	42.6	42.8	102.2
Co2Cr/AC[a]	47.0	20.8	0.6	7.5	14.2	41.4	15.5	60.5	39.5	53.0	44.2	173.2
Co3Cr/AC[a]	45.6	18.1	0.5	7.8	12.5	42.5	18.6	59.2	40.8	62.0	45.0	162.3
Co5Cr/AC[a]	30.1	20.4	0.8	11.9	12.6	35.8	18.5	52.3	47.7	37.7	43.0	89.0
Co2Cr/AC[b]	37.7	20.7	0.6	7.9	14.9	43.3	12.6	66.5	33.5	43.3	36.1	204.6
Co3Cr/AC[b]	31.8	22.8	0.5	9.3	14.6	38.3	14.4	60.4	39.6	46.2	41.4	165.3

a. 反应条件：P=3.0MPa，T=493K，H$_2$/CO=2，GHSV=2000h^{-1}；

b. 反应条件：P=3.0MPa，T=493K，H$_2$/CO=2，GHSV=3000h^{-1}。

从图 3.16 中可以看出，不同 Cr 含量催化剂的转化频率(TOF)值与其对应的 H$_2$ 吸附量(表 3.13)之间存在对应关系。Cr 的含量从 0wt%增加到 2wt%时，其 TOF 从 47.2h^{-1} 显著增加至 119.8h^{-1}，同时 H$_2$ 的脉冲吸附量也从 9.8μmol/g$_{Co}$ 增加至 23.5μmol/g$_{Co}$。继续增加 Cr 的加入量，TOF 值降低至 75.9h^{-1}，对应的 H$_2$ 的脉冲吸附量略有降低。因此，对于 Cr 改性的 Co/AC 催化剂，其表面的 H$_2$ 吸附是影响其 CO 加氢性能的关键因素。

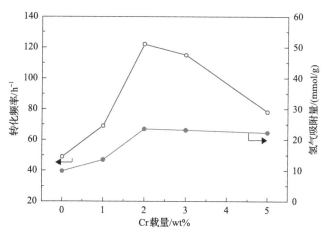

图 3.16　CoxCr/AC 催化剂的 TOF 值与 H$_2$ 脉冲吸附量

表 3.13　CoxCr/AC 催化剂的 H$_2$ 和 CO 脉冲吸附、分散度和还原度

催化剂	d/nm[a] XRD	H$_2$ 吸附量/(μmol/g$_{cat}$)	CO 吸附量/(μmol/g$_{cat}$)	分散度/%	还原度/%
Co/AC	14.6	9.8	232.2	9.1	78
Co1Cr/AC	19.7	13.5	192.0	7.5	75
Co2Cr/AC	8.8	23.5	148.0	5.8	71
Co3Cr/AC	7.5	23.1	147.4	5.8	83
Co5Cr/AC	7.7	22.3	143.8	5.7	81

a. 采用 Scherrer 公式计算反应后催化剂钴物种的粒径。

采用 N$_2$ 物理吸附表征活性炭载体及不同 Cr 负载量 Co-Cr/AC 催化剂织构性质，列于表 3.14。

表 3.14　活性炭载体和不同 Cr 负载量 Co-Cr/AC 催化剂的织构性质

催化剂	比表面积/(m²/g)	微孔比表面积/(m²/g)	总孔容/(cm³/g)	微孔孔容/(cm³/g)	介孔孔容/nm	平均孔径/nm	微孔孔径/Å
AC	1110	634	0.79	0.26	2.9	3.8	5.5
Co/AC	990	490	0.70	0.20	2.9	3.4	5.5
Co1Cr/AC	876	473	0.65	0.19	2.9	3.1	5.6
Co2Cr/AC	843	420	0.57	0.20	2.7	3.1	5.6
Co3Cr/AC	726	420	0.52	0.17	2.8	3.1	5.5
Co5Cr/AC	705	358	0.53	0.15	3.0	3.1	5.5

随着 Cr 含量的增加，催化剂的比表面积从 990m²/g 降低至 705m²/g，微孔比表面积从 490m²/g 降低至 358m²/g，介孔比表面积也降低；总孔容从 0.70cm³/g 降低至 0.52cm³/g（P/P_0=1），微孔孔容从 0.20cm³/g 降低至 0.15cm³/g。

对反应后的 CoxCr/AC 催化剂进行了 TEM 表征分析。反应后的 Co/AC、Co1Cr/AC、Co2Cr/AC 和 Co3Cr/AC 催化剂的 TEM 图分别如图 3.17(a$_1$)、图 3.17(b$_1$)、图 3.17(c$_1$) 和图 3.17(d$_1$) 所示，对应的粒径分布分别如图 3.17(a$_2$)、图 3.17(b$_2$)、图 3.17(c$_2$) 和图 3.17(d$_2$) 所示，其均为单峰 Gaussian 型分布，Co 物种的平均粒径为 7.2nm、6.6nm、6.7nm 和 6.2nm，这说明 Cr 加入后，Co 物种的粒径略微减小。

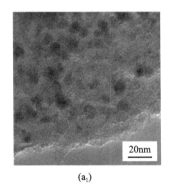

(a$_1$)

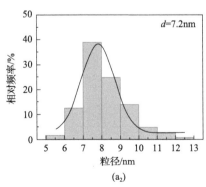

(a$_2$)

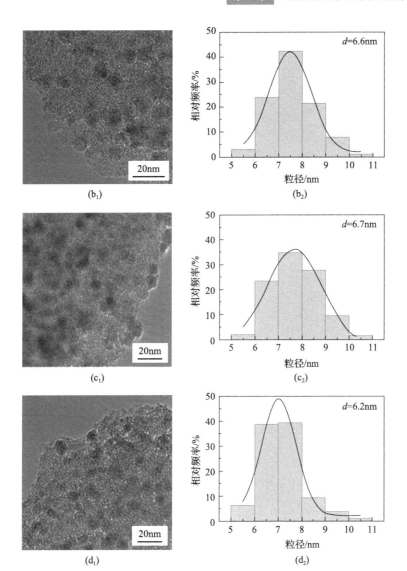

图 3.17　反应后 CoxCr/AC 催化剂的 TEM 图与粒径分布

(a$_1$)、(a$_2$)Co/AC；(b$_1$)、(b$_2$)Co1Cr/AC；(c$_1$)、(c$_2$)Co2Cr/AC；(d$_1$)、(d$_2$)Co3Cr/AC

　　进一步用 HRTEM 表征了反应后 CoxCr/AC 催化剂的晶相结构。如图 3.18(a) 所示，反应后的 Co/AC 催化剂的 HRTEM 图中 Co$_2$C(002) 和 Co$_2$C(012) 的晶面间距分别为 2.19Å 和 1.92Å，其晶面夹角为 60°；晶面间距为 2.03Å 归属为 fcc-Co(111) 晶面。如图 3.18(b) 所示，反应后的 Co1Cr/AC 催化剂的 HRTEM 图中 Co$_2$C(110) 和 Co$_2$C(111) 的晶面间距分别为 2.41Å 和 2.10Å；晶面间距为 2.05Å 归属为 fcc-Co(111) 晶面。反应后的 Co2Cr/AC 和 Co3Cr/AC 催化剂的 HRTEM 图中均可以观察到晶面间距为 2.11Å 的 Co$_2$C(111) 晶面和晶面间距为 2.04Å 的 fcc-Co(111) 晶面，如图 3.18(c)、图 3.18(d) 所示。因此，从 HRTEM 的结果分析，反应后的 CoxCr/AC 催化剂主要为金属 Co 和 Co$_2$C 的混合相。

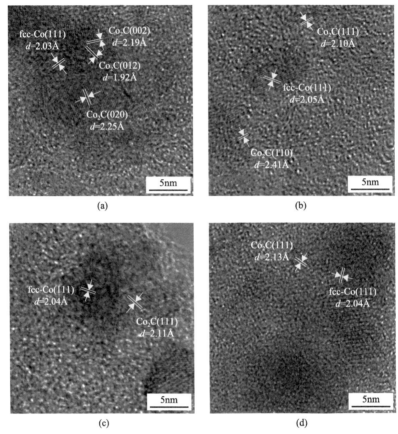

图 3.18　反应后 CoxCr/AC 催化剂的 HRTEM 图

(a)Co/AC；(b)Co1Cr/AC；(c)Co2Cr/AC；(d)Co3Cr/AC

　　焙烧后和反应后的 CoxCr/AC 催化剂的 XRD 表征结果如图 3.19 所示。从图 3.19(a) 可以看出，焙烧后的 CoxCr/AC 催化剂中的 Co 物种主要以 Co₃O₄ 形式存在，同时也有

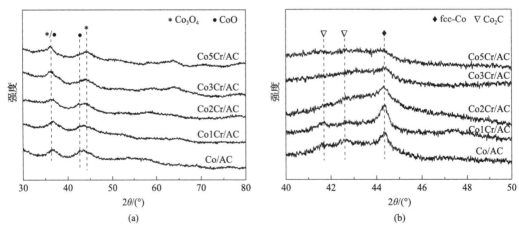

图 3.19　反应后 CoxCr/AC 催化剂的 XRD 图

(a)焙烧后 CoxCr/AC；(b)反应后 CoxCr/AC

CoO 物种存在。在 XRD 谱图中没有观察 Cr 的衍射峰，这是由于 Cr 在催化剂表面的分散度较高而无法被 XRD 检测到。

在固定床中反应 24h 后的 CoxCr/AC 催化剂的 XRD 谱图如图 3.19(b)所示。反应后 CoxCr/AC 催化剂的 XRD 谱图中，均可以观察到明显的 fcc-Co 衍射峰。对于反应后的 Co/AC 和 Co1Cr/AC 催化剂，可以观察到较弱的 Co$_2$C 物种衍射峰，而随着 Cr 含量的增加，其他催化剂几乎观察不到 Co$_2$C 的衍射峰，说明 Cr 对 Co$_2$C 的形成有明显的抑制作用，反应后的 CoxCr/AC 催化剂的晶相以 fcc-Co 为主。采用 Scherrer 公式对反应后催化剂的粒径进行分析，结果列于表 3.15，反应后的 Co/AC 催化剂中 Co 纳米颗粒的粒径为 14.6nm，当 Cr 的含量增加至 1wt%，其 Co 的粒径增加至 19.7nm，继续增加 Cr 的含量，Co 的粒径逐渐降低至 7.5nm，这与 TEM 统计得到的催化剂粒径变化规律基本一致。

表 3.15　CoxCr/AC 催化剂的表面 Co/Cr 比

样品	Co/Cr 原子比		
	理论值	焙烧后	反应后
Co1Cr/AC	13.2	4.2	1.9
Co2Cr/AC	6.6	2.3	1.5

注：基于 XPS 定量分析公式 $\left(\dfrac{n_i}{n_j} = \dfrac{I_i}{I_j} \times \dfrac{\sigma_j}{\sigma_i} \times \dfrac{E_{k_j}^{0.6}}{E_{k_i}^{0.6}} \right)$。

为研究催化剂在原位还原和 CO 加氢反应过程中的晶相变化，选择 Co2Cr/AC 和 Co/AC 催化剂为代表进行原位 XRD 表征。

如图 3.20(a)、图 3.20(b)和图 3.20(c)所示，当还原温度低于 433K 时，催化剂的晶相主要以 Co$_3$O$_4$ 相为主；当温度升至 453K 时，Co$_3$O$_4$ 开始向 CoO 还原(第一步还原)，与 H$_2$-TPR 的表征结果一致；当温度升至 573K 时，开始发生 CoO 向金属 Co 的还原(第二步还原)，归属为 fcc-Co(111)晶面的特征衍射峰开始出现；温度继续升高至 703K 并恒温 10h，fcc-Co(111)晶面的衍射峰强度缓慢增加，但仍有少量 CoO 未被还原，说明在该条件下 Co 氧化物不能被完全还原为金属 Co。焙烧后的 Co/AC 催化剂在 H$_2$ 中进行程序升温还原也显示出类似的变化过程，如图 3.20(a)、图 3.20(b)和图 3.20(c)所示。由于 CoO 没有 CO 加氢活性，因此 Co/AC 与 CoxCr/AC 催化剂的 CO 加氢反应的活性中心是金属 Co。还原后的催化剂降温至 493K，随后通入合成气(H$_2$/CO=2)，升压至 0.8MPa，以研究实际反应条件下 Co2Cr/AC 催化剂晶相结构的变化，结果如图 3.20(d)所示。将原位反应时间延长至 80h，催化剂的主要晶相基本没有变化，仍为 fcc-Co，此结果表明，在 CO 加氢反应过程中，几乎没有发生 fcc-Co 向 Co$_2$C 的转变。与 Co/AC 催化剂相比，如图 3.21(d)所示，原位反应时间延长至 80h，可以观察到微弱的 Co$_2$C 物种衍射峰出现。对比之前的研究结果，可以说明 Cr 对 Co$_2$C 的形成有明显的抑制作用。

采用 XAFS 表征深入研究催化剂的精细结构，反应后 CoxCr/AC 催化剂的 Co 的 K 边 XANES 谱图与 EXAFS 拟合结果如图 3.22 所示。从图 3.22(a)中可以看出，反应后 CoxCr/AC 催化剂的 Co K 边 XANES 谱并无明显区别，均介于 fcc-Co 与 CoO 之间，说明

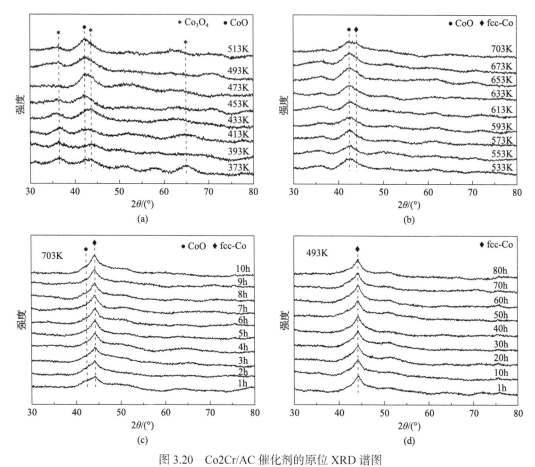

图 3.20　Co2Cr/AC 催化剂的原位 XRD 谱图

(a)、(b) 焙烧后的 Co2Cr/AC 催化剂在 H₂ (30mL/min，0.1MPa) 中程序升温还原；(c) 催化剂在 703K，H₂ 流中保持 10h
(20mL/min，0.1MPa)；(d) 切换为合成气，在 493K 下保持 80h (H₂/CO=2，20mL/min，0.8MPa)

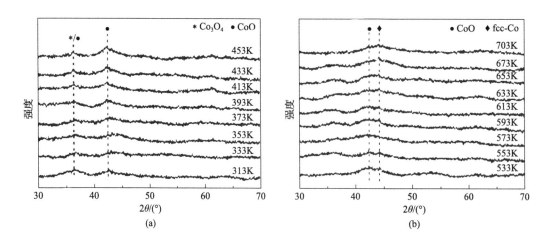

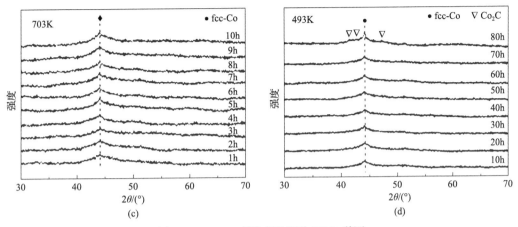

图 3.21　Co/AC 催化剂的原位 XRD 谱图

(a)、(b)焙烧后的 Co/AC 催化剂在 H_2(30mL/min，0.1MPa)中程序升温还原；(c)催化剂在 703K，H_2 流中保持 10h
(20mL/min，0.1MPa)；(d)切换为合成气，在 493K 下保持 80h(H_2/CO=2，20mL/min，0.8MPa)

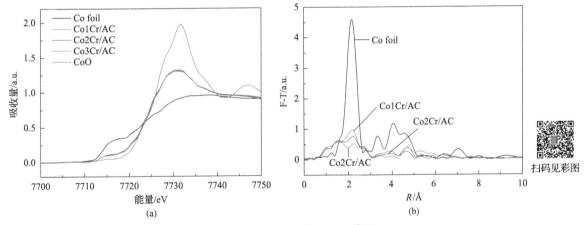

扫码见彩图

图 3.22　CoxCr/AC 催化剂的 XAFS 谱图

(a)CoK 边 XANES 谱；(b)EXAFS 谱

反应后的催化剂为 fcc-Co 与 CoO 的混合相。而从图 3.22(b)反应后 CoxCr/AC 催化剂的 Co K 边 EXAFS 谱可以看出，金属 Co 中的 Co—Co 键键长为 2.04Å，当 Cr 的含量从 1wt% 逐渐增加至 3wt%，其 Co—Co 键键长逐渐增加至 2.10Å，说明 Cr 与 Co 发生了相互作用，引起了 Co 的晶格膨胀，导致 Co—Co 键键长增加。

　　为研究焙烧后和反应后 CoxCr/AC 催化剂的表面元素组成及其对应价态，采用 XPS 进行分析表征。XPS 全谱、Co 2p、Cr 2p 的 XPS 谱如图 3.23 所示。焙烧后和反应后 CoxCr/AC 催化剂的 XPS 全谱的差异较小，如图 3.23(a)、图 3.23(b)所示。焙烧后 CoxCr/AC 催化剂的 Co 2p XPS 谱如图 3.23(c)所示，可以看出，焙烧后的 CoxCr/AC 催化剂的 Co 2p XPS 谱较为接近，779.7eV、781.3eV 和 782.7eV 处的结合能峰分别归属为 Co_3O_4 中的 Co^{3+} 以及 Co_3O_4、CoO 中的两种 Co^{2+}。而反应后 CoxCr/AC 催化剂的 Co 2p XPS 谱与焙烧后

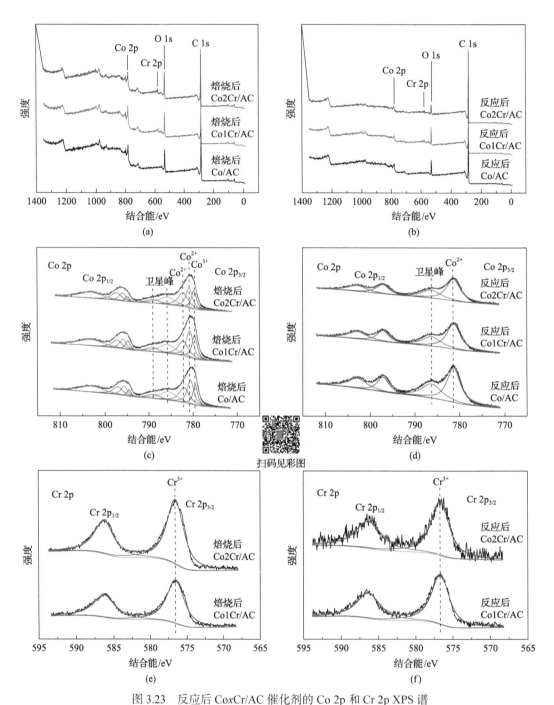

图 3.23　反应后 Co*x*Cr/AC 催化剂的 Co 2p 和 Cr 2p XPS 谱

(a) 和(b)分别为焙烧后和反应后 Co*x*Cr/AC 催化剂 XPS 全谱；(c) 和(d)分别为焙烧后和反应后 Co*x*Cr/AC 催化剂 Co 2p XPS
谱图；(e) 和(f)分别为焙烧后和反应后 Co*x*Cr/AC 催化剂 Cr 2p XPS 谱图

的催化剂存在较大差异，如图 3.23(d)所示，其中 782.3eV 处的结合能峰归属为 Co^{2+}，
786.7eV 和 802.7eV 处的结合能峰是卫星峰。焙烧后和反应后的 Co*x*Cr/AC 催化剂的 Cr 2p
XPS 谱如图 3.23(e)、图 3.23(f)所示，Co*x*Cr/AC 催化剂的 Cr 2p XPS 谱较为接近，576.5eV

处的结合能峰归属为 Cr^{3+}。

基于 XPS 半定量计算得到的催化剂表面 Co/Cr 比列于表 3.15，结果表明，在焙烧过程中，Cr 在催化剂表面发生富集，这与之前研究的 Mn 助剂不同，Co 与 Mn 在焙烧过程中形成 $CoMnO_x$ 复合氧化物，而在焙烧过程中 Co 与 Cr 发生分离。根据上述结果推测，Co、Cr 之间的相互作用和 Co、Mn 之间的相互作用不同。

C 1s、O 1s 的 XPS 谱如图 3.24 所示。焙烧后和反应后的 Co_xCr/AC 催化剂的 C 1s XPS 谱中均观察到 284.5eV、285.7eV、286.3eV 和 288.5eV 处的结合能峰，如图 3.24(a)、图 3.24(b)所示，其中，位于 284.5eV 处的结合能峰归属为活性炭载体上的表面石墨碳（C—C），285.7eV 处的结合能峰归属为活性炭载体上的表面碳氧键（C—O），286.3eV 处的结合能峰归属为活性炭载体上的表面羰基（C=O），288.5eV 处的结合能峰归属为活性炭载体上的表面羧基（—COOH），并未发现对应于催化剂表面碳化物的结合能峰。焙烧后和反应后催化剂的 O 1s XPS 谱中 529.8eV、531.5eV 和 533.0eV 分别归属为催化剂表面的金属氧化物、表面 C—OH 基团和表面 C=O 基团，如图 3.24(c)、图 3.24(d)所示。

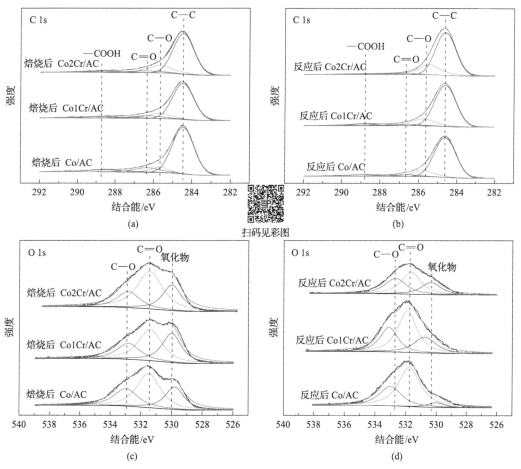

图 3.24 反应后 Co_xCr/AC 催化剂 X 射线光电子能谱（XPS 谱）的 C 1s 和 O 1s 谱图

(a)和(b)分别为焙烧后和反应后 Co_xCr/AC 催化剂 C 1s XPS 谱图；(c)和(d)分别为焙烧后和反应后 Co_xCr/AC 催化剂 O 1s XPS 谱图

CoxCr/AC 催化剂的 H$_2$-TPR 表征结果如图 3.25 所示。491~508K 处的耗氢峰归属为 Co$_3$O$_4$ 向 CoO 的还原(第一步还原),603~623K 处的耗氢峰归属为 CoO 向金属 Co 的还原(第二步还原),763~804K 处的宽耗氢峰归属为金属 Co 存在下活性炭载体表面基团的加氢,同时伴有 CH$_4$ 的形成。当 Cr 的含量从 0wt%增加至 3wt%时,H$_2$-TPR 谱图中的三个耗氢峰均向高温方向移动,说明 Cr 的加入能抑制 Co 氧化物的还原。

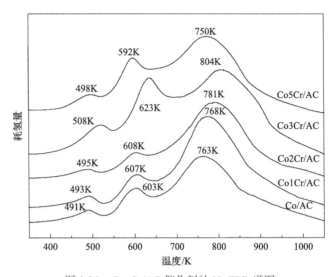

图 3.25 CoxCr/AC 催化剂的 H$_2$-TPR 谱图

根据 H$_2$-TPR 谱图定量计算得到的还原度列于表 3.13,当 Cr 的含量从 0wt%增加至 2wt%,Co 的还原度从 78%降低至 71%,此时 Cr 的加入抑制了 Co 物种的还原;而当 Cr 的含量增加至 3wt%时,Co 的还原度增加至 83%,此时 Cr 部分促进了 Co 物种的还原。这可能是由于在高的 Cr 加入量时,其在催化剂表面的分布发生改变,从而影响了 Co 物种的还原。

CoxCr/AC 催化剂的 H$_2$ 和 CO 脉冲吸附结果列于表 3.13。当 Cr 的加入量从 0wt%增加至 2wt%,H$_2$ 的脉冲吸附量从 9.8μmol/g$_{cat}$ 显著增加至 23.5μmol/g$_{cat}$,继续增加 Cr 的含量,H$_2$ 的脉冲吸附量略微降低。适量 Cr 的加入(约 2wt%)能显著促进 H$_2$ 的吸附。当 Cr 的加入量从 0wt%增加至 5wt%,CO 脉冲吸附量从 232.2μmol/g$_{cat}$ 降低至 143.8μmol/g$_{cat}$,由 CO 吸附量计算得到的 Co 物种分散从 9.1%降低至 5.7%。这可能是 Cr 的加入覆盖了 Co 纳米颗粒,造成其 CO 吸附量降低,由 CO 吸附量计算得到的分散度结果也偏低。

不同 Zr 含量对 Co/AC 催化剂性能影响见表 3.16。

表 3.16 不同 Zr 含量对 Co/AC 催化剂性能影响

催化剂	CO 转化率/%	烃类选择性/wt%						C$_{5+}$收率/(g/Nm^3 合成气)
		C$_1$	C$_2$~C$_4$	C$_5$~C$_9$	C$_{10}$~C$_{20}$	C$_{21+}$	C$_{5+}$	
15Co/AC	68.7	19.3	18.4	37.3	23.7	1.3	62.3	87.2
15Co-2Zr/AC	91.3	16.9	12.5	33.2	34.7	2.7	70.6	134.1
15Co-4Zr/AC	94.2	15.3	14.8	40.3	28.0	1.6	69.9	136.9

续表

催化剂	CO 转化率/%	烃类选择性/wt%						C_{5+}收率/(g/Nm³ 合成气)
		C_1	C_2~C_4	C_5~C_9	C_{10}~C_{20}	C_{21+}	C_{5+}	
15Co-6Zr/AC	89.6	15.1	16.6	41.7	24.9	1.7	68.3	127.5
8Co-4Zr/AC	82.7	13.7	14.2	37.5	32.0	2.6	72.1	123.9
10Co-4Zr/AC	86.4	14.2	14.8	39.4	29.5	2.1	71.0	126.6
20Co-4Zr/AC	96.2	24.1	17.2	35.0	22.4	1.3	58.7	117.5

注：反应条件为 T=523K，P=2.5MPa，H_2/CO=2，GHSV=500h^{-1}。

Co/AC 和 Co2Cr/AC 催化剂的 CO-TPD 表征结果如图 3.26(a)、图 3.26(b)所示，可以看出，在吸附 CO 后的程序升温过程中，脱附信号可以检测到 CO、CO_2、CH_4 和 H_2。从图 3.26(c)可以看出，CO 的脱附峰位置随着 Cr 含量的增加发生移动。位于 720K 和 806K 处的脱附峰分别对应于弱吸附的 CO 和强吸附的 CO，当 Cr 的含量从 0wt%增加至 3wt%时，弱吸附 CO 的脱附温度变化不大，而强吸附 CO 的脱附温度从 806K 增加至 826K，说明随着 Cr 含量的增加，CO 的吸附强度增加。由于只有强吸附的 CO 才可以进行解离，然后进行后续的碳碳偶联过程，所以 Cr 的加入引起 CO 的吸附强度增加，从

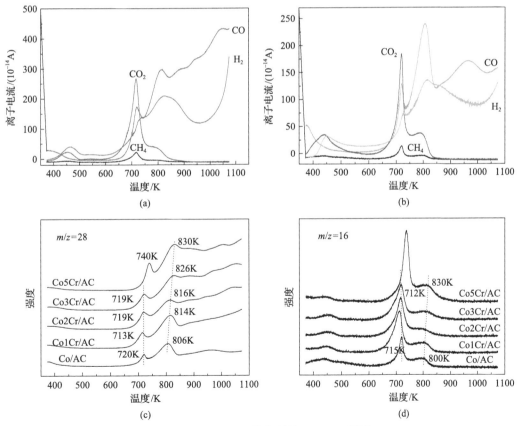

图 3.26 CoxCr/AC 催化剂的 CO-TPD 谱图
(a)Co/AC；(b)Co2Cr/AC；(c)m/z=28；(d)m/z=16

而引起催化剂的 CO 加氢活性增加。图 3.27 为 Co2Cr/AC 催化剂在固定床反应器中连续运行 100h 的稳定性曲线，可以看出该催化剂在该实验条件下初步表现出良好的稳定性，CO 转化率整体高于 20%，CH_4 选择性约为 20%，C_{5+} 烃类与混合醇的总选择性约为 55%。

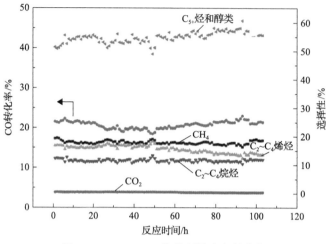

图 3.27　Co2Cr/AC 催化剂的稳定性曲线

实验发现，Cr 的加入能够显著提高 CO 的转化率和 C_{5+} 烃类的选择性，Cr 的最优加入量是 2wt%，继续增加 Cr 的含量将会引起催化剂活性降低。表征结果表明，Cr 能显著抑制 Co_2C 的形成，通过促进 H_2 吸附造成催化剂表面相对"富氢缺碳"化学环境的形成，从而形成小尺寸的 Co_2C 分散于金属 Co 纳米颗粒上（$Co_2C@Co$）。Co_xCr/AC 催化剂与 Co/AC 催化剂的产物选择性较为接近，因而其具有较为相似的催化剂结构。

如图 3.28 所示，根据 XRD、XPS 等表征结果，Cr 的存在形式是高分散的 Cr_2O_3（尺寸小于 3nm 而不能被 XRD 检测）。在焙烧过程中，催化剂的表面 Co/Cr 比降低，说明在焙烧过程中 Cr 与 Co 发生分离，且富集于催化剂表面。由于少量 Cr 的加入不能起到显著的促进作用，说明 Cr 不是优先聚集于 Co 纳米颗粒表面；当 Cr 的含量增加时，Cr_2O_3 逐渐迁移至 Co 纳米颗粒的表面，并与 Co 纳米颗粒产生相互作用。当 Cr 与 Co 的接触面积达到最大时（Cr/Co 摩尔比为 0.13），才能起到最佳的助剂效应。

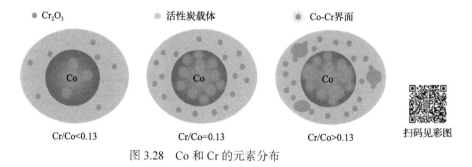

图 3.28　Co 和 Cr 的元素分布

根据费-托合成反应机理，H_2 和 CO 在金属 Co 表面发生吸附和解离，形成表面 H^*

物种和表面 C*物种，这两种表面物种之间发生反应形成碳链增长的活性物种—CH$_x^*$。如果表面加氢过程被增强，CH$_x^*$倾向于发生完全加氢形成 CH$_4$；如果加氢强度适中，表面CH$_x^*$物种之间就可以发生碳碳偶联形成表面*C$_n$H$_{2n+1}$物种。如图 3.29 所示，在费-托合成反应过程中，形成的表面*C$_n$H$_{2n+1}$物种既可以与表面 H*物种发生α-加氢过程形成直链烷烃，也可以在催化剂表面发生β-H 消除过程形成直链α-烯烃。Co$_2$C 是 CO 非解离吸附的活性中心，促进 CO 插入表面*C$_n$H$_{2n+1}$物种形成含氧化合物。由于 Cr 的加入提高了产物中烷烃的选择性，因此 Cr 能促进α-加氢过程，而抑制β-H 消除和 CO 插入过程。产生这种现象的原因在于，一方面，Cr 的加入促进了 H$_2$的吸附，提高了催化剂表面的实际 H/C比，促进加氢过程的发生；另一方面，Cr 能抑制 Co$_2$C 的形成，从而抑制了 CO 插入过程，抑制混合醇的形成。

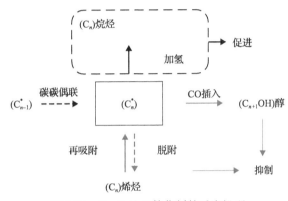

图 3.29 CoxCr/AC 催化剂的反应机理

Co/AC 催化剂中引入 Cr 助剂可以显著提高催化剂的 CO 加氢反应活性和 C$_{5+}$烃类的选择性。Cr 的引入促进了 H$_2$的吸附，使催化剂上形成相对"富氢"的表面化学环境，促进了α-加氢过程，抑制了β-H 消除和 CO 插入过程，使产物分布向生成烷烃的方向移动。由于 Cr 的引入形成的相对"富氢缺碳"表面化学环境抑制了 Co$_2$C 物种的形成。Cr$_2$O$_3$首先分布于活性炭载体上，然后逐渐向金属 Co 上聚集，当 Cr 的含量为 2wt%时达到最佳的助剂效应。

4. Zr 助剂

金属 Zr 是钴基费-托催化剂中常用的一种助剂，我们深入地研究了 Zr 改性的 Co/AC催化剂。研究表明，Co-Zr/AC 催化剂显示出良好的活性以及石脑油和柴油馏分的选择性。且可以通过优化还原温度和添加第三助剂等方法来实现进一步优化改性，为开发适用于工业化的费-托合成催化剂提供了新的思路。

不同 Zr 含量对反应性能以及催化剂结构的影响。从表 3.16 中可看出，Zr 助剂的加入可以提高 15Co/AC 催化剂的 CO 转化率，其规律与前述 La、Ti 和 Cr 助剂类似，具有一个最优值，本书以 4.0wt%为最佳，此时 CO 转化率从 68.7%上升到 94.2%。该结果表明，适量的 Zr 加入有利于降低 Co/AC 催化剂的甲烷选择性，提高产物中长链烃的选择性，而过量 Zr 的加入则使产物中低碳烃选择性增加。

图 3.30 给出了不同 Zr 含量 Co-Zr/AC 催化剂的 CO_2 选择性。从图中可明显发现，随着 Zr 含量的增加，CO_2 选择性大幅度下降。从 15Co/AC 的 4.43%降低到 15Co-6Zr/AC 的 1.75%。可见，Zr 助剂添加可以抑制水汽变换反应，对提高 CO 的利用率以及增加重质烃的选择性是有利的。

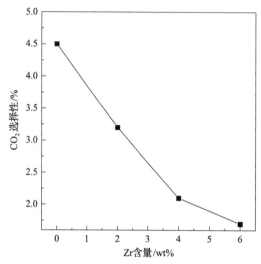

图 3.30　不同 Zr 含量 Co-Zr/AC 催化剂 CO_2 选择性

ZrO_2 助剂的添加对产物的烯烷比也有重要影响。从图 3.31 可看出，随着 ZrO_2 的增加，$C_2^=\sim C_4^=/C_2\sim C_4$ 的比值先增加后下降，表明加入少量 ZrO_2 使中间产物 α-烯烃再吸附增强导致高碳烃的生成，链增长概率提高。过量的 ZrO_2 却使低碳饱和烃的含量增加，也就是催化剂加氢活性变强，不利于碳链的增长。

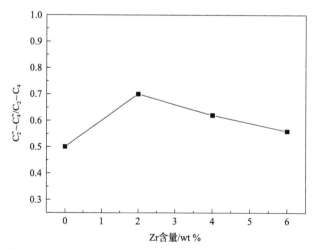

图 3.31　不同 Zr 含量 Co-Zr/AC 催化剂的 $C_2\sim C_4$ 烃类烯烷比

采用 N_2-BET 表征了 Co-Zr/AC 催化剂的织构性质。如表 3.17 和图 3.32 所示，随着

ZrO$_2$ 的加入，催化剂的孔容和比表面积持续降低，载体的中孔数目变少，说明金属在浸渍过程中进入载体的孔道中。

表 3.17 焙烧后 Co-Zr/AC 催化剂的织构性质

样品	比表面积 /(m²/g)	微孔比表面积 /(m²/g)	总孔容 /(cm³/g)	微孔孔容 /(cm³/g)	平均孔径 /Å	微孔孔径 /Å
AC	1068.7	641.6	0.68	0.38	24.5	6.1
15Co/AC	659.5	460.1	0.43	0.24	25.2	5.9
15Co-2Zr/AC	647.8	454.1	0.41	0.23	24.9	5.8
15Co-4Zr/AC	553.7	399.3	0.34	0.22	24.3	5.8
15Co-6Zr/AC	542.9	381.2	0.32	0.21	23.3	5.7

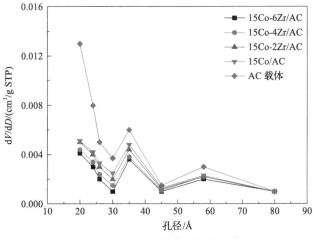

图 3.32 Co-Zr/AC 催化剂的孔径分布

图 3.33 给出 Co-Zr/AC 催化剂还原和钝化后的 XRD 谱图。在 2θ 为 15°～30°区间有一个很大的弥散峰，归属于活性炭载体特征衍射峰。所有还原后的催化剂都存在弱的 CoO

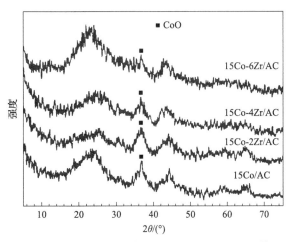

图 3.33 Co-Zr/AC 催化剂还原和钝化后的 XRD 谱图

衍射峰，该衍射峰的强度随 ZrO$_2$ 的含量增加而减弱，表明 Zr 助剂能促进 Co 物种的分散。没有 ZrO$_2$ 的衍射峰，说明 ZrO$_2$ 在催化剂表面呈高度分散状态。

图 3.34 给出 Co-Zr/AC 催化剂反应后 XRD 谱图。在 Co/AC 催化剂中存在很尖锐的 Co 晶相衍射峰，Co 的物相主要以 fcc 晶相存在，其中还有少量 hcp 晶相。Zr 助剂的加入使 Co 晶相衍射峰明显减弱，Co 晶粒大小依次为 16.2nm、15.8nm 和 12.4nm。由于加入 6wt% 的 Zr 可能使 Co 高度分散，超出了 XRD 检测限，没有明显衍射峰出现。在反应过程中即使存在水，Zr 也可以抑制 Co 活性相的聚集，有利于 Co 的分散。

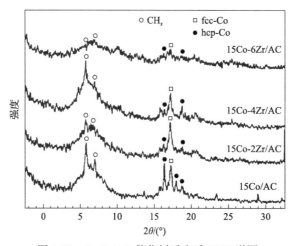

图 3.34 Co-Zr/AC 催化剂反应后 XRD 谱图

还原及钝化后的 Co-Zr/AC 催化剂的 TEM 表征研究发现，随着 ZrO$_2$ 的加入，Co 粒子的分布越来越均匀。在 15Co/AC 催化剂中，金属 Co 颗粒大小为 15～20nm，且存在着比较大的 Co 粒子。而 15Co-2Zr/AC、15Co-4Zr/AC 和 15Co-6Zr/AC 的金属 Co 颗粒大小分别为 12～15nm、10～12nm 和 10nm 左右，且基本没有较大的 Co 粒子。这说明 Zr 的加入能够提高金属 Co 的分散度，这与 XRD 的结果是一致的。

不同催化剂的 CO 化学吸附结果见表 3.18。随着 Zr 含量的增加，CO 的吸附量随之增加，从 107.2μmol/g$_{cat}$ 提高到 164.3μmol/g$_{cat}$，催化剂的分散度从 4.2% 增加到 6.4%，金属 Co 晶粒变小。该结果与 XRD、TEM 的表征结果一致。

表 3.18 不同 Co-Zr 催化剂的 CO 脱附量

催化剂	CO 吸附量/(μmol/g$_{cat}$)	Co 分散度/%
15Co/AC	107.2	4.2
15Co-2Zr/AC	122.7	4.8
15Co-4Zr/AC	132.6	5.2
15Co-6Zr/AC	164.3	6.4

图 3.35 给出了不同 Zr 含量 Co-Zr/AC 催化剂的 TPR 谱图。可见，Zr 助剂的加入，Co 氧化物的耗氢峰向低温迁移。ZrO$_2$ 的存在，导致了 Co 氧化物在活性炭表面上的高分散度，有利于被还原。当 Zr 含量从 2wt% 增加到 6wt% 时，样品谱图的形状基本保持不变，

耗氢峰的位置几乎不随 Zr 含量变化而变化。ZrO_2 的加入使催化剂还原度大幅度增加,但 Zr 载量变化对还原度影响很小(表 3.19)。

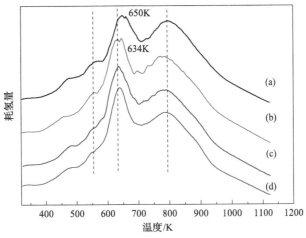

图 3.35 不同 Zr 含量 Co-Zr/AC 催化剂的 TPR 谱图
(a) 15Co/AC; (b) 15Co-2Zr/AC; (c) 15Co-4Zr/AC; (d) 15Co-6Zr/AC

表 3.19 不同 Zr 含量 Co-Zr/AC 催化剂的氢气消耗量和催化剂还原度

催化剂	氢气消耗量/(mmol/g)	还原度/%
15Co/AC	2.5	74.2
15Co-2Zr/AC	2.7	80.8
15Co-4Zr/AC	2.8	82.2
15Co-6Zr/AC	2.8	81.8

图 3.36 列出了 Co-Zr/AC 催化剂在 CO-TPD 过程中的 CO 脱附谱图。结果显示,催化剂有三个 CO 脱附峰,分别位于 390K、830K 和 930K,说明 Zr 的加入没有改变脱附峰的位置,但是脱附强度有明显差异。390K 的低温脱附 CO 峰强度(对应弱吸附的 CO)

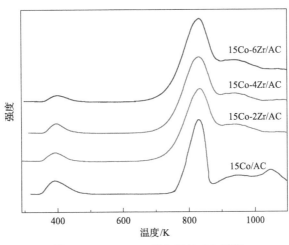

图 3.36 Co-Zr/AC 催化剂的 CO 脱附

随着 Zr 含量的增加逐渐变弱,而 830K 高温脱附峰(对应强吸附的 CO)则随着 Zr 含量的增加而变强。文献报道,低温脱附峰归属于 Co^{2+} 上吸附 CO 的脱附,而高温脱附峰是 CO 强吸附在金属 Co 上的。不同 Zr 含量调变的 Co/AC 催化剂的 CO 脱附面积见表 3.20,可见 Zr 的加入明显增加强吸附的 CO 的脱附量,降低弱吸附的 CO 的脱附量。

表 3.20　Co-Zr/AC 催化剂的 CO 相对脱附量

催化剂	CO 相对脱附量/390K	CO 相对脱附量/830K
15Co/AC	6.2	33.3
15Co-2Zr/AC	3.9	54.2
15Co-4Zr/AC	3.5	55.8
15Co-6Zr/AC	2.4	56.4

图 3.37 给出了 Co-Zr/AC 催化剂在 CO-TPD 实验中 CH_4 和 H_2O 的脱附情况。随着 Zr 含量增加,CH_4 和 H_2O 的变化趋势基本一致,都是在含有 4wt% 的 Zr 时出现最大值,然后逐渐下降,说明 ZrO_2 助剂可以促进 CO 的解离,与载体上的活泼氢反应形成甲烷和水。但 ZrO_2 过量时反而不利于 CO 的解离,使反应活性降低。

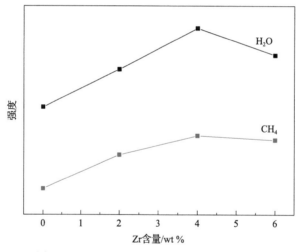

图 3.37　Co-Zr/AC 催化剂的 CH_4 和 H_2O 脱附

吸附 CO 的加氢反应对研究 CO 活化能力是一种很有用的方法。Fujimoto 等认为,在吸附 CO 的加氢反应中,CH_4 一旦生成,就会从催化剂表面上快速脱附出来。CH_4 的脱附温度代表了吸附的 CO 解离能力,而从 CH_4 的峰面积可看出 CO 的加氢能力。因此,通过 TPSR 实验中 CH_4 生成情况可反映出催化剂上 CO 的解离和加氢的情况。

图 3.38 给出了不同 Zr 载量的 Co/AC 催化剂吸附 CO 加氢生成甲烷的 TPSR 谱。Co/AC 催化剂的 TPSR 谱上存在两个甲烷峰,低温峰在 455K,高温峰的峰温为 746K。添加少量的 Zr 助剂(2wt%、4wt%),低温甲烷峰分别移至 439K 和 430K,高温甲烷峰则移至 727K 和 695K。ZrO_2 添加量继续增加(6wt%Zr),低温甲烷峰开始向高温移动,而高温甲烷峰继续向低温移动。认为高温甲烷峰主要是活性炭载体高温加氢产生的甲烷,即载体碳在

高温下与 H_2 反应生成甲烷。由于实际反应在低温下进行，因此在高温区 CO 的解离对费-托合成没有贡献。该结果表明，适量添加 Zr 助剂，可以增强 CO 的解离能力，由于甲烷峰面积增加，表明催化剂的加氢的能力变强，而过量 ZrO_2 加入，可能抑制 CO 的解离而使催化剂的反应活性降低。这与 CO-TPD 的结论相一致。

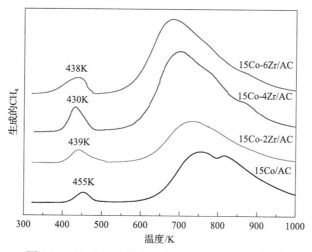

图 3.38　Co-Zr/AC 催化剂上 CO 吸附的 TPSR 谱图

　　如图 3.39 所示，Co-Zr/AC 催化剂程序升温 CO 氢化反应（TPCOH）的谱图也显示两个甲烷峰，第二个甲烷峰的峰面积远远低于 Co/AC 催化剂的峰面积，很显然，Zr 助剂可促进 Co 氧化物的还原，降低 Co^{2+} 的数目，这与 TPR 以及 CO-TPD 的结果相一致。由于活性 Co 位的增加，可提高催化剂的活性和长链烃的选择性，抑制甲烷的形成。Zr 助剂的存在可以降低甲醇和长链醇（乙醇）的含量，这与降低 Co 氧化物含量的结果相一致。因此，通过 TPCOH 实验，不仅可以解释 ZrO_2 的存在可以降低甲烷选择性，而且还能很好地解释产物中甲醇、乙醇等含氧化合物的含量降低的原因。Co-Zr/AC 催化剂的反应机理如图 3.40 所示。

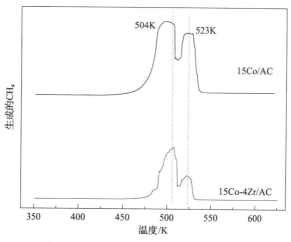

图 3.39　Co-Zr/AC 催化剂的 TPCOH 谱图

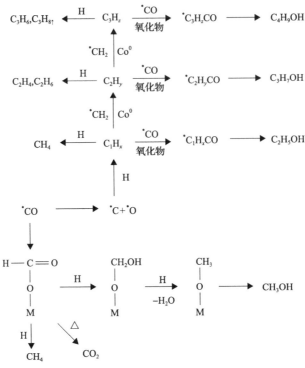

图 3.40　Co-Zr/AC 催化剂的反应机理

*CO：吸附的 CO；*C：吸附的 CO 解离形成的 C 物种；*O 吸附的 CO 解离形成的 O 物种；M：活性金属 Co^0

　　总的来说，将 Zr 助剂添加到 Co/AC 催化剂中可以增加活性 Co 在活性炭表面的分散度，抑制反应过程活性 Co 的聚集，也可以提高催化剂的还原度。高还原度和分散度的增加有利于提高催化剂的反应活性。

　　Zr 助剂可以提高催化剂强吸附的 CO 的量，降低弱吸附的 CO 的量，促进 CO 的解离，提高催化剂的加氢活性。同时降低 Co^{2+} 的数目可以降低甲烷的选择性，抑制甲醇的生成，从而有利于提高重质烃的选择性。适当增加还原温度有利于提高催化剂反应活性，但不宜过高。

3.2.3　合成气制油浆态床 Co/AC 催化剂的研发

　　浆态床反应器具有传热性能好、生产能力高、结构简单、能够连续置换催化剂等优势，特别适用于大规模费-托合成反应装置。近年来，国内外各大公司都开发了相应的技术。最有代表性的是南非 Sasol 公司开发的浆态床馏分油（SSPD）工艺，以及中国国家能源集团在宁东建设的 400 万 t/a 铁基浆态床装置。中国科学院大连化学物理研究所开发的活性炭负载钴基催化剂活性高，产物碳数集中在石脑油和柴油馏分，CO_2 选择性极低，具备工业化应用的潜力。

　　在深入研究各种助剂影响的基础上，选用 Zr 改性的 Co-Zr/AC 催化剂开展实验室浆态床小试评价试验，结果见表 3.21。从表中可看出，添加 ZrO_2 助剂可使 CO 转化率大幅度提高，并有利于抑制甲烷等气态烃的生成。Zr 含量从 0wt% 增加到 6.0wt%，CO 的转化率从 36.4%上升到 67.9%，C_{5+}烃的选择性从 71.4%提高到 79.3%。与固定床相比，浆态床反应器的 CO 转化率有所下降，主要是由于浆态液的扩散阻力的影响。然而，浆态床反应器工艺可以大幅度降低甲烷选择性，提高中间馏分的选择性。

表 3.21　不同 Zr 含量对 Co/AC 催化剂浆态床反应器中费-托反应性能影响

Zr 含量/wt%	CO 转化率/%	烃类选择性/wt%					
		C_1	$C_2{\sim}C_4$	$C_5{\sim}C_9$	$C_{10}{\sim}C_{20}$	C_{21+}	C_{5+}
0	36.4	15.4	13.2	37.6	33.2	0.6	71.4
2	60.1	11.8	10.7	41.1	35.6	0.8	77.5
2*	69.1	14.7	10.5	32.7	39.6	2.5	74.8
4	64.3	10.6	10.4	40.3	37.2	1.5	79.0
6	67.9	10.1	10.6	39.2	38.7	1.4	79.3

注：反应条件为 T=503K，P=2.5MPa，H_2/CO=2，GHSV=500h^{-1}。

* 固定床反应。

1. 反应温度

反应温度是费-托合成反应最敏感的因素之一。表 3.22 列出了 Co/AC 催化剂 CO 加氢反应性能随反应温度的增加而呈现出的变化趋势。可见，随着反应温度的升高，催化活性显著提高。CO 的转化率从 483K 的 35.2%增加到 523K 的 99.5%。引人注意的是，低温反应时，CO 的转化率变化缓慢，从 493K 的 51.4%上升到 503K 时的 60.1%。高温反应时，CO 的转化率变化很大，从 503K 的 60.1%上升到 513K 时 98.6%。这说明 Co 催化剂在较高温度变化时受温度影响特别明显，温度微小变化，可能引起活性很大变化，这种现象在浆态床反应器中表现更加突出，主要是由于在温度高时，浆液黏度降低，提高了反应气体的传输速率，从而提高催化剂的加氢活性。

表 3.22　反应温度对 Co/AC 催化剂浆态床反应器中费-托反应性能影响

温度/K	CO 转化率/%	烃类选择性/wt%					
		C_1	$C_2{\sim}C_4$	$C_5{\sim}C_9$	$C_{10}{\sim}C_{20}$	C_{21+}	C_{5+}
483	35.2	7.3	8.4	43.3	38.3	2.7	84.3
493	51.4	8.0	8.9	40.1	39.1	3.9	83.1
503	60.1	11.8	10.7	41.1	35.6	0.8	77.5
513	98.6	24.6	23.9	29.4	21.5	0.6	51.5
523	99.5	28.4	25.4	27.3	18.7	0.2	46.2

注：反应条件为 P=2.5MPa，H_2/CO=2，GHSV=500h^{-1}。

反应温度同时影响 CH_4、C_{5+}的选择性。我们可以发现，甲烷选择性随着温度的升高而提高，说明甲烷在高温时更易形成；而 C_{5+}的选择性呈下降趋势，说明 Co/AC 催化剂在高温时有利于低碳烃的生成，在低温时有利于长链烃的生成。

2. 反应压力

浆态床反应器中 Co/AC 催化剂反应压力对 CO 转化率和产物选择性的影响规律如表 3.23 所示。提高压力有助于提升 CO 转化率，但是压力超过 3.5MPa 后开始降低。提高压力有助于使产物向长碳链方向移动，费-托合成是体积缩小的反应，压力增加有利于生成高碳烃。同时，提高反应压力也增大了反应组分在液蜡介质中的溶解度，进而提高了反应气体在浆液中的停留时间，这些都有利于加快反应速度，使 CO 的转化率有所增加，也有利于提高液态烃的选择性。

表 3.23　反应压力对 Co/AC 催化剂浆态床反应器中费-托反应性能影响

压力/MPa	CO 转化率/%	烃类选择性/wt%					
		C_1	$C_2 \sim C_4$	$C_5 \sim C_9$	$C_{10} \sim C_{20}$	C_{21+}	C_{5+}
0.5	30.6	14.8	17.9	36.7	30.1	0.5	67.3
1.5	54.4	12.6	15.3	38.6	32.4	1.1	72.1
2.5	60.1	11.8	10.7	41.1	35.6	0.8	77.5
3.5	68.2	11.2	11.6	39.1	36.1	1.9	77.2
4.5	66.1	12.1	13.3	39.6	33.3	1.7	74.6

注：反应条件为 $T=503K$，$H_2/CO=2$，$GHSV=500h^{-1}$。

3. 原料气空速

表 3.24 给出了 CO 转化率和烃的选择性随原料气空速变化的情况。CO 单程转化率随着空速增加而较大幅度地减少，原因是空速增加使反应气体在催化剂表面停留时间变短，降低了 CO 和 H_2 在催化剂表面的解离能力，大量气体还没来得及解离就脱附出来；另一方面，高空速也降低了气体在浆液中的溶解度，从而降低催化剂的活性。空速对烃产物分布也产生明显的影响。有趣的是，空速对甲烷影响较小，但对 $C_2 \sim C_4$ 烃选择性影响较大。$C_2 \sim C_4$ 烃选择性随着空速的增大呈增大趋势，而 C_{5+} 烃的选择性随空速增大而下降，说明在低空速下有助于液态烃的生成。

表 3.24　空速对 Co/AC 催化剂浆态床反应器中费-托反应性能影响

空速/h^{-1}	CO 转化率/%	烃类选择性/wt%					
		C_1	$C_2 \sim C_4$	$C_5 \sim C_9$	$C_{10} \sim C_{20}$	C_{21+}	C_{5+}
500	60.1	11.8	10.7	41.1	35.6	0.8	77.5
1000	55.6	11.3	13.8	38.7	35.1	1.1	74.9
1600	52.3	11.9	14.3	39.3	33.3	1.2	73.8
3200	37.5	12.4	14.8	37.6	34.3	0.9	72.8
4400	24.1	12.7	16.8	36.8	32.2	1.5	70.5

注：反应条件为 $T=503K$，$P=2.5MPa$，$H_2/CO=2$。

4. 催化剂装填量

表 3.25 给出了催化剂的装填量(浆料浓度)对费-托合成催化性能的影响。随着催化剂浆料浓度的升高，CO 转化率显著增加，催化剂量从 5mL 增至 15mL，CO 转化率从 24.2%增至 48.6%，而加入 20mL 催化剂以后催化活性缓慢增加。C_{5+}选择性随着催化剂颗粒浓度的增大，先升高后下降，而 CH_4 的选择性与其相反，先缓慢下降然后逐渐升高。说明提高催化剂的装填量，有利于增加浆液中活性物的浓度，有助于提高 CO 转化率，进一步增加催化剂装填量，浆料固含率增高，黏度增大，单位体积浆液中合成气的含量降低，导致浆态床中小气泡聚并，气含率下降。

表 3.25　催化剂装填量对 Co/AC 催化剂浆态床反应器中费-托反应性能影响

催化剂/液体 /(mL/mL)	CO 转化率/%	烃类选择性/wt%					
		C_1	$C_2\sim C_4$	$C_5\sim C_9$	$C_{10}\sim C_{20}$	C_{21+}	C_{5+}
5/300	24.2	13.2	15.1	39.3	30.6	1.8	71.7
10/600	35.1	12.9	14.1	40.2	32.5	0.3	73.0
15/600	48.6	12.1	14.4	38.5	33.9	1.1	73.5
20/600	49.3	12.6	14.9	36.4	34.4	1.7	72.5

注: 反应条件为 T=503K，P=2.5MPa，H_2/CO=2，GHSV=2000h^{-1}。

5. 稳定性实验

考察钴基催化剂在浆态床反应器中的稳定性，实验结果如图 3.41 所示。Co/AC 催化剂在固定床反应中的初活性较高，CO 转化率达到 50%，浆态床的转化率略低于固定床，接近 45%，运行 48h 后，CO 转化率明显下降并逐渐达到稳定状态；加入 ZrO_2 助剂，催化活性大大提高，CO 转化率达到 65%以上，但在固定床反应器中的转化率还是略高于浆态床反应器。可见，不同的反应器对催化活性有不同影响。浆态床反应器由于传质的影响，催化活性稍有下降。经过长达 500h 考察，催化剂表现出较好的稳定性。不同的反应器对产物分布也有明显的影响。浆态床反应器都可以降低甲烷选择性，尤其加入 Zr 助剂，甲烷选择性可降到 11%以下，C_{5+}选择性达到 77%以上。长时间运转，甲烷选择性还有继续降低的趋势。我们认为，浆态床反应器传热性能优良，消除了固定床中轴向与径向存在的温差，同时也消除反应中产生的一些热点，这些热点的存在有利于生成热力学稳定产物(甲烷)。随着反应长时间进行，反应形成的热点逐渐消失，产物中的低碳烃(特别是甲烷)呈现下降的趋势，而 C_{5+}选择性和烃收率呈现增加的趋势。

从图 3.42 烃产物分布可看出，Co/AC 催化剂具有较低的 C_{21+}烃类选择性，及较高的石脑油和柴油选择性；在浆态床反应器中，Zr-Co/AC 催化剂的 $C_{10}\sim C_{20}$烃类选择性高于 $C_5\sim C_9$烃类选择性，这表明它们对合成高品质的柴油具有重要意义的。

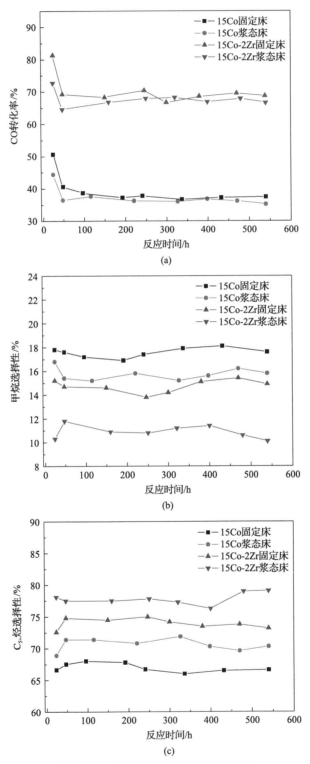

图 3.41　钴基催化剂稳定性试验结果

(a)CO 转化率；(b)甲烷选择性；(c)C$_{5+}$烃选择性

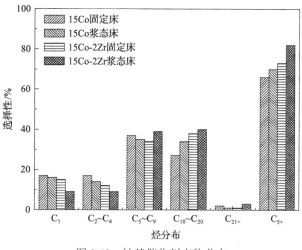

图 3.42　钴基催化剂产物分布

上述结果表明,添加 Zr 助剂可以提高浆态床反应器中 CO 转化率,降低甲烷选择性,提高反应温度有利于大幅度增加催化剂的催化活性,但低碳烃选择性有所增加,提高反应压力可以增加 CO 转化率,抑制气态烃的形成,3.5MPa 为较优的压力条件。

通过 500h 稳定性实验发现,在相同条件下浆态床反应器比固定床有较高的 C_{5+} 选择性,甲烷选择性更低。Zr 改性的 Co-Zr/AC 催化剂有较好的稳定性、较低的甲烷选择性和较高的 C_{5+} 烃选择性。

3.2.4　Co_2C 介导转晶及其对 Co/AC 催化剂 CO 加氢合成油反应性能的影响

钴基催化剂的费-托反应活性中心为金属态的 Co^0,通常浸渍法制备的催化剂经过浸渍、干燥和焙烧后获得载体负载的钴氧化物前驱体,催化费-托反应之前需要经过活化处理将钴氧化物还原为金属态 Co^0。金属态 Co 主要有两种存在形式,面心立方钴(fcc-Co)和六方密堆积钴(hcp-Co)。有研究表明,两种晶形的金属态钴表现出不同的费-托反应性能。催化剂经过不同的活化处理时,催化剂中金属钴的存在状态可能会发生改变,导致获得的催化剂具有不同的费-托反应性能。因此,本章主要通过调变催化剂的预处理方式,进行 Co_2C 介导转晶,调变催化剂中金属钴的晶相,开发具有高费-托反应活性和低 CH_4 选择性的适用于工业化应用的费-托合成催化剂。

1. 催化剂活化方式

第一种活化方式按以下方式进行:首先,将干燥的催化剂样品装入固定床反应器中,依次在 Ar 气氛下焙烧,H_2 气氛下还原;接着样品在高压 CO 气氛下处理;最后,该催化剂重新在 H_2 气氛下处理。获得的催化剂标记为 fcc-hcp-Co/AC。

第二种活化方式如下:首先,将干燥的催化剂样品装入固定床反应器中,依次在 Ar 气氛下焙烧,H_2 气氛下还原;接着催化剂在合成气气氛下反应;然后样品在高压 CO 气氛下处理;最后,该催化剂重新在 H_2 气氛下处理。获得的催化剂标记为 hcp-Co/AC。

作为比较,干燥催化剂经过焙烧和 H_2 活化获得 fcc-Co/AC 催化剂。

为了研究第二种活化方式中合成气反应在催化剂活化中的作用，通过两种不同方式制备了 Co_2C 中间体物种。由第一种活化方式制备的 Co_2C 标记为 $Co_2C/AC-1$，第二种方式制备的 Co_2C 标记为 $Co_2C/AC-2$。

2. 催化剂表征

图 3.43 给出了通过两种不同预处理方式制备的中间体 Co_2C 的 XRD 谱图。其中，$Co_2C/AC-1$ 由 CO 直接碳化 H_2 活化后的样品制备，$Co_2C/AC-2$ 由 CO 碳化合成气气氛反应后样品制备。如图所示，$Co_2C/AC-1$ 样品的 XRD 谱图中出现了位于 $37.0°$、$41.3°$、$42.5°$、$45.7°$ 和 $56.6°$ 归属于 Co_2C 物种的特征衍射峰，同时还有 $44.2°$ 和 $51.4°$ 归属于 fcc 金属态 Co 的衍射峰。这说明，在第一种处理方式使用的碳化条件下，有一部分 fcc 金属态 Co 没有被碳化生成 Co_2C，仍以金属钴形式存在。说明 fcc 金属 Co 和 Co_2C 物种同时出现在 $Co_2C/AC-1$ 样品中。与 $Co_2C/AC-1$ 相比，通过第二种处理方式获得的 $Co_2C/AC-2$ 样品的 XRD 谱图中归属于金属态 Co 的位于 $44.2°$ 的特征峰强度变低，同时位于 $51.4°$ 的特征衍射峰消失。此外，$Co_2C/AC-2$ 样品中归属于 Co_2C 物种的特征衍射峰的强度都变强了。这些说明，$Co_2C/AC-2$ 样品中 Co_2C 物种的比例高于 $Co_2C/AC-1$ 样品中 Co_2C 物种的含量，活化过程中添加合成气气氛下反应步骤促进了碳化过程中 Co_2C 物种的形成。

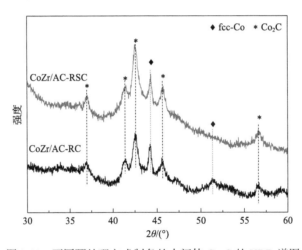

图 3.43　不同预处理方式制备的中间体 Co_2C 的 XRD 谱图

图 3.44 给出了不同预处理方式获得催化剂反应后的 XRD 谱图。从图中可以看出，经过传统的氢气活化获得的 fcc-Co/AC 催化剂经过反应后主要含有 fcc 相钴和微量的 hcp 相钴。$Co_2C/AC-1$ 样品在重新活化后获得的 fcc-hcp-Co/AC 催化剂反应后的 XRD 谱图中出现了 $41.6°$、$44.3°$ 和 $47.3°$ 的衍射峰，这些峰归属于 hcp 相金属钴的特征衍射。值得注意的是，归属于 hcp 金属钴的位于 $44.3°$ 的衍射峰与归属于 fcc 金属钴的位于 $44.2°$ 的衍射峰是几乎重合的。并且，位于 $51.4°$ 的归属于 fcc 金属钴的特征衍射峰同时存在于 fcc-hcp-Co/AC 催化剂上。这说明经过第一种活化方式获得的 fcc-hcp-Co/AC 催化剂上同时存在 fcc 和 hcp 相的金属钴物种。根据 Rietveld 拟合分析可知，fcc-hcp-Co/AC 催化剂中 fcc 和 hcp 相金属钴的比例分别为 18% 和 82%。对于使用过的 hcp-Co/AC 催化剂（由第

二种活化方式制备），谱图中出现了归属于 hcp 相钴的特征峰。由 Rietveld 拟合可知，该催化剂中 fcc 和 hcp 相金属钴的比例分别为 6% 和 94%。这些结果与对应的 Co_2C 中间物 XRD 谱图结果保持一致。根据以上分析，我们认为预处理过程中的合成气气氛下反应步骤对于 Co_2C 中间体的形成和之后再活化获得催化剂的结构有重要的影响。

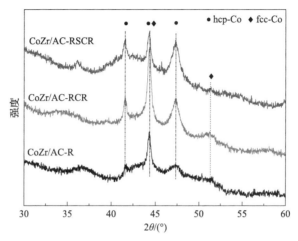

图 3.44 不同预处理方式获得催化剂反应后的 XRD 谱图

图 3.45 给出了两种活化方式制备的 Co_2C 基中间体的 TEM 图及对应的颗粒尺寸分布直方图。图中可以看出两个样品中的 Co_2C 颗粒都均匀地分散在 AC 载体表面。根据 TEM 图统计获得的 $Co_2C/AC-1$ 和 $Co_2C/AC-2$ 样品中 Co_2C 物种的平均颗粒尺寸分别为 10.1nm 和 10.2nm。图 3.46 给出了不同预处理获得催化剂反应后样品代表性的 TEM 谱图和对应的钴物种颗粒尺寸分布直方图。从图中可以看出，所有催化剂中钴物种基本上都以球形分散在活性炭载体表面。fcc-hcp-Co/AC 催化剂和 hcp-Co/AC 催化剂中钴物种的颗粒尺寸分别为 11.5nm 和 10.0nm。说明两种预处理方式对于催化剂中钴物种的颗粒尺寸有微弱影响。从 TEM 图统计获得的结果与通过 XRD 谱图利用谢乐公式计算的结果（表 3.26）保持一致。从表 3.26 中可以看出，fcc-Co/AC 催化剂中钴物种的颗粒尺寸稍大于 fcc-hcp-Co/AC 和 hcp-Co/AC 催化剂中钴物种的颗粒尺寸。

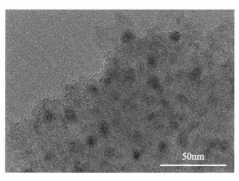
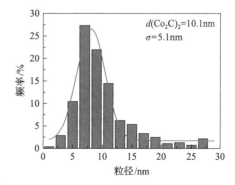

(a)

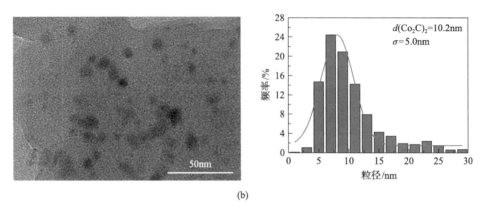

(b)

图 3.45　Co_2C 基中间体样品的 TEM 图及对应的颗粒尺寸分布直方图

(a)Co_2C/AC-1；(b)Co_2C/AC-2

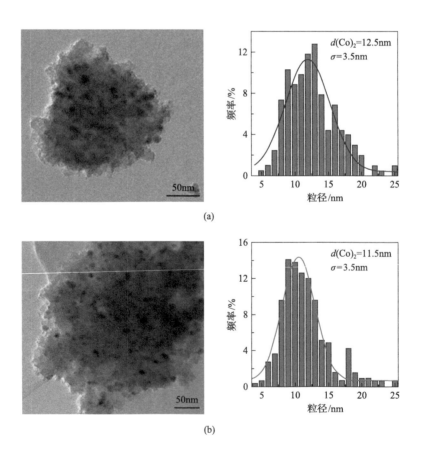

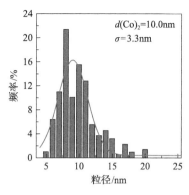

(c)

图 3.46　反应后样品的 TEM 谱图及对应的钴物种颗粒尺寸分布直方图
(a) fcc-Co/AC；(b) fcc-hcp-Co/AC；(c) hcp-Co/AC

表 3.26　不同预处理方式的催化剂钴物种的颗粒尺寸及 CO 吸附量

催化剂	d/nm^a		CO 吸附量 $^b/(\mu mol/g_{Co})$
	XRD	TEM	
fcc-Co/AC	20.2	12.8	454.5
fcc-hcp-Co/AC	9.3	11.5	318.4
hcp-Co/AC	10.3	10.0	432.9

a. Co 物种平均晶粒；b. CO 脉冲化学吸附。

通过脉冲化学吸附实验测定了不同预处理方式获得催化剂上 CO 的吸附量，对应的结果列于表 3.26。从表中可以看到，fcc-Co/AC、fcc-hcp-Co/AC 和 hcp-Co/AC 样品对应的 CO 吸附量分别为 454.5μmol/g$_{Co}$、318.4μmol/g$_{Co}$ 和 432.9μmol/g$_{Co}$。显然，fcc-Co/AC 和 hcp-Co/AC 样品对应的 CO 吸附量是基本一致的，均高于 fcc-hcp-Co/AC 样品对应的 CO 吸附量。这就说明，fcc-Co/AC 和 hcp-Co/AC 催化剂中可利用的金属钴活性位点数量显著高于 fcc-hcp-Co/AC 中可利用金属钴位点数量。这可能是 fcc-hcp-Co/AC 样品上残留的炭物种覆盖了金属钴位点造成的。因此，我们认为碳化预处理之前经过合成气气氛反应可以避免碳化过程中过量难加氢碳物种的形成。

图 3.47 给出了 Co/AC 催化剂经过不同的活化处理后吸附 CO 的 CO-TPD 谱图。fcc-Co/AC 样品的 CO-TPD 图中出现了 5 个 CO 脱附峰信号。其中，位于 400K 的脱附信号归属于吸附在 Co^{2+} 位上的 CO 分子，大约 1100K 的 CO 脱附信号来源于活性炭表面有机物质的分解，出现在 850～970K 之间的 CO 脱附信号归属于强吸附的 CO。从图中可以看出，对含有大量 hcp 晶相的 fcc-hcp-Co/AC 和 hcp-Co/AC 样品而言，位于 850～970K 之间强吸附 CO 的脱附峰与含有大量 fcc 晶相的 fcc-Co/AC 样品有明显的区别。与 fcc-Co/AC 的 CO-TPD 图相比，fcc-hcp-Co/AC 样品也出现了位于 970K 的 CO 脱附峰，而 hcp-Co/AC 样品中该脱附峰移动到 940K。同时，与 fcc-Co/AC 中位于稍低温度的 850K 的 CO 脱附峰相比，fcc-hcp-Co/AC 样品和 hcp-Co/AC 样品中该 CO 脱附峰分别向低温方向移动到 800K 和 740K。除此之外，fcc-hcp-Co/AC 样品和 hcp-Co/AC 样品的 CO-TPD

图中在 650~730K 之间出现了新的 CO 脱附峰，说明这些样品中出现了新的 CO 吸附位点。CO 脱附温度降低说明钴位吸附 CO 的强度降低。这可能对 CO 吸附、活化和加氢是有利的。

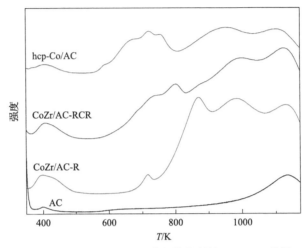

图 3.47　不同预处理方式获得催化剂的 CO-TPD 谱图

CO-TPSR 是一个有力的提供表面反应性能的表征手段。在甲烷化反应条件下，初级产物烯烃的再吸附，碳链增长和扩散都可以被忽略。催化剂表面活性炭物种加氢生成的甲烷可以很快地从表面脱出。因此，一般认为 CH$_4$ 的生成温度与催化剂上 CO 解离和加氢活性成对应关系。图 3.48 给出了经过不同活化方式处理催化剂上的 CO-TPSR 谱图，图中均出现了两个 CH$_4$ 的脱出峰，其中位于低温（<550K）的 CH$_4$ 峰归属于催化剂吸附于金属钴位上解离产生的表面活性炭物种的加氢产物，而另一个位于高温（约 750K，图中未给出）的 CH$_4$ 峰来源于活性炭表面含氧官能团的加氢反应，该峰也出现在活性炭负载钴催化剂上 H$_2$-TPR 的谱图中。fcc-hcp-Co/AC 和 hcp-Co/AC 催化剂上第一个 CH$_4$ 峰的温度分别为 458K 和 464K，该峰温度低于 fcc-Co/AC 上第一个 CH$_4$ 峰的产生温度。根据之

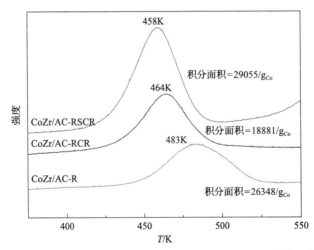

图 3.48　不同活化方式获得催化剂吸附 CO 的程序升温表面反应谱图（CO-TPSR）

前的 XRD 分析可知，fcc-hcp-Co/AC 和 hcp-Co/AC 样品中含有大量的 hcp 金属钴和少量的 fcc 金属钴，而 fcc-Co/AC 催化剂中 fcc 金属钴占绝大部分，因此，hcp 相的金属钴具有更高的 CO 加氢反应活性。该结果与之前的报道的实验结果和理论计算均保持一致。我们对 CO-TPSR 谱图进行了定量分析，单位金属钴对应的 CH_4 峰面积同时列在图 3.48 中。hcp-Co/AC 催化剂对应的 CH_4 峰面积远远大于 fcc-hcp-Co/AC 对应的 CH_4 峰面积，这说明 hcp-Co/AC 较 fcc-hcp-Co/AC 具有更高的反应活性。

3. 催化剂性能评价

Co/AC 催化剂经过不同活化处理后的 CO 加氢反应结果列于表 3.27 中。从表中可以看出，不论使用什么活化方式获得的催化剂，该催化剂催化的 CO 加氢反应中均有烃类、CO_2 和醇生成。通过传统的氢气还原活化获得的 fcc-Co/AC 催化剂表现出较低的 CO 转化率(18.2%)。通过第一种活化方式(H_2 还原-CO 高压碳化-H_2 再生)获得的催化剂上 CO 转化率为 20.3%，这是与文献报道不一致的，文献认为 SiO_2 和 Al_2O_3 负载的钴基催化剂经过该方式的预处理后，催化剂的反应活性与传统氢气活化相比会有明显的提高。有趣的是，将第一种活化方式经过一定改善的第二种活化方式(在高压 CO 碳化之前，催化剂经过一段时间的高压合成气反应)活化的催化剂，在同样的 CO 加氢反应条件下表现出优异的 CO 反应性能，CO 转化率增大到 38.7%，该值远远高于 fcc-Co/AC 和 fcc-hcp-Co/AC 表现出的反应活性。除对活性有影响之外，不同的活化方式对产物选择性有明显的影响。fcc-Co/AC 催化剂的产物选择性为：CH_4 选择性 17.9%，C_{5+} 选择性 46.0%。fcc-hcp-Co/AC 催化剂表现出与 fcc-Co/AC 类似的产物选择性，其中 CH_4 选择性 17.7%，C_{5+} 选择性 50.6%。然而，hcp-Co/AC 催化剂表现出优异的产物选择性能，其中 CH_4 选择性仅有 11.0%，而 C_{5+} 选择性增大到 68.3%。因此，可以认为在表 3.27 所示催化剂中，hcp-Co/AC 催化剂具有最优异的 CO 加氢合成油反应性能。

表 3.27　Co/AC 催化剂经过不同活化处理后的 CO 加氢合成油反应性能

催化剂	CO 转化率/%	选择性/C%				
		CH_4	$C_2 \sim C_4$	CO_2	C_{5+}	醇
fcc-Co/AC	18.2	17.9	19.2	0.3	46.0	16.6
fcc-hcp-Co/AC	20.3	17.7	19.6	0.7	50.6	11.4
hcp-Co/AC	38.7	11.0	10.9	0.1	68.3	9.6

注：反应条件为 P=3.0MPa，T=483K，GHSV=2500h^{-1}。

表 3.28 给出了不同预处理方式活化催化剂在 XRK 900 原位池中的 CO 加氢反应性能。表中 fcc 表示样品催化剂的活化方式为"采用传统的氢气还原的处理方式活化催化剂"；z-hcp 表示样品催化剂的活化方式为"先用 H_2 还原催化剂，再在压力 8atm 和温度为 493K 条件下采用 CO 碳化处理催化剂，最后再用 H_2 处理催化剂的方式活化"；j-hcp 表示样品催化剂的活化方式为"先使用 H_2 还原催化剂，再在压力 8atm 和温度为 493K 条件下在合成气气氛下处理催化剂，再在压力 8atm 和温度为 493K 条件下采用 CO 碳化处理催化剂，最后再用 H_2 处理催化剂的方式活化。图 3.49 给出了不同预处理方式活化

催化剂在 XRK 900 反应池中反应前后样品的 XRD 谱图。图中可以看出，经过较低压力 (8atm)碳化处理，再生后仍可以获得 hcp 相钴为主的催化剂，且反应前后催化剂的 XRD 谱图均没有明显的变化，说明反应过程中钴物种的变化较小。从表 3.28 中可以看出，不包含合成气反应的多步预处理过程处理后的催化剂表现出与传统直接氢气活化催化剂类似的反应活性，而包含有合成气反应步骤的多步预处理过程活化的催化剂表现出高 CO 加氢反应活性，这与传统的固定床反应评价结果一致。该实验验证了固定床反应结果，碳化之前经过合成气反应是获得具有高活性的 hcp 相钴催化剂的必要步骤。

表 3.28　Co/AC 催化剂经过不同活化处理后的 CO 加氢合成油反应性能

催化剂	CO 转化率/%	选择性/C%				
		CH_4	$C_2^=\sim C_4^=$	$C_2\sim C_4$	CO_2	C_{5+}
fcc	15.3	35.3	4.5	10.3	2.0	47.9
z-hcp	14.9	29.8	3.8	12.3	1.4	52.6
j-hcp	23.3	27.0	3.2	14.6	1.3	53.9

注：反应条件为 P=0.8MPa，T=493K，GHSV=7500h^{-1}。

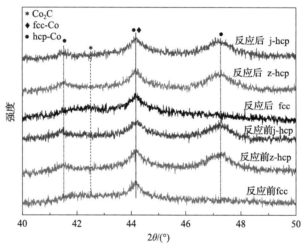

图 3.49　XRK 900 反应池中不同预处理方式活化催化剂在反应前后的 XRD 图

根据之前的表征分析，活性炭负载 Co-Zr 催化剂经过不同的预处理活化后获得的催化性能差异可以做出解释。经过不同的预处理方式活化的催化剂中金属钴以不同的状态存在，具体来说，fcc-Co/AC 样品中金属钴主要以 fcc 相存在，fcc-hcp-Co/AC 样品中同时存在 fcc 和 hcp 相钴，hcp-Co/AC 样品中钴主要以 hcp 相存在。有实验表明，金属钴不同的存在状态在 CO 加氢反应中表现出明显的反应性能差异。另外，活化方式对获得催化剂中 CO 的吸附量以及催化剂表面可利用的金属钴点数目有显著的影响。其中，采用包含有氢气还原、合成气反应、CO 碳化和氢气再生步骤的第二种预处理方式活化后的催化剂中金属钴基本上以 hcp 相存在，同时该催化剂具有最高浓度的表面金属钴位数，因此该预处理方式被认为是最有效的活化方式。在预处理过程中，合成气反应步骤是必不可少的，该步骤促进了 fcc 相钴向 Co_2C 的转变，同时避免了后续过程中积炭的形成。

为了验证金属钴结构对 Co/AC 催化剂 CO 加氢反应性能的影响，通过改变预处理过程中碳化步骤的持续时间获得了具有不同 hcp/fcc 钴比例的催化剂，并用于 CO 加氢反应中，对应的反应结果列于表 3.29 中。从表中可以明显地看出，随着 hcp/fcc 钴晶相比值的增大，CO 转化率依次提高。催化剂 5 的 CO 转化率高达 45.8%，达到了催化剂 1 上 CO 转化率的 2.5 倍。该系列催化剂表现出的比活性从催化剂 1 的 2.1 增大到催化剂 5 的 5.5μmol CO/($s·g_{cat}$)（表 3.30）。除去对反应活性的影响，催化剂表现出的产物选择性随着 hcp/fcc 比值的增大得到了一定程度的改善。特别是，C_{5+} 的选择性会随着 hcp/fcc 比值增大而依次增大。此外，低碳烃产物（$C_2 \sim C_4$）的选择性也有一定程度的降低，C_{5+} 产物选择性有明显的提高。同时从表 3.30 可以看出，油相产物（碳原子数大于 5 的产物）的产率从 28.7g/($h·kg_{cat}$) 提高到 170.7g/($h·kg_{cat}$)，提高了近 6 倍。除此之外，液相产物分布随着金属钴晶相的差异发生了明显的变化，具有较多 hcp 相堆积的催化剂（如催化剂 3、催化剂 4 和催化剂 5 如图 3.50 所示）更有利于生成柴油和石蜡。这些结果表明，活性炭负载的钴基催化剂体系中，在选择有效的预处理方式的基础上，可以通过强化金属钴相中 hcp 相的含量，改善催化剂的 CO 加氢反应性能。多步预处理方式就是其中一种有效的可被选择的催化剂活化方式，该方式依次包括了氢气还原、合成气反应、CO 碳化和氢气再生步骤。

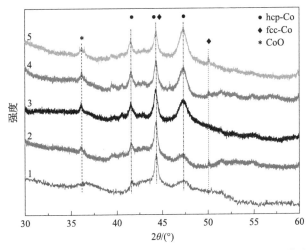

图 3.50 不同碳化条件下预处理催化剂反应后的 XRD 谱图

表 3.29 具有不同 hcp/fcc 比例的 Co/AC 催化剂的 CO 加氢反应性能

催化剂	hcp/fcc 比例	CO 转化率/%	选择性/C%						α
			CH_4	$C_2^= \sim C_4^=$	$C_2 \sim C_4$ 烷烃	CO_2	C_{5+}	醇	
1	0.5	18.2	17.9	8.3	10.9	0.3	46.0	16.6	0.7
2	1.0	25.4	17.6	8.0	11.4	0.3	50.6	12.2	0.8
3	5.5	29.2	10.5	4.3	5.8	0.2	69.8	9.4	0.9
4	16.4	38.7	11.0	4.7	6.2	0.1	68.3	9.6	0.9
5	22.0	45.8	10.1	4.1	5.6	0.2	72.5	7.6	0.9

注：反应条件为 P=3.0MPa，T=483K，GHSV=2500h^{-1}。

表 3.30　不同 hcp/fcc 比例的 Co/AC 催化剂的活性和液相产物分布

催化剂	活性/[μmol CO/(s·g_cat)]	产率/[g/(h·kg_cal)]		产品分布/wt%			
		油	醇	$C_5 \sim C_{10}$	$C_{11} \sim C_{20}$	C_{21+}	醇
1	2.1	28.7	17.7	41.1	25.8	0.9	32.2
2	2.9	40.2	16.4	42.0	30.6	3.3	24.1
3	3.5	92.2	16.7	23.8	44.5	17.8	14.0
4	4.7	141.6	27.2	28.8	39.2	17.4	14.6
5	5.5	170.7	23.9	27.6	41.7	19.5	11.3

注: 反应条件为 P=3.0MPa, T=483K, GHSV=2500h^{-1}。

通过系统研究, 证明了不同预处理过程能够显著影响 Co/AC 催化剂的 CO 加氢反应性能。可以采用氢气还原、高压合成气反应、高压 CO 碳化和氢气再生系列步骤来活化 Co/AC 催化剂, 制备了含有 94% 含量 hcp 钴的催化剂。该方法避免了碳化过程中积炭的形成, 保证了催化剂表面有足够的可被利用的金属钴活性位。尤其是 hcp-Co/AC 由于具有高的金属钴活性位点数量和占有主导地位的 hcp 相钴含量, 表现出高 CO 转化率、低 CH_4 和低碳烃选择性、高 C_{5+} 烃选择性。

最后考察了催化剂的稳定性。如图 3.51 所示, 在 1272h 的反应过程中, 催化剂的 CO 转化率从初期的 30% 以上降到 25% 左右并保持稳定, CH_4 的选择性在 7% 左右, $C_2 \sim C_4$ 烃的选择性在 6% 左右, 重质产物 C_{5+} 烃和醇的选择性之和在 86% 左右, 随着反应的进行保持稳定。该结果表明, hcp-Co/AC 催化剂具有良好的稳定性, 可以定型为工业浆态床装置的催化剂体系。

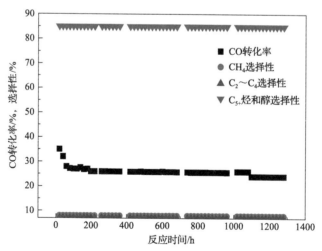

图 3.51　Co_2C 介导转晶后 hcp-Co/AC 催化剂的稳定性试验

3.3　碳载钴基催化剂的放大制备和工业生产

通过小试确定了工业化活性炭负载钴基催化剂的配方和合成方法, 催化剂从实验室小试研究到工厂进行放大生产，活性炭采用同一厂家同一型号的活性炭。硝酸钴采用金属钴片和浓硝酸反应自制。厂家提供小样，每次只变化一种原料，其他原料仍采用实验室的原料制备小样催化剂，小试评价筛选原料。催化剂制备方法同上，达到技术指标，表明厂家提供的小样合格，大批量购买金属钴片、浓硝酸等原料，生产催化剂。

活性炭负载钴基催化剂(Co/AC)的生产流程如图 3.52 所示，主要包括 6 个步骤。其中浸渍和干燥两步在催化剂工厂完成；焙烧、还原和制浆步骤在工业示范装置现场的催化剂制备单元完成；碳化钴介导转晶步骤在工业示范装置费-托合成单元中原位完成。

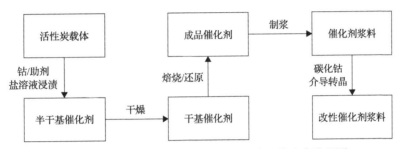

图 3.52　活性炭负载钴基催化剂(Co/AC)工业生产流程图

3.3.1　活性炭载体生产

活性炭载体是 Co/AC 催化剂的关键原料之一。以工业活性炭为原料，经酸洗除杂、高温氢处理改性和粉碎三个环节，制得了适用于生产浆态床 Co/AC 催化剂的活性炭载体。其流程如图 3.53 所示。

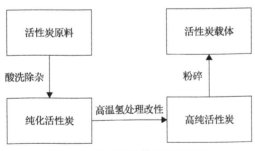

图 3.53　活性炭载体生产流程图

适用于浆态床反应器的催化剂需要一定的粒径，一般在 200 目左右。如果粒径过大，催化剂在浆液中容易沉降，且内扩散影响较大；如果粒径过小，则浆态床过滤器的负荷加重，容易导致重质蜡难以从反应器中抽出。因此，高纯活性炭需要经过进一步粉碎，才能得到适用于浆态床反应器的钴基催化剂载体。经过浆态床反应器合成气制油钴基催化剂的活性炭载体生产流程，获得了粒径分布适合、杂质含量少、纯度高的活性炭载体，为后续催化剂的生产奠定了基础。

3.3.2　半干基催化剂生产

半干基催化剂采用等体积浸渍法生产，流程如图 3.54 所示。在反应釜 1 中配制硝酸钴饱和水溶液，经计量泵 2 送入混合罐 4，与助剂的水溶液混合，搅拌均匀，然后经计量泵 5 送入混合器 6，与预先加入的活性炭载体混合，经初步干燥后，得到含水量约为 30%的半干基催化剂(活性炭负载钴基催化剂前驱体)，采用氮封铁桶包装，产品如图 3.55 所示。

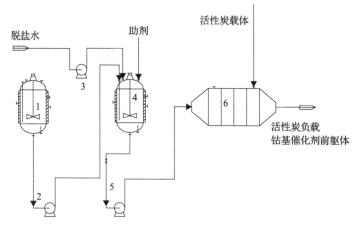

图 3.54　半干基催化剂生产流程示意图

图 3.55　半干基催化剂成品

3.3.3　催化剂干燥

　　由于活性炭的易燃特性，以含水率为 20wt%～30wt%的半干基状态运输能够更好地保证安全性。但是在生产过程中，需要将催化剂进一步干燥，使其具有良好的流动性能，才能够顺利输送入反应器中完成焙烧还原处理。本节采用如图 3.56 所示的干燥流程，以桨叶干燥机为核心装备。干燥单元为间歇操作，催化剂料桶从旋转倒料器中加入桨叶干燥机中，每次装填量约为 2t 半干基催化剂。用热水为干燥机加热，使机内温度约为 333K。干燥机内通入氮气作为保护气，以避免硝酸盐在干燥过程中局部升温过快而自燃。干燥时间为 8～12h，采用在线水分测定仪监测物料水含量，当含水率低于 10wt%后，催化剂即具备良好的流动性，此时切换冷水，为干燥机降温。温度降至 303K 以下后，开启干燥机底部闸板阀和星型卸料阀，催化剂流入 80 目振动筛，在振动作用下落入吨袋包装，大颗粒装桶待处理。少量细粉经引风机进入除尘器分离后，装桶处理。

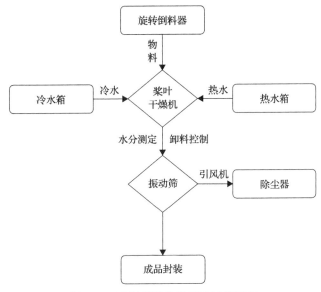

图 3.56　半干基催化剂干燥工艺流程

3.3.4　催化剂焙烧、还原和制浆

在催化剂焙烧过程中，金属钴和助剂的前驱体分解成氧化物，同时脱除催化剂中残留的物理水和化学水。焙烧过程的工艺条件控制，决定了氧化物在载体表面的分布状态，尤其是采用硝酸盐作为催化剂前驱体时，硝酸盐分解出 NO_x，NO_x 与活性炭载体会发生氧化反应导致放热，如果该热量不能迅速移出，很可能导致飞温，造成催化剂物理结构损伤，甚至装置超温超压等安全问题。同理，Co/AC 催化剂在还原时，由于载体的甲烷化也是一个强放热反应，也需要及时移出反应热，因此设计了两台流化床反应器作为催化剂焙烧和还原的生产装置，其流程如图 3.57 所示，流化床反应器见图 3.58。

来自干燥单元的干基催化剂用吨袋加入料仓 1，然后在高压 N_2 的作用下风送入焙烧流化床反应器 2，在 N_2 条件下升温焙烧；焙烧后的催化剂卸入料仓 3，在高压 N_2 的作用下风送入还原流化床反应器 4，在纯 H_2 条件下升温还原，还原温度为 633～753K，以使氧化钴充分还原为金属钴；还原后的成品催化剂卸入料仓 5 和 6，称重后，用高压 N_2 风送入制浆罐 7；制浆罐中预先加入液体石蜡，与催化剂配制成浓度约 25% 的浆液后，经浆料输送泵 8 送入储罐 9 储存。

至此，完成了 Co/AC 催化剂的工业生产，获得了成品 Co/AC 催化剂浆料。对其进行取样小试评价，结果列于表 3.31。同时，采用上述碳化钴介导转晶的方法，原位合成了以 hcp-Co 为主的 Co/AC 催化剂，并对比了二者的反应性能。从结果看，催化剂性能达到了预期指标（CO 转化率高于 26%，CH_4 选择性低于 11%），且转晶后催化剂性能得到了明显改善，工业生产的成品催化剂合格。

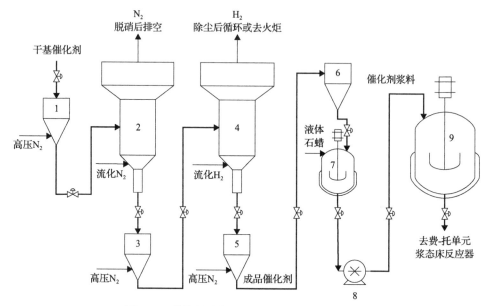

图 3.57　催化剂焙烧还原和制浆工艺流程示意图

图 3.58　催化剂焙烧还原单元流化床反应器

表 3.31　不同晶相 Co/AC 催化剂浆态床反应性能

Co 晶相	反应温度/K	CO 转化率/%	选择性/C%				
			CH_4	$C_2 \sim C_4$	CO_2	C_{5+}	醇
fcc	473	17.7	10.1	7.4	0.3	58.8	23.4
	483	28.7	9.9	7.1	0.3	61.2	21.5
hcp	473	23.4	7.5	7.8	0.2	63.8	20.8
	483	34.3	7.3	6.5	0.2	74.6	11.3

注：反应条件为 P=3.0MPa，GHSV=3000h^{-1}，反应时间=48h。

3.3.5　Co₂C 介导的催化剂浆态床反应器中原位转晶

Co/AC 催化剂浆料加注入浆态床反应器中，升到反应温度 483～523K，预反应 2 天后，进入 Co_2C 介导转晶工序。在 CO 气氛下进行碳化生成 Co_2C，进行 Co_2C 介导转晶，金属 Co 的晶相由原先的 fcc 相转化为 hcp 相。转晶后浆态床反应器温度降至 453K，引入合成气开始费-托反应。转晶前后催化剂性能见表 3.32。

表 3.32　碳化转晶前后催化剂性能

催化剂	CO 总转化率/%	选择性/%			
		CH_4	C_2～C_4	CO	C_{5+}烃和醇
转晶前	83.1	9.3	10.7	0	80.1
转晶后	88.0	7.6	4.4	0.003	88.0

可见，转晶后催化剂的性能得到了明显提升，尤其是 C_{5+}烃和醇的选择性得到了显著提高。该结果是在 15 万 t 浆态床工业示范装置上首次成功实现钴基催化剂原位转晶以提升其活性和选择性，具有重要的原创意义和应用价值。

3.4　15 万 t/a 钴基浆态床合成气制油工业示范装置

在钴基催化剂的研究基础上，2012 年，中国科学院大连化学物理研究所和陕西延长石油(集团)有限责任公司合作立项开展"15 万 t/a 榆横醋酸项目资源综合利用制油示范"研究。2015 年，该工业示范装置建成。

3.4.1　工艺流程

除催化剂制备单元外，合成气制油装置共分为 7 个单元：费-托合成单元、脱碳单元、低温油洗单元、PSA 制 H_2 和 CO 单元、加氢精制单元、合成水处理单元和汽轮机发电单元。整体流程如图 3.59 所示。

1. 费-托合成单元

费-托合成单元是将来自净化装置的新鲜合成气、来自 PSA 制 CO 单元的外循环气及来自 PSA 制氢单元的氢气转化为轻质馏分油、重质馏分油及 LPG 等中间产品。

来自净化装置的新鲜合成气(总硫<0.1ppm)经过精脱硫后将合成气中的总硫含量降至 0.02ppm 以下，以满足费-托合成反应的要求。脱硫后的新鲜合成气与来自加压后的外循环气及循环氢混合后(H_2/CO=2.0～2.1)去脱羰基罐脱除其中羰基化合物。脱羰基后的合成气与费-托反应尾气换热，用蒸汽加热至 480～500K 后进入钴基费-托合成浆态床反应器，如图 3.60 所示。在合成油钴基催化剂浆料中进行费-托合成反应(反应温度为 483～553K，压力为 3.5MPa)。反应产生的气相混合物经冷却、二级分离出重质馏分油(433K)

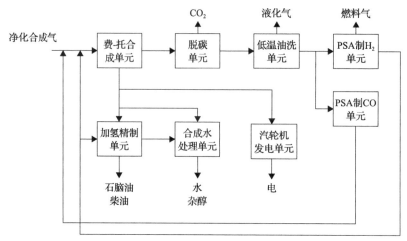

图 3.59　15 万 t/a 钴基浆态床合成气制油工业示范装置流程图

图 3.60　钴基费-托合成浆态床反应器

和油水混合物(313K)，分离出的合成尾气(3.5MPa，313K)送至脱碳单元脱除其中的 CO_2。重质馏分油作为合成尾气的洗涤原料，用于洗涤出其中夹带的固体催化剂颗粒，对于反应产生的重质馏分油分别设置了内过滤和外过滤两套过滤系统，用于过滤出其中的固体催化剂，分离出的重质馏分油送至加氢精制单元作进一步处理。油水混合物再经油水分离出其中的轻质馏分油和合成水，产生的干气加压后送至低温油洗单元回收烃类，轻质馏分油经脱 C_3 和 C_4 塔分离，塔顶产出的干气和 LPG 送至低温油洗单元，塔底产生的轻质馏分油送至加氢精制单元做进一步处理。

2. 脱碳单元

脱碳单元用于脱除来自费-托合成单元合成尾气中的 CO_2，以保证系统达到设计的转化深度，脱除 CO_2 后的脱碳尾气送至低温油洗单元回收烃类。在工艺上，其特殊性在于费-托反应尾气中有机烃类含量较高，要求在完成脱碳的同时尽量减少有机烃类的损失。

为此，该项目采用中石化南京化工研究院有限公司开发的变压再生脱碳工艺。这是在典型的热碳酸钾化学脱碳工艺的基础上进行改进的先进方法，该工艺特征如下：①充分利用富液的压力位能；②以带压闪蒸气作为动力喷射抽吸低压系统；③按照不同压力等级分级利用蒸汽热能，并通过闪蒸槽将贫液闪蒸出来的蒸汽抽到低压系统再次利用。通过以上措施，大幅度降低脱碳溶液的再生蒸汽消耗。

3. 低温油洗单元

低温油洗单元的原料是来自费-托合成单元的 LPG、脱 C_3 和 C_4 塔顶干气和轻质馏分油水分离器干气，以及来自脱碳单元的脱碳尾气。低温油洗单元采用低温吸收高温解吸的原理回收气体中的 LPG 和石脑油，得到 LPG 产品、油洗石脑油和油洗干气。LPG 产品送至罐区；油洗石脑油送至加氢精制单元作进一步加氢处理；油洗干气大部分送至 PSA 制 CO 单元，一部分送至 PSA 制氢单元提氢。

4. PSA 单元

PSA 单元用于回收来自油洗单元干气中的 H_2 和 CO，同时脱除尾气中的 CH_4 和 C_2H_6 气体以及部分氮气和氩气。PSA 单元使用吸附技术进行逐级分离。分离出的一部分 H_2（约 99.99%）经加压后用于加氢单元，一部分 H_2 经加压后直接返回费-托合成单元，分离出的 CO 经加压后直接返回费-托合成单元。分离出的 CH_4、C_2H_6、N_2+Ar 等气体则送至燃料气管网。

5. 加氢精制单元

来自费-托合成单元的轻质馏分油、重质馏分油及来自低温油洗单元的油洗石脑油，与氢气混合，在氢气、催化剂以及一定温度压力条件下进行加氢反应。在催化剂作用下，将粗合成油中的烯烃、醇、少量醛加氢为烷烃，再经分离生成煤基费-托轻蜡、煤基费-托重蜡和稳定轻烃产品。

6. 合成水处理单元

合成水处理单元是将合成水中的醇进行回收，废水送污水站处理。

由于钴基费-托反应是强放热反应，会放出大量的反应热，通过反应器上下两段内置的换热管与循环锅炉给水换热移除大量反应热，并副产出 1.5MPa 蒸气，进入汽轮机进行发电。

3.4.2　设计规模

该项目各单元的设计规模如下：

(1) 费-托合成单元的设计规模按新鲜气处理气量 89023Nm³/h，年生产时间按 7200h 计。主要设计规模见表 3.33。

表 3.33 费-托合成单元主要设计参数

项目		设计基础	项目		设计基础
设计规模/(Nm³/h)		89023		LPG/(kg/h)	304
年生产时间/h		7200		轻质馏分油/(kg/h)	10490
主要原料	新鲜合成原料气/(kg/h)	43121	输出主要中间产品	重质馏分油/(kg/h)	3627
	PSA 制 CO 循环气/(kg/h)	4859		脱碳原料气/(kg/h)	12021
	补充氢/(kg/h)	55		脱 C₃ 和 C₄ 塔顶干气/(kg/h)	347
				油水分离器干气/(kg/h)	21
				合成水相产物/(kg/h)	21131
				塔顶回流罐污水/(kg/h)	94

（2）脱碳单元的设计规模按脱碳气处理气量 17209Nm³/h，年生产时间按 7200h 计。主要设计规模见表 3.34。

表 3.34 脱碳单元主要设计参数

项目		设计基础	项目		设计基础
设计规模/(Nm³/h)		17209	输出主要中间产品	脱碳尾气/(kg/h)	9965
年生产时间/h		7200		二氧化碳/(kg/h)	2056
主要原料	脱碳气/(kg/h)	12021			

（3）低温油洗单元的设计规模按处理脱碳尾气量 16145Nm³/h，年生产时间按 7200h 计。主要设计规模见表 3.35。

表 3.35 低温油洗单元主要设计参数

项目		设计基础	项目		设计基础
设计规模/(Nm³/h)		16145		LPG/(kg/h)	1180
年生产时间/h		7200		油洗石脑油/(kg/h)	400
主要原料	脱碳尾气/(kg/h)	9965	输出主要中间产品	油洗干气/(kg/h)	9065
	LPG/(kg/h)	304		污水/(kg/h)	2
	脱 C₃、C₄ 塔顶干气/(kg/h)	347			
	油水分离器干气/(kg/h)	21			
	防冻剂	10			

（4）PSA 制 CO 单元的设计规模按油洗干气处理气量 11986Nm³/h，年生产时间按 7200h 计。主要设计规模见表 3.36。

表 3.36 PSA 制 CO 单元主要设计参数

项目		设计基础	项目		设计基础
设计规模/(Nm³/h)		11986	输出主要中间产品	循环气/(kg/h)	4859
年生产时间/h		7200		燃料气/(kg/h)	2027
主要原料	油洗干气/(kg/h)	6886			

(5)加氢精制单元的设计规模按原料油处理量 14517kg/h，年生产时间按 7200h 计。主要设计规模见表 3.37。

表 3.37 加氢精制单元主要设计参数

项目		设计基础	项目		设计基础
设计规模/(kg/h)		14517	输出主要中间产品	稳定轻烃/(kg/h)	3810.5
年生产时间/h		7200		煤基费-托轻蜡/(kg/h)	8789
主要原料	油洗石脑油/(kg/h)	1036.5		煤基费-托重蜡/(kg/h)	1341
	轻质馏分油/(kg/h)	9730		低分气/(kg/h)	260
	重质馏分油/(kg/h)	3627		燃料气/(kg/h)	74
	H_2/(kg/h)	142		含醇污水/(kg/h)	861
	蒸气/(kg/h)	600			

(6)合成水处理单元的设计规模按合成水处理量 21992kg/h，年生产时间按 7200h 计。主要设计规模见表 3.38。

表 3.38 合成水处理单元主要设计参数

项目		设计基础	项目		设计基础
设计规模/(kg/h)		21992	输出主要中间产品	杂醇/(kg/h)	984
年生产时间/h		7200		处理后的合成水/(kg/h)	21008
主要原料	合成水/(kg/h)	21131			
	含醇污水/(kg/h)	861			

(7)PSA 制氢单元的设计规模按氢气产量 2100Nm³/h，年生产时间按 7200h 计。主要设计规模见表 3.39。

表 3.39 PSA 制氢单元主要设计参数

项目		设计基础	项目		设计基础
设计规模/(Nm³/h)		2100	输出主要中间产品	氢气/(kg/h)	197
年生产时间/h		7200		燃料气/(kg/h)	2242
主要原料	油洗干气/(kg/h)	2179			
	加氢精制低分气/(kg/h)	260			

3.4.3 原料规格和产品方案

15 万 t/a 钴基浆态床合成气制油示范装置原料为来自净化装置的新鲜合成气,主要产品为煤基费-托轻蜡、煤基费-托重蜡、稳定轻烃及液化气。煤基费-托轻蜡的主要规格见表 3.40,稳定轻烃的主要规格见表 3.41,液化气的主要规格见表 3.42。

表 3.40 煤基费-托轻蜡的主要规格(参考 0#柴油)

项目		指标	0#柴油标准(GB/T 29720—2013)	试验方法
密度(20℃)/(kg/m³)		811.9	≥750	GB/T 1884—2000 GT/T 1885—1998
硫含量/ppm		<2	I 级≤5	SH/T 0689—2000
凝点/℃		≤0	≤0	GB/T 510—2018
闪点(闭口)/℃		≥55	≥55	GB/T 261—2021
十六烷值		≥60	≥60	GB/T 386—2021
馏程/℃	50%回收温度	288	≤300	GB/T 6536—2010
	90%回收温度	350	≤355	
	95%回收温度	360	≤365	
多环芳烃含量/wt%		≤5	≤1	SH/T 0606—2019

表 3.41 稳定轻烃的主要规格(参考石脑油)

项目		指标	标准(Q/SY26—2009)	试验方法
馏分/℃		<150		
密度(20℃)/(kg/m³)		680	630~750	GB/T 1884—2000
初馏点/℃	初馏点	26	报告	GB/T 6536—2010 GB/T 255—1977
	10%馏出温度	71		
	30%馏出温度	86		
	50%馏出温度	99	报告	GB/T 6536—2010 GB/T 255—1977
	70%馏出温度	114		
	90%馏出温度	133		
	95%馏出温度	142		
	终馏点	153	≤200	GB/T 6536—2010 GB/T 255—1977
溴价/(gBr/100mL)		0.06		

表 3.42 液化气的主要规格

项目	指标
密度(15℃)/(kg/m³)	≥500
蒸气压(37.8℃)/kPa	750~1380
C₅ 及 C₅₊ 以上组分含量/vol%	≤3
蒸发残留物/(mL/100mL)	≤0.05
油渍观察	无持久不退的
铜片腐蚀/级	≤1
总硫含量/(mg/m³)	≤343
游离水	无

注：vol%为体积分数。

合成气制油装置的副产品主要是杂醇，其主要规格见表 3.43。

表 3.43 副产品(杂醇)的主要规格

项目	质量指标
甲醇/wt%	约 9.94
乙醇/wt%	约 37.6
正丙醇/wt%	约 42.6
正丁醇/wt%	约 7.6
水/wt%	≤2.10
其他/wt%	≤0.16

3.4.4 示范装置运行情况及标定考核

15 万 t/a 钴基浆态床合成气制油工业示范装置如图 3.61 所示。

图 3.61 15 万 t/a 钴基浆态床合成气制油工业示范装置

15 万 t/a 钴基费-托合成浆态床工业示范装置自 2015 年投料开车以来，经过多次改造，运行日趋稳定成熟，积累了大量的生产运行数据和丰富的操作经验，到 2020 年，装置实现了安全、稳定、长周期、满负荷、优质运行，具体如下。

2015 年 9 月第一次开车，打通全流程。2017 年 1 月完成 40%负荷试车和该负荷下催化剂性能内部标定，确认 Co/AC 催化剂性能达到合同指标。2018 年 1 月完成 80%负荷试车，生产出高品质石脑油、调和柴油和重质蜡等产品。需要说明的是，本次装置运行过程中，循环气压缩机跳车导致催化剂沉降，对催化剂活性造成一定影响。2020 年 1 月完成 85%负荷试车。产物中 C_{20+} 重质烃的质量分数组成达到 22.38%，在液相有机产物(油+醇)中的占比为 27.1%，在油品中的含量约为 30%。在上述粗产品基础上，经过油洗分离后得到主要组成为 $C_2 \sim C_4$ 烃类的液化气，主要组成为甲烷的燃料气；经过加氢精制和分馏后，得到的产品包括稳定轻烃、煤基费-托轻蜡和煤基费-托重蜡。2020 年 7 月消缺整改后，新鲜气进气量≥9 万 Nm^3/h，超出新鲜气进气 89023Nm^3/h 的设计值，实现了 100%满负荷运行，并且所有单元，包括费-托合成单元、脱碳单元、油洗单元、PSA 单元、合成水单元和加氢单元正常运转，实现全流程运行。由此，示范装置实现了满负荷、全流程运行。示范装置生产运行状况列于表 3.44。

表 3.44　示范装置生产运行情况

年度	运行时间/d	产品产量/万 t	最高负荷/%
2015 年	12	0.13	30
2016 年	22	0.32	40
2018 年	26	0.76	80
2019 年	42	1.23	80
2020 年	180	8.4	100
2021 年至今	150	5.2	80

2020 年 8 月 8 日至 11 日，中国石油和化学工业联合会组织专家对装置进行考核标定。标定期间装置运行平稳，仪器仪表工作基本正常，取得的各项考核标定数据真实、可靠。操作温度与压力见表 3.45，考核结果汇总表见表 3.46，费-托合成催化剂性能指标见表 3.47。

表 3.45　示范装置操作温度与压力

项目		第一天	第二天	第三天	72h 平均
费-托合成单元	温度/K	497	497	498	497.3
	压力/MPa	3.65	3.70	3.65	3.67
加氢精制单元	温度/K	573	575	574	574
	压力/MPa	7.6	7.6	7.6	7.6

表 3.46 考核结果汇总表

项目		单位	设计值	考核结果			
				第一天	第二天	第三天	72h 平均
消耗合成气量		t/h	43.12	42.81	43.42	42.63	42.95
中间产品产量	轻质馏分油	t/h	10.49	7.73	7.84	7.92	7.83
	重质馏分油	t/h	3.63	5.10	4.82	4.80	4.91
	油洗石脑油	t/h	0.30	0.54	0.53	0.46	
	总计	t/h		13.13	13.20	13.25	13.19
最终产品产量	稳定轻烃	t/h	3.81	2.37	2.59	2.66	2.54
	费-托轻蜡	t/h	8.79	4.64	5.60	4.77	5.00
	费-托重蜡	t/h	1.34	7.45	6.21	6.81	6.82
	液化气	t/h	0.44	0.43	0.41	0.38	0.41
	杂醇	t/h	1.29	0.33	0.36	0.46	0.38
	总计	t/h	15.67	15.37	15.34	15.39	15.37
燃料气		Nm³/h		3585	3920	4092	3866

表 3.47 费-托合成催化剂性能指标表

项目	性能指标	考核标定结果			
		第一天	第二天	第三天	72h 平均
有效合成气总转化率/%	86	98.69	98.92	98.85	98.72
CO 总转化率/%		99.29	99.87	99.87	99.68
甲烷选择性/%	12.7	6.58	6.53	6.87	6.66
C₂~C₄烃选择性/%	6	4.13	3.66	4.32	4.04
C₅₊烃选择性/%		82.98	83.50	82.50	82.99
C₅₊烃和醇选择性/%	81.45	89.28	89.80	88.80	89.29
CO₂选择性/%		0.007	0.003	0.008	0.006
时空收率/[t 产品(C₅₊烃、醇)/(t 合成催化剂·h)]		0.180	0.181	0.180	0.180
Nm³ 有效合成气/t 产品(油+醇+液化气)		5856	5927	5848	5877
Nm³ 有效合成气/t 产品(油+液化气)		5985	6073	6031	6029

注 1：设计的合成气体积流量 89023Nm³/h（43.12t/h），考核期间实际合成气体积流量（72h 平均）91394Nm³/h（42.95t/h），装置负荷按照合成气处理能力计算。

注 2：考核期间尾气回收单元 CO 压缩机安全阀泄漏，泄漏 CO 量经测量约为 2000Nm³/h，考虑此因素后：
单位产品（油+醇+液化气）有效合成气消耗（72h 平均）：5744Nm³/t；
单位产品（油+液化气）有效合成气（72h 平均）：5896Nm³/t。

根据表 3.46 和表 3.47 的标定数据，钴基浆态床合成气制油工业示范装置完成标定，在反应温度为 473~513K、反应压力为 3.0~5.0MPa，循环比为 3.5~4.5 条件下，考核标定结果达到或超过性能指标。其中，CO 转化率为 98.72%，C_{5+} 烃和醇的烃选择性为 89.29%，超过催化剂设计指标。装置连续运行考核期间，运行负荷达到 102.6%，吨油合成气消耗为 5877Nm^3/t 产品。

考核专家组一致认为，该装置是全球首套具有自主知识产权的碳载钴基浆态床合成气制油工业示范装置，目前已实现达产达效，其成功运行将为后续大型商业化装置的建设提供坚实的技术支撑。专家组建议进一步优化工艺和操作条件，加快研究费-托合成产品的高附加值综合利用技术，尽快推进大型商业化项目的实施。

本次工业示范装置的成功开车运行，不但在示范装置上验证了催化剂性能，催化剂标定结果达到合同指标，而且示范装置实现了满负荷全流程运行。该套合成气制油工业示范装置，是全球首次在工业示范装置上开展的 15 万 t/a 碳载钴基浆态床合成气制油工业示范，具有重要意义。该项目的成功试车和催化剂性能考核，将为后续百万吨级工业装置的建设提供重要的运行数据、技术和经验支撑，为我国提供一种大型煤制油技术路线，提升我国煤炭行业清洁转化的技术水平。

3.4.5 3 万 t 费-托蜡精加工装置

为了提升合成油装置的经济性，配套建设了一套 3 万 t/a 费-托蜡精加工装置，主要生产液体石蜡、40#蜡、60#蜡和 80#蜡产品。该装置利用费-托合成主装置能够通过调整催化剂配方和操作参数，提高产品中长链烷烃选择性的特点，在油品价格低位运行时转型生产特种蜡、润滑油基础油等高附加值产品，提高装置的经济性和产品竞争力。该项目采用西北化工研究院有限公司开发的费-托产物重质馏分连续减压蒸馏技术，将费-托产物重质馏分加工生产费-托蜡产品。建设工程主要包括：费-托产物重质馏分深加工装置、原料油罐区、产品罐区、产品仓库、装卸车设施及依托的公用工程等。

工艺流程如图 3.62 所示，来自合成油装置的加氢分馏后重质馏分油，通过原料泵加压后经加热炉加热后进入减压塔，减压塔精馏后塔顶油气经减压塔顶冷却器冷却后，进入减压塔顶分水罐进行气液分离，气相经真空泵抽出后排入火炬，液相作为粗液体石蜡

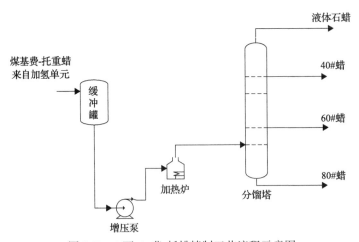

图 3.62 3 万 t/a 费-托蜡精制工艺流程示意图

成品出装置。在减压塔上部抽出一侧线，经 40#费-托软蜡泵加压后，再经 40#费-托蜡空冷器冷却，一部分作为顶部回流，另一部分作为费-托软蜡产品出装置。塔底油经 80#精制蜡泵加压后，与原料油换热后经过冷却器冷却后作为精制蜡产品出装置。液体石蜡和 40#蜡分别送入对应的产品罐，60#蜡和 80#蜡经冷却后送入造粒机，制成不同规格的费-托蜡产品，然后进行产品包装和入库。主要产品及其应用见表 3.48。

表 3.48　主要产品的规格和数量

序号	产品名称	产量/(万 t/a)
1	液体石蜡	1.6
2	80#费-托蜡	0.5
3	60#费-托蜡	0.2
4	40#费-托蜡	0.7

1. 液体石蜡

液体石蜡是氯化石蜡、二元酸的基础原料。可用于金属加工基础油、特殊防锈油用基础油、金属清洗剂、铝轧制液、塑料橡胶溶剂油、纺织助剂基础油、印染油墨溶剂、脱蜡溶剂、无烟灯油、化妆品、医疗等方面。该项目生产液体石蜡的质量指标见表 3.49。

表 3.49　液体石蜡质量指标

项目		质量指标	试验方法
赛波特颜色		—	GB/T 3555—2022
凝点/℃		≤27	
馏程/℃	初馏点	≥160	GB/T 6536—2010
	98%馏出温度	≤320	
溴值/(mgBr/100g)		≤50	SH/T 0236—1992
芳烃含量/%(质量分数)		≤0.3	SH/T 0411—1992
硫含量/(mg/kg)		≤10	SH/T 0689—2000
正构烷烃含量(质量分数)/%		≥70	SH/T 0410—1992
烷烃含量(质量分数)/%		≥96	SH/T 0410—1992
酸度(以 KOH 计)/(mg/100mL)		无	GB 259—1988
水分及机械杂质		无	目测

注：将样品注入 100mL 量筒中，在 20℃±5℃时观察，应当是透明的，不应有悬浮物和机械杂质。

2. 40#蜡、60#蜡和 80#蜡

40#专用蜡用于 CP-52(发泡胶专用蜡)生产，60#蜡可以作为氯化石蜡 CP-70 的原料。80#蜡的用途更为广泛。例如，用作 PVC 塑料的外润滑剂，在注塑挤出过程中有助于填

料的分散和滑爽,降低挤出黏度,显著提高产品表面光泽;也可以使用在油墨和涂层中,提高材料的耐磨性和抗皱性。同时,它也是 ECA 基热熔胶使用的理想合成蜡,提高胶黏剂的耐热性和快开性,无异味,通过美国 FDA 认证,可直接使用在与食品接触的热熔胶行业。上述三种产品的质量指标见表 3.50。

表 3.50　40#蜡、60#蜡和 80#蜡产品质量指标

物理性质	测试方法	单位	40#蜡		60#蜡		80#蜡	
			范围	最优值	范围	最优值	范围	最优值
凝固点	ASTMD938-12(2017)	℃	25～40	40	—	62	—	83
滴点	ASTMD3954-15(2022)	℃	—	40	—	63	—	83
丁酮中溶解度	ASTMD721-06(2011)	wt%	—	—	—	1	—	0.25
甲基丁基酮中溶解度	ASTMD721-06(2011)	wt%	—	—	—	—	—	0.5
颜色	ASTMD156-2015	赛波特色度	≥15	30	—	30	—	30
黏度	ASTMD1986-91(2007)	cP	—	3	—	3.3	—	—
针入度(25℃)	ASTMD1321-10(2010)	0.1mm	—	—	—	—	10～12	7
薄片气味	ASTMD1833-87(2007)	—	—	1	—	1	—	1
颜色和气体热稳定性	—	h	—	24	—	24	—	24
酸值	ASTMD1386-15(2022)	mgKOH/g	—	<0.1	—	<0.1	—	<0.1
溴价	ASTMD1386-15(2022)	gBr/100g	—	≤0.1	—	≤0.1	—	≤0.1
皂化	ASTMD1386-15(2022)	mgKOH/g	—	<0.5	—	<0.5	—	<0.5
外观	—	—	—	无色液体	—	无色液体	—	白色颗粒
碳分布	ASTMD3238-2017a	—	12～24	20	18～35	26	30～60	42

目前,国内费-托蜡产品的市场缺口较大,而煤基费-托蜡的应用和加工技术研究尚处于初始阶段。因此,加大费-托蜡深加工技术的开发力度,推进费-托产物的高值化和精细化利用正成为行业的共识。该技术生产具有高附加值的高品质液体石蜡、费-托精制软蜡、硬蜡等产品,有助于费-托产品高值化和精细化发展,不仅有利于提升装置效益,也有利于探索一条合成气制高附加值化学品的新发展思路。

3.5　结论与展望

1. 结论

碳载钴基浆态床费-托合成技术依托研究团队二十余年的研究基础,在中国科学院"变革性洁净能源关键技术与示范"先导专项的支持下,在陕西延长石油(集团)有限公司、陕西延长石油榆林煤化有限公司、北京石油化工工程有限公司的配合和支持下,构

建了合成气高效转化为烃类的碳载钴基催化剂，结合一系列表征手段，深入探究催化剂的构效关系以及反应机理，创制了用于钴基浆态床费-托合成的活性炭负载钴基催化剂体系，实现了催化剂放大制备，成功地应用于 15 万 t/a 钴基浆态床合成气制油工业示范装置，成功地开发了国内首套大型钴基费-托合成浆态床反应工艺。

该技术的创新点如下：

(1) 该技术创新地采用活性炭为载体，与氧化物负载钴基催化剂以及其他费-托合成催化剂相比，通过简单焚烧废催化剂回收金属，实现低固废甚至无固废的绿色环保目标。

(2) 该技术创新开发了碳化钴介导的原位转晶技术，研制出高性能钴基催化剂，解决了钴基催化剂产率不高、活性低、稳定性不好等技术问题。该催化剂在延长石油 15 万 t/a 钴基浆态床合成气制油工业示范装置实现工业应用，填补了国内钴基费-托合成浆态床工业的技术空白。

(3) 该技术 CO_2 选择性<0.1%，实现费-托合成单元 CO_2 近零排放，使得合成气制油过程中 CO_2 全部在水煤气变换单元产生，不仅有利于 CO_2 一次性集中捕集利用，还可以显著降低费-托合成单元气体压缩的能耗，以及下游脱碳单元装置的规模及运行能耗。

(4) 该技术制得的特定碳数范围烃类组分，含有高碳醇，可再进一步经切割精制，生产特种柴油或特种柴油调和组分。由于其中的高碳醇含有分子内的氧，具有较强的供氧能力，且高碳醇与烃类的比例可调，相容性好、不易分相，促进充分燃烧，另外具有十六烷值高、无硫、氮、芳烃等杂质等优点，绿色环保，可作为特种含氧柴油，可用作高原地区军用和民用特种含氧柴油，以及平原地区特种含氧柴油，解决我国特种含氧柴油产品短缺的问题。

(5) 优质蜡产品钴基浆态床工艺生产的重质烃类，经过精馏切割精制，可以获得优质蜡产品，包括 40#蜡、60#蜡和 80#蜡产品。目前，国内费-托蜡已成为蜡产品行业热点，未来消费量可达到近百万吨级水平，潜在市场需求量不断扩大。

2. 展望

我国"富煤、贫油、少气"的能源禀赋决定了煤炭在相当长的时期内仍将是我国主体能源，是"双碳"背景下能源安全稳定供应"压舱石"、支撑能源结构调整的"稳定器"。2021 年 9 月，习近平总书记在国家能源集团榆林化工有限公司调研时强调，煤炭作为我国主体能源，要按照绿色低碳的发展方向，对标实现碳达峰、碳中和目标任务，立足国情、控制总量、兜住底线、有序减量替代，推进煤炭消费转型升级[①]。煤化工产业潜力巨大、大有前途，要加快关键核心技术攻关，积极发展煤基特种燃料、煤基生物可降解材料等。

该技术在中国科学院"变革性洁净能源关键技术与示范"先导专项的支持下，于 2020 年 8 月通过了中国石油和化学工业联合会组织的对 15 万 t/a 钴基浆态床合成气制油工业示范装置全流程满负荷的考核标定。由于采用浆态床反应工艺具有操作简单和容易控温

---

① 环球网. 谱写陕西高质量发展新篇章——习近平总书记陕西榆林考察重要讲话引发热烈反响. https://china.huanqiu.com/article/44nmqfCx0KJ.

等优点，该技术可实现单台装置 50 万 t/a 大规模煤制油，并且由于开发的催化剂具有突出创新点，可实现费-托单元 CO_2 近零排放，降低运行能耗，可生产含氧柴油等特种燃料，具有显著的技术特点和优势。该技术采用的核心技术具有完全的自主知识产权，是煤化工领域的又一个重要的技术创新和突破，为促进我国煤化工高端化、多元化、低碳化发展，提供重要技术支撑。

该技术开发的首套碳载钴基浆态床合成气制油工业示范装置，仍有很多亟待完善的部分，如催化剂的升级换代以继续提升活性和优化选择性、装置的消缺整改、节能降耗，以及费-托产物的深加工和提质增效等，都是下一阶段需要继续努力完成的重要目标。

参 考 文 献

[1] Dry M E. The Fischer-Tropsch process: 1950-2000. Catalysis Today, 2002, 71 (3/4): 227-241.

[2] Khodakov A Y, Bechara R, Griboval-Constant A. Fischer-Tropsch synthesis over silica supported cobalt catalysts: Mesoporous structure versus cobalt surface density. Applied Catalysis A: General, 2003, 254 (2): 273-288.

[3] Hernández Mejía C, van Deelen T W, de Jong K P. Activity enhancement of cobalt catalysts by tuning metal-support interactions. Nature Communications, 2018, 9 (1): 4459.

[4] Fischer N, van Steen E, Claeys M. Structure sensitivity of the Fischer-Tropsch activity and selectivity on alumina supported cobalt catalysts. Journal of Catalysis, 2013, 299: 67-80.

[5] Liu Y F, Florea I, Ersen O, et al. Silicon carbide coated with TiO_2 with enhanced cobalt active phase dispersion for Fischer-Tropsch synthesis. Chemical Communications, 2015, 51 (1): 145-148.

[6] Ahn C I, Lee Y J, Um S H, et al. Ordered mesoporous $CoMO_x$ (M = Al or Zr) mixed oxides for Fischer-Tropsch synthesis. Chemical Communications, 2016, 52 (26): 4820-4823.

[7] Zhao M, Li Y H, Zhao Z A, et al. Mn doping of Co-Al spinel as Fischer-Tropsch catalyst support. Applied Catalysis A: General, 2021, 624: 118308.

[8] Zhao M, Zhao Z, Lyu Y, et al. Co-Al Spinel as an efficient support for Co-based Fischer-Tropsch catalyst: The effect of metal-support interaction. Industrial & Engineering Chemistry Research, 2021, 60 (7): 2849-2860.

[9] Chen Y P, Wei J T, Duyar M S, et al. Carbon-based catalysts for Fischer-Tropsch synthesis. Chemical Society Reviews, 2021, 50 (4): 2337-2366.

[10] Liu C C, He Y, Wei L, et al. Hydrothermal carbon-coated TiO_2 as support for Co-based catalyst in Fischer-Tropsch synthesis. ACS Catalysis, 2018, 8 (2): 1591-1600.

[11] Tavasoli A, Sadagiani K, Khorashe F, et al. Cobalt supported on carbon nanotubes-a promising novel Fischer-Tropsch synthesis catalyst. Fuel Processing Technology, 2008, 89 (5): 491-498.

[12] Zaman M, Khodadi A, Mortazavi Y. Fischer-Tropsch synthesis over cobalt dispersed on carbon nanotubes-based supports and activated carbon. Fuel Processing Technology, 2009, 90 (10): 1214-1219.

[13] Xiong H F, Motchelaho M A M, Moyo M, et al. Correlating the preparation and performance of cobalt catalysts supported on carbon nanotubes and carbon spheres in the Fischer-Tropsch synthesis. Journal of Catalysis, 2011, 278 (1): 26-40.

[14] Omraei M, Sheibani S, Sadrameli S M, et al. Preparation of biodiesel using KOH-MWCNT catalysts: An optimization study. Industrial & Engineering Chemistry Research, 2013, 52 (5): 1829-1835.

[15] Yook J Y, Jun J, Kwak S. Amino functionalization of carbon nanotube surfaces with NH_3 plasma treatment. Applied Surface Science, 2010, 256 (23): 6941-6944.

[16] Girard-Lauriault P L, Illgen R, Ruiz J C, et al. Surface functionalization of graphite and carbon nanotubes by vacuum-ultraviolet photochemical reactions. Applied Surface Science, 2012, 258 (22): 8448-8454.

[17] Amiri A, Maghrebi M, Baniadam M, et al. One-pot, efficient functionalization of multi-walled carbon nanotubes with diamines by microwave method. Applied Surface Science, 2011, 257 (23): 10261-10266.

[18] Trépanier M, Tavasoli A, Dalai A K, et al. Fischer-Tropsch synthesis over carbon nanotubes supported cobalt catalysts in a fixed bed reactor: Influence of acid treatment. Fuel Processing Technology, 2009, 90 (3): 367-374.

[19] Zhang H, Lancelot C, Chu W, et al. The nature of cobalt species in carbon nanotubes and their catalytic performance in Fischer-Tropsch reaction. Journal of Materials Chemistry, 2009, 19 (48): 9241-9249.

[20] Tavasoli A, Abbaslou R M M, Trepanier M, et al. Fischer-Tropsch synthesis over cobalt catalyst supported on carbon nanotubes in a slurry reactor. Applied Catalysis A: General, 2008, 345 (2): 134-142.

[21] Eschemann T O, Lamme W S, Manchester R L, et al. Effect of support surface treatment on the synthesis, structure, and performance of Co/CNT Fischer-Tropsch catalysts. Journal of Catalysis, 2015, 328: 130-138.

[22] Bezemer G L, Bitter J H, Kuipers H P C E, et al. Cobalt particle size effects in the Fischer-Tropsch reaction studied with carbon nanofiber supported catalysts. Journal of the American Chemical Society, 2006, 128 (12): 3956-3964.

[23] den Breejen J P, Radstake P B, Bezemer G L, et al. On the origin of the cobalt particle size effects in Fischer-Tropsch catalysis. Journal of the American Chemical Society, 2009, 131 (20): 7197-7203.

[24] den Breejen J P, Sietsma J R A, Friedrich H, et al. Design of supported cobalt catalysts with maximum activity for the Fischer-Tropsch synthesis. Journal of Catalysis, 2010, 270 (1): 146-152.

[25] Bezemer G L, Radstake P B, Falke U, et al. Investigation of promoter effects of manganese oxide on carbon nanofiber-supported cobalt catalysts for Fischer-Tropsch synthesis. Journal of Catalysis, 2006, 237 (1): 152-161.

[26] Bezemer G L, Radstake P B, Koot V, et al. Preparation of Fischer-Tropsch cobalt catalysts supported on carbon nanofibers and silica using homogeneous deposition-precipitation. Journal of Catalysis, 2006, 237 (2): 291-302.

[27] Yu Z X, Borg Ø, Chen D, et al. Carbon nanofiber supported cobalt catalysts for Fischer-Tropsch synthesis with high activity and selectivity. Catalysis Letters, 2006, 109 (1): 43-47.

[28] Moyo M, Motchelaho M A M, Xiong H F, et al. Promotion of Co/carbon sphere Fischer-Tropsch catalysts by residual K and Mn from carbon oxidation by $KMnO_4$. Applied Catalysis A: General, 2012, 413: 223-229.

[29] Xiong H F, Moyo M, Motchelaho M A M, et al. Fischer-Tropsch synthesis over model iron catalysts supported on carbon spheres: The effect of iron precursor, support pretreatment, catalyst preparation method and promoters. Applied Catalysis A: General, 2010, 388 (1/2): 168-178.

[30] Wang Z L, Kang Z C. Graphitic structure and surface chemical activity of nanosize carbon spheres. Carbon, 1997, 35 (3): 419-426.

[31] Qin H F, Kang S F, Wang Y G, et al. Lignin-based fabrication of Co@C core-shell nanoparticles as efficient catalyst for selective Fischer-Tropsch synthesis of C_{5+} compounds. ACS Sustainable Chemistry & Engineering, 2016, 4 (3): 1240-1247.

[32] Antonietti M, Oschatz M. The concept of "noble, heteroatom-doped carbons," their directed synthesis by electronic band control of carbonization, and applications in catalysis and energy materials. Advanced Materials, 2018, 30 (21): e1706836.

[33] Oar-Arteta L, Wezendonk T, Sun X H, et al. Metal organic frameworks as precursors for the manufacture of advanced catalytic materials. Materials Chemistry Frontiers, 2017, 1 (9): 1709-1745.

[34] Qiu B, Yang C, Guo W H, et al. Highly dispersed Co-based Fischer-Tropsch synthesis catalysts from metal-organic frameworks. Journal of Materials Chemistry A, 2017, 5 (17): 8081-8086.

[35] Luo Q X, Guo L P, Yao S Y, et al. Cobalt nanoparticles confined in carbon matrix for probing the size dependence in Fischer-Tropsch synthesis. Journal of Catalysis, 2019, 369: 143-156.

[36] Isaeva V I, Eliseev O L, Kazantsev R V, et al. Effect of the support morphology on the performance of Co nanoparticles deposited on metal–organic framework MIL-53 (Al) in Fischer-Tropsch synthesis. Polyhedron, 2019, 157 (1): 389-395.

[37] Zhang C H, Guo X X, Yuan Q C, et al. Ethyne-reducing metal-organic frameworks to control fabrications of core/shell nanoparticles as catalysts. ACS Catalysis, 2018, 8 (8): 7120-7130.

[38] Lahti R, Bergna D, Romar H, et al. Characterization of cobalt catalysts on biomass-derived carbon supports. Topics in Catalysis, 2017, 60(17): 1415-1428.

[39] Lebarbier V, Dagle R, Datye A, et al. The effect of PdZn particle size on reverse-water-gas-shift reaction. Applied Catalysis A: General, 2010, 379(1/2): 3-6.

[40] Qian W X, Zhang H T, Ying W Y, et al. Product distributions of Fischer-Tropsch synthesis over Co/AC catalyst. Journal of Natural Gas Chemistry, 2011, 20(4): 389-396.

[41] Chen F, Jin W, Cheng D, et al. Fabrication of AC@ZSM-5 core-shell particles and their performance in Fischer-Tropsch synthesis. Journal of Chemical Technology & Biotechnology, 2013, 88(12): 2133-2140.

[42] Venter J J, Vannice M A. Olefin selective carbon-supported K-Fe-Mn CO hydrogenation catalysts: A kinetic, calorimetric, chemisorption, infrared and Mössbauer spectroscopic investigation. Catalysis Letters, 1990, 7(1): 219-240.

[43] Venter J, Kaminsky M, Geoffroy G L, et al. Carbon-supported Fe-Mn and K-Fe-Mn clusters for the synthesis of $C_2 \sim C_4$ olefins from CO and H_2: I. Chemisorption and catalytic behavior. Journal of Catalysis, 1987, 103(2): 450-465.

[44] Barrault J, Guilleminot A, Achard J C, et al. Hydrogenation of carbon monoxide on carbon-supported cobalt rare earth catalysts. Applied Catalysis, 1986, 21(2): 307-312.

[45] Guerrero-Ruiz A, Sepúlveda-Escribano A, Rodríguez-Ramos I. Carbon monoxide hydrogenation over carbon supported cobalt or ruthenium catalysts. Promoting effects of magnesium, vanadium and cerium oxides. Applied Catalysis A: General, 1994, 120(1): 71-83.

[46] 马文平, 丁云杰, 罗洪原, 等. 铁/活性炭催化剂上费-托合成反应产物分布的非 Anderson-Schulz-Flory 特性. 催化学报, 2001, 22(3): 279-282.

[47] Xiong J M, Ding Y J, Wang T, et al. The formation of Co_2C species in activated carbon supported cobalt-based catalysts and its impact on Fischer-Tropsch reaction. Catalysis Letters, 2005, 102(3): 265-269.

[48] Wang T, Ding Y J, Xiong J M, et al. Effect of Zr promoter on catalytic performance of Co/AC catalyst for F-T synthesis. Chinese Journal of Catalysis, 2005, 26(3): 178-182.

[49] Xiong J M, Ding Y J, Wang T, et al. Effect of La_2O_3 promoter on reaction performance of Fischer-Tropsch synthesis over Co/AC catalyst. Chinese Journal of Catalysis, 2005, 26(10): 874-878.

[50] Ma W P, Ding Y J, Lin L W. Fischer-Tropsch synthesis over activated-carbon-supported cobalt catalysts: Effect of Co loading and promoters on catalyst performance. Industrial & Engineering Chemistry Research, 2004, 43(10): 2391-2398.

[51] Zhao Z, Lu W, Feng C H, et al. Increasing the activity and selectivity of Co-based F-T catalysts supported by carbon materials for direct synthesis of clean fuels by the addition of chromium. Journal of Catalysis, 2019, 370: 251-264.

第 4 章

钴基固定床费-托合成技术

钴基固定床费-托合成是利用钴基催化剂催化合成气在固定床反应工艺下进行费-托合成的过程。钴基和铁基催化剂是 Fischer 和 Tropsch 最初提出的一批费-托合成催化剂，目前均已实现工业化应用。与铁基或镍基等催化剂相比，钴基催化剂加氢活性介于二者之间，产品以直链饱和烷烃为主，链增长能力强，通过催化剂和反应器的优化设计，C_{19+}(指碳数超过 19 的长链烷烃或烯烃)烃类在液态产物中占比较大。长链饱和烷烃经加氢精制后可生产汽柴油，也能作为重质蜡、润滑油基础油等材料化学品生产的优质原料。

钴基催化剂活性相为金属钴，由于金属钴价格相对较高，因此利用载体实现钴的高度分散不仅是节约成本的重要手段，而且钴的负载过程也是高效催化剂制备技术关键。长链烃类产品黏度大、沸点高，重质蜡、润滑油基础油等应用场景对产品纯度要求高，浆态床、流化床等反应工艺不适用于钴基费-托合成来生产 C_{19+} 等长链烃类产物。钴基固定床反应工艺中，催化剂在反应器内固定装填，合成气与催化剂接触反应生成的大分子高黏度产物在固定床层中自上而下流动，与催化剂自然高效分离。但固定床工艺下，催化剂无法实现在线更替，加之固定床传递过程限制，长寿命催化剂、高效传质传热的固定床反应工艺是钴基固定床费-托合成技术的又一关键。

4.1　钴基催化剂的理论研究

催化剂理性设计对催化剂实验构建至关重要，基于密度泛函理论的第一性原理计算可以通过构建合理的模型研究表面结构与反应性能之间的关系，从微观层面上认识催化活性中心结构和反应机理，能为过程繁复的钴基费-托合成高效催化剂的设计提供理论指导。

4.1.1　金属钴晶体结构对产物选择性的影响

钴基费-托合成催化剂的活性相是单质钴，其存在 hcp 和 fcc 两种晶相[1]。合成气转化活性对金属钴晶相结构具有依赖性：实验研究认为，当 hcp-Co 含量较高时，催化活性较高；而当 fcc-Co 含量较高时，催化活性则相对较低。由于实际制备的催化材料往往同时包含有两个晶相，hcp-Co 是否确实较 fcc-Co 具有更高的费-托本征活性呢？就此，李微雪教授团队[2]通过基于第一性原理的动力学理论计算，首次从理论上揭示出钴催化剂的晶相对 C≡O 键活化具有决定性影响：较 fcc-Co 而言，hcp-Co 催化剂具有更高的本征活性,同时其催化活性还表现出更为显著的形貌效应。hcp-Co 倾向于直接解离 C═O 键,而 fcc-Co 则倾向于通过加氢间接解离 C═O 键。理论分析发现,产生这些差异的原因来源于 hcp-Co 的晶体结构对称性相对较低,能够暴露出大量的高活性晶面。基于这些结果,他们提出通过 hcp-Co 形貌的可控合成,暴露特定高活性的 hcp-Co(10$\bar{1}$1)晶面以提高活性位密度,而不需要通过减小催化剂的尺寸,来实现高比质量活性、稳定的钴基催化剂的优化设计。

但是,传统钴基催化剂的制备方法必须经历焙烧过程,钴物种会形成立方晶型尖晶石结构的 Co$_3$O$_4$,经过两步还原后金属钴为 fcc-Co 和 hcp-Co 的混相,不同晶型的纯相活性相难以获得。但采用适当方法有可能诱导某些特殊晶面暴露,研究表明:除金属钴晶相的重要影响外,不同钴晶面也有重要影响。Zhao 等[3]通过理论计算发现 Co(0001)晶面倾向于以 HCO 插入的方式进行碳链增长。Su 等[4]的研究结果发现在低 CO 覆盖度下,Co(0001)晶面上的碳链增长方式是通过 CO 插入机理,其主要产物为甲烷,而 Co(10$\bar{1}$1)晶面则更倾向于以碳化物机理的方式进行链增长,其 C$_2$ 烃的选择性要高于甲烷。钴晶面对碳链增长及产物选择性有显著的影响,hcp 和 fcc 晶相 Co 是由不同晶面构成的,hcp 晶相 Co 主要暴露面为 Co(0001)、Co(10$\bar{1}$0)、Co(10$\bar{1}$1)、Co(10$\bar{1}$2)、Co(11$\bar{2}$0)、Co(11$\bar{2}$1)晶面,fcc 晶相 Co 主要暴露面为 Co(111)、Co(110)、Co(311)、Co(100)晶面。为了明确钴基催化剂晶相和晶面结构对反应机理的影响,李德宝研究员团队与王宝俊教授团队[5-9]通过系统地比较 Co 催化剂的不同晶面上的碳链增长机理,包括 CO 活化、C$_1$ 物种生成、C—C 链增长等重要环节,研究结果表明 Co(10$\bar{1}$0)、Co(10$\bar{1}$1)、Co(10$\bar{1}$2)晶面上通过碳化物机理实现碳链的增长,而 Co(0001)和 Co(111)晶面通过 CHO 插入机理实现碳链的增长。对 hcp 和 fcc 晶相 Co 催化剂的主要暴露晶面上表面的活性位以及关键中间体相互作用的活性区域进行分析发现,如图 4.1 所示,对于通过碳化物机理实现碳链增长的 Co(10$\bar{1}$0)、Co(10$\bar{1}$1)、Co(10$\bar{1}$2)晶面,存在类似的由五个钴原子组成的台阶状的 B5 活性基元,活性基元为组成活性位的最小的结构单元,类似活性基元的存在导致晶面具有相同的碳链增长机理;对于通过 CHO 插入机理实现碳链增长的 Co(0001)和 Co(111)晶面,存在类似的由四个钴原子组成的平面状的 4-fold 活性基元。

受 ASF 分布影响,一般认为 CH$_4$ 的选择性总是高于钴基催化剂费-托合成的预期值。李德宝研究员团队[10]以 fcc-Co 的 Wulff 形貌作为钴颗粒模型,采用 DFT 计算研究了 fcc-Co 四个晶面上 CO 解离、CH$_4$ 形成与 C$_1$-C$_1$ 耦合等反应机理,如图 4.2 所示。文章引用前人提出的准平衡假设和 CH$_4$ 形成有效能垒概念来衡量整个 C$_1$ 加氢过程形成 CH$_4$ 的反应速率,基于加氢的准平衡假设,采用有效能垒差描述符来评估 CH$_4$ 生成相对于 C$_2$ 生成的选择性。研究结果发现:Co(111)面具有最高的 C—C 偶联活性,导致低的 CH$_4$ 选择性;而类台阶的 Co(110)表面具有较高的 CO 活化活性和最低的 C$_{2+}$ 选择性,归因于其具有利于 CO 解离的 5-fold 活性位。该结论为理性设计钴基费-托催化剂的暴露晶面、调变产物及其选择性指明了方向。

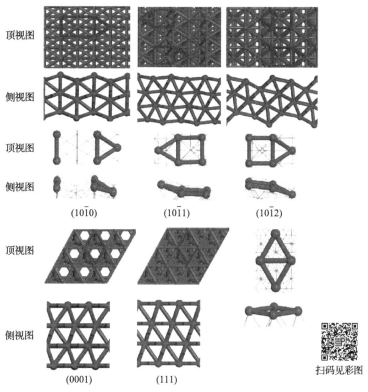

扫码见彩图

图 4.1　Co 催化剂晶面上的活性基元图

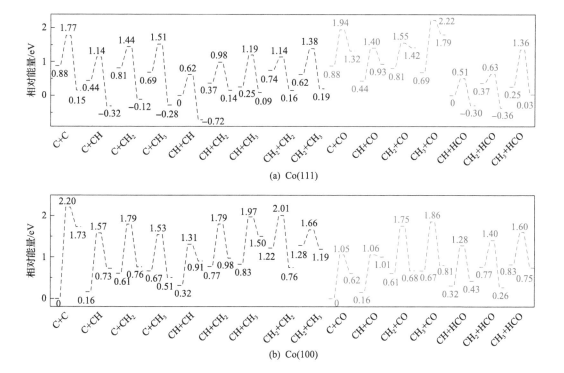

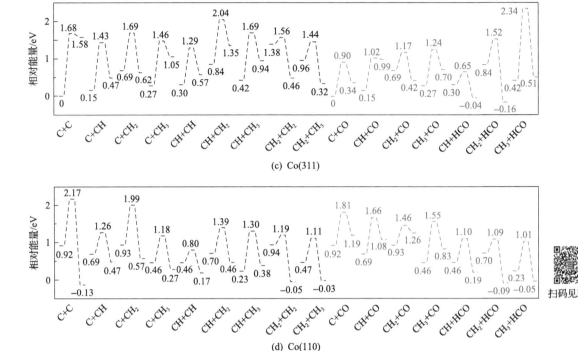

图 4.2　fcc-Co 晶面上 C_1-C_1 耦合反应势能图

碳化物机理(黑色线)、CO 插入机理(红色线)和 HCO 插入机理(粉色线)。E_i+E_j 作为零点

4.1.2　钌助剂对钴基催化剂微晶形貌的调变

金属 Ru 作为一种常用的钴基催化剂助剂,可以起到促进催化剂还原、提高活性、降低甲烷选择性等作用。虽然其自身具有费-托活性,但是,当作为微量助剂使用时,其促进作用主要通过影响、调变金属钴的结构性质来实现。

实验上,已经部分证实 Ru 改性时 Co-Ru 密切的相互作用及其对金属钴结构性质的影响。Iglesia 等[11]发现在前驱体的还原过程中,Ru 助剂与 Co 催化剂容易形成金属间化合物而不是 CoRu 合金,Co 和 Ru 处于两相分离,并且大部分 Ru 会暴露在 Co 纳米颗粒的外表面附近。Hong 等[12]用时间分辨的原位 X 射线吸收光谱法,研究了 Co-Ru/SiO$_2$ 催化剂的还原过程。他们发现,Ru 助剂从浸渍体系到最终还原体系的过程中,煅烧后的 Ru(Ⅳ)离子会进入到 Co$_3$O$_4$ 的结构当中,然后经过两步还原为金属 Ru,最终 Ru 在 Co 纳米颗粒表面会以单个原子或小团簇的形式聚集在一起。然而,由于 Ru 助剂在钴催化剂中的含量极低且分散度很高,详细的 Ru-Co 结构信息很难表征,而理论研究能对实验研究提供补充与指导。

李德宝研究员团队[13]采用自旋极化的密度泛函理论计算方法研究了 Ru$_n$ 在 Co(111)和 Co(311)表面的吸附结构与能量性质。具体计算结果如图 4.3 所示:Ru 的单层聚集结构比双层或多层三维团簇结构更为稳定,推断出 Ru$_n$ 在 Co(111)表面初期以三元环或四元环生长,由于 Ru 原子的扩散能垒较低,很容易聚集,在高覆盖度时,进而以相对无序的聚集单层结构外延生长;Ru$_n$ 在 Co(311)表面初期以链状线式生长,随着含量的增加,最终以带状的形式进行有序的外延生长。进一步选择 Ru_{11} 团簇作为模型，采用从头算分子动力学模拟在近真实的费-托反应条件下 Ru_n 团簇在 Co(111) 和 Co(311) 表面上的赋存状态。从运动轨迹上清晰地看出，初始的三维结构会逐渐演变为二维的平面结构，Ru_{11} 团簇在 Co(111) 表面的末态结构包含有三角形和四边形两种结构单元，Ru_{11} 团簇在 Co(311) 表面会重新排列成几列平行的平面结构，这与 DFT 计算得到的最稳定的 Ru_{11} 结构主要是以平面层状结构聚集是一致的。这些模拟结果为钴基费-托合成催化剂中 Ru 助剂在钴金属物相上的存在形态提供了理论认识。

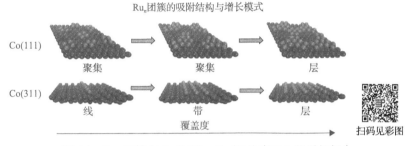

图 4.3 Ru_n 团簇在 Co(111)、Co(311) 表面上的增长行为

助剂的加入会影响晶面的表面稳定性，从而影响该晶体的形貌，调变催化剂的整体性质。李德宝研究员团队[14]考察了 Ru 助剂对 fcc 和 hcp 钴微晶形貌的调变机制。他们通过平均吸附能最大准则分别确定了 Ru_n 团簇在 fcc-Co 的四个钴晶面存在概率最大的存在形态；然后基于存在概率最大的吸附形态，计算不同 Ru 含量下各晶面的表面能，并得到了表面能随 Ru 含量变化的趋势；最后，采用表面能数据绘制出晶体形貌的 Wulff 图，考察了不同 Ru_n 含量对 fcc-Co 表面形貌的影响，如图 4.4 所示，并得出以下结论：Ru 助剂对 fcc-Co 纳米颗粒暴露的表面有不同的稳定作用。随着 Ru 含量的增加，fcc-Co 微晶形貌由截断的八面体逐渐变为菱形的十二面体，而且 Co(311) 和 Co(110) 晶面暴露面积比例也逐渐增大，提高了台阶型 B5 位点和扭结 5F 位点的暴露，意味着有更多高活性位点参与反应。Ru 助剂对 hcp 钴微晶形貌的调控作用的研究结果表明[15]：如图 4.5 所示，

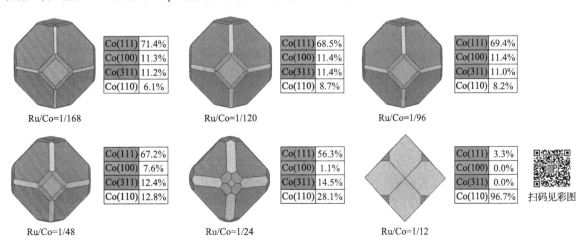

图 4.4 不同 Ru/Co 含量下 fcc-Co 微晶形貌

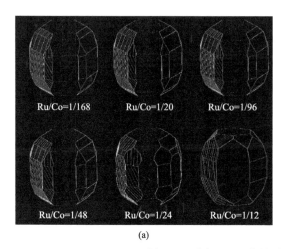
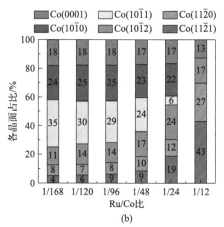

扫码见彩图

图 4.5　不同 Ru/Co 含量下 hcp Co 微晶形貌

随着 Ru 含量的增加，Co(0001)、Co($10\bar{1}1$)晶面暴露面积比例随 Ru 含量增大而减小；Co($10\bar{1}2$)、Co($11\bar{2}0$)、Co($11\bar{2}1$)晶面暴露面积比例随 Ru 含量增加而提高；Co($10\bar{1}0$)晶面暴露面积比例随 Ru 含量变化不明显。通过 Ru 助剂对 hcp-Co 微晶形貌的调变，Co 微晶表面结构中低配位的活性位点数目所占比例增大，预测出 Ru 含量调节到 1/48 以下，就可以暴露出更多的高活性的优势 Co($10\bar{1}1$)晶面。

4.1.3　反应气氛下钴纳米颗粒形貌的演变行为

气氛是影响金属钴结构性质和催化性能的另一重要因素，反应气体组分、温度、压强等外场变化将改变纳米颗粒的表面结构，从而影响催化反应的路径与催化剂的性能。合理地预测金属纳米颗粒在反应环境中的结构变化是分析真实化学反应过程的先决条件，也是实施合理的预处理或催化剂活化过程的重要基础。理论研究在反应环境条件调变、深层次构效关系揭示等方面拥有优势[16,17]。

高嶷研究员课题组[18-20]采用多尺度结构重构模型开展了一系列关于在近真实反应条件下纳米颗粒的稳定形貌和表面结构方面的研究工作。例如，在不同温度压强条件下，Pd、Pt、Au、Cu 纳米颗粒在 CO 或 NO 环境中的稳定结构，并预测纳米颗粒的结构随温度压强条件的演变情况，定量计算气体在不同条件下在纳米颗粒表面的吸附作用，并揭示了纳米颗粒在气体环境中结构的动态变化原因[21]。他们将多尺度结构重构(MSR)模型拓展到混合气体环境中，在 NO 与 CO 混合气体环境中，研究了 Pd、Pt 和 Rh 纳米颗粒随温度和压强的结构变化，结构形貌在菱形十二面体和截角八面体之间变化，发现纳米颗粒的结构不仅可以通过调节温度、总压强来调控其结构，还可以通过调节 NO 与 CO 的分压比例来精细调节结构[22]。

李德宝研究员团队[23]采用 DFT、Wulff 与原子热力学相结合的方法，研究了 fcc-Co 纳米颗粒在氢或 CO 气氛下的形貌演化。如图 4.6 所示，在给定温度 500K 时，Co(111)表面暴露最多，比例高达 87%，Co(100)的暴露面积占比为 13%，Co(311)和 Co(110)面在这种工况条件下消失。当温度上升到 675K 时，Co(311)和 Co(110)表面开始暴露，暴露比例分别为 10%和 4%，Co(111)表面暴露比例从 87%下降到 75%。当温度继续升高时，各晶面暴露比例仅有稍微变化。在氢气分压为 10^{-10}atm 时，表面能最低的 Co(111)面暴露面积占比为 89%，Co(100)面暴露面积占比为 11%。当氢气分压增加到 40atm 时，Co(111)、Co(100)、Co(311)、Co(110)面暴露面积占比分别为 70%、13%、11%和 6%。结合实验的可操作性和高活性晶面的暴露比例，选择温度 675K 和压力 5atm 作为 H_2 还原条件是合理的，这一理论预测结果与我们常规采用的钴基费-托催化剂预处理还原条件是一致的。

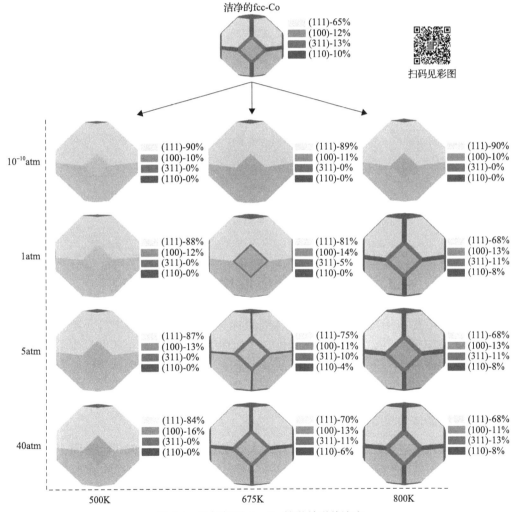

图 4.6　氢气氛下 fcc-Co 的微晶形貌演变

　　李微雪研究员团队[24]结合表面能的计算以及 Wulff 构造的方法，获得了 fcc-Co、hcp-Co 纳米颗粒在 CO 气氛下的微观形貌。计算结果发现：如图 4.7 所示，对 fcc-Co 而言，当 CO 化学势低于–1.2eV 时，高活性的 Co(311)、Co(110)、Co(100)晶面都可以暴露；随着 CO 化学势的增加，高活性晶面所占比例会逐渐减少；当 CO 化学势高于–0.8eV 时，fcc-Co 颗粒变成仅由 Co(111)晶面构成的八面体。对 hcp-Co 而言，当 CO 化学势低于–1.6eV 时，随着高活性 Co(10$\bar{1}$1)、Co(10$\bar{1}$2)晶面的暴露，CO 解离活性会随之增加；随着 CO 化学势继续增加，高活性 Co(10$\bar{1}$1)、Co(10$\bar{1}$2)晶面所占的比例会逐渐降低。

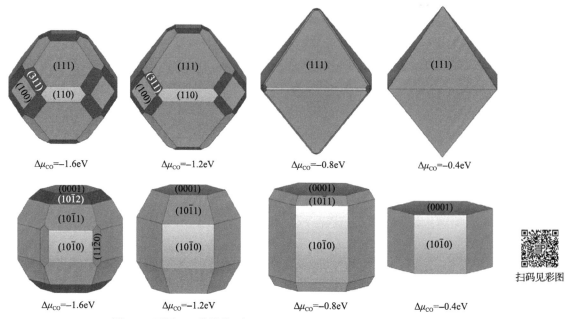

图 4.7　不同 CO 化学势下 fcc-Co 和 hcp-Co 的微晶形貌

扫码见彩图

4.2　钴基费-托合成催化剂的实验研究

钴基固定床费-托合成催化剂研究的主要目标是在高反应活性前提下，定向调控产物分布，降低 CH$_4$ 选择性，提高 C$_{5+}$ 选择性。正如理论研究预测，金属钴晶体微观结构、引入不同的载体和助剂会使得活性组分的电子密度、还原度、分散性等情况发生变化，从而影响钴基费-托合成催化剂的反应活性和产物选择性。

4.2.1　金属钴晶体微观结构

在真实催化反应条件下，由于纳米粒子表面形貌的不均匀性和尺寸不同，其表面的几何结构、电子结构、晶体结构会有所不同，引起催化剂催化反应性能的差异。钴基费-托合成反应是结构敏感性反应，钴基催化剂的费-托反应活性和产物选择性明显依赖于金属钴的微观结构。

纳米尺寸效应：金属纳米颗粒的尺寸效应对负载型金属纳米材料的催化活性和选择性有重要影响。长期以来，研究人员致力于探究高催化活性和选择性的最佳钴粒径。

Bezemer 等[25]在研究不同钴颗粒尺寸催化剂对费-托反应性能的影响时发现，当钴颗粒尺寸小于 8nm 时，表现出明显的尺寸效应，CO 加氢的转换频率(TOF)随着钴颗粒尺寸的增加而增加；当尺寸大于 8nm 时，费-托反应活性与钴颗粒尺寸无关(图 4.8)。

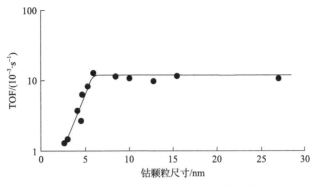

图 4.8　钴颗粒尺寸对费-托反应活性的影响

Xiong 等[26]研究发现，对于直径在 8～10nm 以上的钴基催化剂，TOF 值是稳定的，而对于更小粒径的催化剂，TOF 值急剧下降。Qi 等[27]制备了介孔二氧化硅（MCF-17）负载的四种不同尺寸（3.2nm、5.5nm、8.6nm 和 11nm）的钴纳米颗粒催化剂，钴纳米颗粒直径为 11nm 时，C_{5+} 的选择性最高，CH_4 的选择性最低。Cheng 等[28]首先构筑"西瓜籽"（Co_3O_4）包埋在"西瓜果肉"（SiO_2）中的模型催化剂来研究费-托合成中的尺寸效应，通过精确控制限域结构使钴催化剂的粒径从 7.2nm 增加到 11.4nm，成功地调节产物选择性从柴油馏分（66.2%）到汽油馏分（62.4%），改变了常规 ASF 分布规律。

目前一些原位手段已经被用来研究费-托合成中的尺寸效应。den Breejen 等[29]通过稳态同位素瞬态动力学分析解释了小颗粒钴（小于 6nm）上催化活性低的原因。研究结果表明：较小的 Co 粒子表面上低配位数的 Co 原子较多，CO 在低配位数的 Co 上发生不可逆键合，部分边/角位点会被覆盖而保留了本征活性较低的平台位点，从而导致催化活性降低。Ralston 等[30]采用时间分辨化学瞬态动力学方法研究了非稳态情况下 4.3nm 和 9.5nm Co 表面的碳覆盖度，发现 CO 在 9.5nm Co 表面解离的碳物种覆盖度是 4.3nm Co 表面的两倍多。Tuxen 等[31]利用原位软 X 射线吸收光谱表征手段发现 15nm Co 上的 CO 解离速率比 4nm Co 上的 CO 解离速率快。

晶相效应：金属钴是钴基费-托合成催化剂的活性中心，已有的研究结果表明，钴基费-托催化剂中往往是 hcp-Co 和 fcc-Co 共同存在，催化剂性能与 hcp-Co 晶相的含量呈正相关关系。

常温常压下，金属钴以 hcp-Co 形式存在，当温度达到 400℃时，hcp-Co 发生温度诱导的相变，转化为 fcc-Co[32]。此外，钴的颗粒尺寸也影响晶相的转变，当颗粒尺寸大于 40nm 时，金属钴主要以 hcp-Co 的形式存在；当颗粒尺寸减小到 30nm 左右时，hcp-Co 和 fcc-Co 共存；当颗粒尺寸小于 20nm 时，金属钴主要以 fcc-Co 的形式存在[33]。李金林教授课题组[34]将热分解法引入费-托合成催化剂的设计合成（图 4.9），通过控制 CoO 纳米晶在载体上的成核生长过程，成功制备了碳纳米纤维负载的不同 CoO 晶型的催化剂。HRTEM 和原位 XRD 研究表明：利用不同晶相 CoO 的前驱体实现对 Co 晶相的调控，获得了高活性的 hcp-Co 催化剂。

晶面效应：合成暴露特定晶面的催化剂是实现高比质量且高活性钴基催化剂的有效方法。李德宝研究员团队[35]采用溶剂热法合成了具有特殊形貌且暴露不同晶面的 Co_3O_4，在无载体和助剂存在的条件下，首次实验证实了费-托合成反应过程中钴的晶面效应。研究结果表明：Co_3O_4(112)晶面具有最优的费-托反应活性和长链烃选择性，并通过体外还原-钝化处理的方法探究了 $Co_3O_4 \rightarrow Co$ 还原过程中的晶面演变，性能优异归因于还原后暴露的 $Co(10\bar{1}1)$ 的晶面结构具有较多的 B5 活性位（图 4.10）。他们还利用核壳结构制备了一种具有稳定优势钴晶面的 Co@C-SiO₂ 催化剂[36]，该催化剂以特定晶面 $Co(10\bar{1}1)$ 为核，以中间碳和 SiO_2 为壳层，与无特定钴晶面的核壳结构催化剂相比，Co@C-SiO₂ 催化剂表现出较高的费-托反应活性（TOF=4.0×10^{-2}s^{-1}）、低甲烷选择性（5.3%）和高 C_{5+} 选择性（88.9%）。

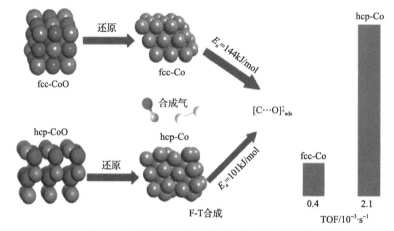

图 4.9　不同晶相钴基催化剂上费-托反应性能

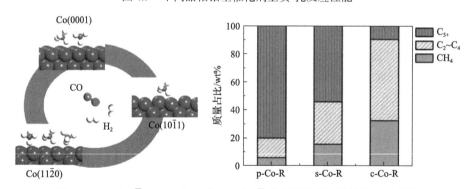

图 4.10　$Co(10\bar{1}1)$、$Co(0001)$、$Co(11\bar{2}0)$ 表面的碳链增长能力示意图

4.2.2　钴基催化剂载体改性

钴基费-托合成催化剂由活性相钴、助剂和载体组成。一般认为，载体的比表面积、表面酸碱性、载体与金属钴之间的相互作用力都能影响到费-托合成的反应活性和产物的选择性[37]。载体的作用可体现在以下几个方面：提高钴金属的分散度，增加活性组分的比表面积，提高钴金属的利用率进而减少催化剂的成本；在催化剂还原后可稳定高分散的钴金属，避免活性相在反应过程中比表面积的下降，增加催化剂稳定性；反应过程中可以维持催化剂的机械强度，促进催化剂的传质和传热[1]。

氧化物改性：钴基费-托合成催化剂常用的载体有 SiO$_2$、TiO$_2$、Al$_2$O$_3$、ZrO$_2$ 等。无机氧化物通过修饰载体达到氢溢流、减弱与载体的相互作用、抑制积炭等目的，进而提高金属钴的还原性和分散度等，改善催化剂活性。

吕帅研究员团队[38]采用溶胶-凝胶法合成了 ZnAl$_2$O$_4$、MgAl$_2$O$_4$、CoAl$_2$O$_4$ 尖晶石材料(图 4.11)，并以它们为载体制备了负载 Co 活性组分的 Co/ZnAl$_2$O$_4$、Co/MgAl$_2$O$_4$ 和 Co/CoAl$_2$O$_4$ 催化剂。通过 BET、CO 及 H$_2$ 化学吸附、H$_2$-TPR、HRTEM、XPS、原位 XRD、TPSR 等方法，对不同尖晶石材料负载的钴基催化剂的物理化学性质进行了系统表征，结合费-托合成反应性能的评价结果，几种催化剂中 15Co/CoAl$_2$O$_4$ 表现出最高的 CO 转化率和 C$_{5+}$烃选择性，1000h 稳定性测试结果表明其性能稳定。同时，他们还通过碳化工艺得到了尖晶石结构的 CoAl$_2$O$_4$ 载体，使其具有更丰富的载体晶格缺陷位，然后制备出负载 Co 活性组分的钴基费-托合成催化剂，评价结果显示 C$_{5+}$烃收率高达 419.0g C$_{5+}$/(kg$_{cat}$·h)。研究表明：CoAl$_2$O$_4$ 载体前驱体在碳化条件下被还原，生成"蛋黄-蛋白"型结构，"蛋黄-蛋白"型结构的内核为金属 Co，外层为氧化铝和碳物种，经过高温处理后金属 Co-氧化铝结构消失，颗粒转变为多晶 CoAl$_2$O$_4$ 纳米颗粒，表面丰富的缺陷位可以提高催化剂上金属 Co 的分散度。

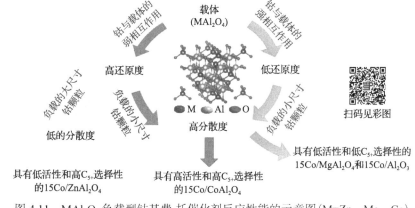

图 4.11　MAl$_2$O$_4$ 负载型钴基费-托催化剂反应性能的示意图(M=Zn、Mg、Co)

Mu 等[39]采用 SiO$_2$ 改性 TiO$_2$ 载体，与未改性载体的催化剂相比，钴物种获得了适宜的还原度与分散度，明显提高了催化剂的反应活性，CO 转化率从 36.5%提高到 62.9%，CH$_4$ 选择性从 27.2%下降到 14.0%，C$_{5+}$烃的选择性从 66.4%上升到 82.1%。

den Otter 等[40]采用 Nb 改性 SiO$_2$(Nb/Si 原子比为 0.02～0.12)作为钴基催化剂的载体。其研究发现，当 Nb 以无定形形式存在时(550℃焙烧)，钴的时空产率增加 2～3 倍；当 Nb 以晶体形式存在时(900℃焙烧)，钴的时空产率增加 3～4 倍，催化剂活性的增加归因于钴活性中心数量的增加。

贾春江课题组[41]使用瞬态气凝胶辅助自组装的方法，成功构建了具有介孔空心球状结构的 Co$_3$O$_4$-Al$_2$O$_3$ 复合纳米材料，少量的非晶 Al$_2$O$_3$ 存在于界面处来稳定 Co$_3$O$_4$ 纳米颗粒，在传质和氧化还原行为方面相较于实心结构催化剂具有显著优势，在 CO 转化率、稳定性、汽油产品选择性方面均表现出优异的催化性能。

Zhang 等[42]通过浸渍法制备了 CeO_2 改性的 Co/ZrO_2 催化剂(图 4.12),其还原度和钴的分散度均得到提高,这是由于 CeO_2 在循环氧化还原过程中可有效抑制单质钴被氧化,研究还表明助剂 Ce 的引入顺序会对反应性能产生不同的影响。

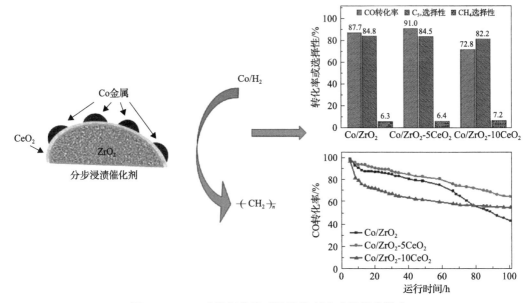

图 4.12　CeO_2 改性氧化锆对钴基费-托合成性能的影响

无机溶剂改性:通过酸性、碱性等无机试剂可以对惰性的载体表面进行化学修饰,在载体表面形成各种含氧官能团,还可能引入缺陷位,有助于分散活性金属组分。

Zhang 等[43]将氧化铝在几种不同的溶剂(醋酸、氨水、硝酸铵、水)中进行预处理,然后再负载钴制得费-托合成催化剂。结果显示,经过处理后,载体的形态以及化学性质均发生了显著的变化。其中,氨水和硝酸铵处理氧化铝后负载钴催化剂的 C_{5+} 选择性提高,这是由于氨和硝酸铵处理载体后获得的催化剂上会形成更多桥式 CO 吸附。

Wang 等[44]采用硝酸对 SiC 进行表面改性,研究了 SiC 表面的 SiO_xC_y 对 Co/SiC 的费-托合成反应性能的影响。结果表明,当采用硝酸对 SiC 表面进行氧化处理后,表面的无定形相含量增加,SiO_xC_y 含量降低。导致钴的还原度和电子密度的增加,催化剂对长链烃的选择性明显提升(图 4.13)。

Luo 等[45]采用 20%~60%的硝酸对石墨烯进行热回流预处理,并作为钴基费-托合成催化剂的载体。研究表明,与未处理的催化剂相比,预处理后催化剂的表面缺陷增加,钴粒径减小,钴的分散度增加,表现出更好的反应活性、更高的 C_{5+} 选择性、更低的甲烷选择性。

氮掺杂改性:传统的氧化物载体容易与钴物种形成难以还原的尖晶石结构,碳材料由于其表面固有的惰性,使其产生较弱的金属-载体相互作用,容易实现金属催化剂的高还原度。碳载体表面可以根据反应体系的要求进行定向修饰和裁剪,氮掺杂可以充当电子供体原子,氮的修饰能够加强金属与载体之间的相互作用来改善金属的分散性,引起研究者的广泛关注。

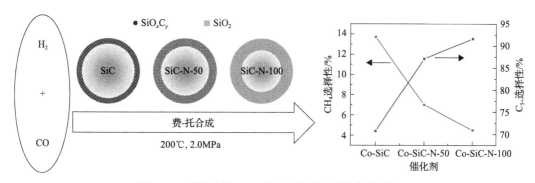

图 4.13 硝酸改性 SiC 对钴基费-托合成性能的影响

Yang 等[46]将有序介孔碳与氰胺混合通过氮源的热分解将氮渗入碳骨架中获得氮掺杂型介孔碳，负载钴物种后通过表征分析和催化反应性能评价，如图 4.14 所示，系统地研究氮掺杂对氧化钴自还原行为和费-托反应性能的影响。研究表明，碳载体掺杂的氮特别是 sp^2 型吡啶氮成为钴物种的成核位点，丰富的成核位使活性物种高度分散，促进自还原反应的发生。氮掺杂引起碳材料的电子结构发生改变，形成具有类似半导体的带宽，钴的时空转化率随着颗粒尺寸先增加后降低，而 TOF 先增大后保持不变，在最佳的掺杂量下，反应活性提高了 1.5 倍而对 C$_{5+}$产物的选择性未产生明显影响。

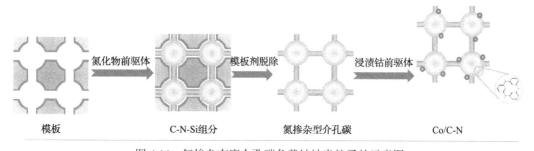

图 4.14 氮掺杂有序介孔碳负载钴纳米粒子的示意图

Fu 等[47]使用酸处理的碳纳米管 CNT 和氮掺杂碳纳米管 NCNT 作为载体制备负载型钴基催化剂。结果表明，负载在 NCNT 上的金属钴粒子粒径更小且分布均匀，具有更高的 CO 转化率，产物中低碳烃类化合物分布更集中。Davari 等[48]在流速为 25mL/min 的流动氨中热处理 CNT，使其表面引入含氮官能团，从而增强与钴间的相互作用和钴的分散度。Cheng 等[49]通过调节碳化温度来精确控制氮掺杂剂的含量，研究结果发现：所制备的氮掺杂碳纳米球载体在钴物种的锚定和分散方面具有明显的优势，其在费-托合成反应中表现出增强的活性和 C$_{5+}$产物选择性，吡啶 N 掺杂可以弱化 C—O 键促进 CO 解离，保证了高浓度的链引发剂 CH$_x$ 以促进碳链增长。

其他改性方法：李金林团队[50]制备了一系列使用包裹水热碳层的 TiO$_2$ 负载型钴基催化剂，研究了碳层厚度对催化剂结构和性能的影响。他们发现当碳层厚度为 8nm 时，碳层改善了钴物种的分散性和还原性，其催化活性比未包覆的 Co/TiO$_2$ 催化剂高 2.4 倍，碳层与载体 TiO$_2$ 的协同作用有助于提升 Co/C-TiO$_2$ 的催化性能(图 4.15)。

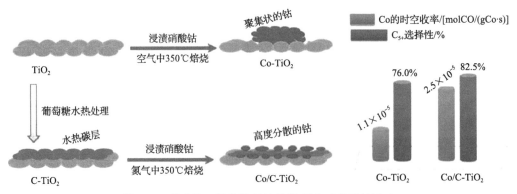

图 4.15 碳改性二氧化钛对钴基费-托合成性能的影响

朱海燕等[51]对 SBA-15 载体进行了石墨化改性，改性后催化剂上的 Co_3O_4 平均粒径小于 SBA-15 的孔口直径，表明碳的存在改善了 Co_3O_4 颗粒的分散性，并提高了催化性能。Gnanamani 等的研究结果发现：P 改性 Co/SiO_2 催化剂可以提高钴的分散度，减少形成硅酸钴的量，提高 CO 转化率、降低 CH_4 选择性、增加烯烃和 C_{5+} 选择性[52]。进一步的研究工作发现，钴颗粒与磷酸盐离子相互作用可将钴颗粒锚定在载体上，抑制钴的烧结速率[53]。Cheng 等[54]通过添加葡萄糖在 SiO_2 表面覆盖一层碳，然后采用浸渍法负载钴，在氮气中焙烧不仅可以使部分钴氧化物还原，还可以提高钴粒子的分散度，钴粒径为 5～6nm，进一步在空气中焙烧将碳除去，催化活性比传统的 Co/SiO_2 催化剂得到显著提高。

4.2.3 钴基催化剂助剂改性

通过改变制备方法，很多情况下助剂不单单通过载体发挥作用，而是通过直接影响钴物种赋存状态来提升费-托反应性能。助剂对活性金属钴的主要作用有以下几点：促进金属钴分散、提高催化剂中钴的还原度、调变活性组分钴电子密度来影响氢气和一氧化碳吸附、抑制催化剂失活来增加催化剂寿命[55]。

贵金属助剂：常用的贵金属助剂包括 Pt、Ru、Pd 等，可以提高催化剂的反应性能，归因于贵金属能在较低的温度下解离氢，促进氢溢流，降低氧化钴还原温度。

den Otter 等[56]研究了 Pt 改性的 6wt%Co/Nb_2O_5 催化剂，钴时空产率提高了 2.4 倍，但是 C_{5+} 选择性不变，该催化剂活性的提高主要得益于 Pt 通过氢溢流的作用促进 Co 的还原，使钴的活性位点数量和转化频率增加。

Iglesia 等[57]证明了 Ru 添加到 Co/TiO_2 催化剂中可提高 CO 转化率和 C_{5+} 选择性，并将其归因于钴活性位点密度的增加，Co 和 Ru 密切接触对积炭反应的抑制。同时，Eschemann 等[58]也证明了贵金属如 Pt、Ru 的加入会降低负载在 TiO_2 载体上氧化钴物种的还原温度，最终可提高费-托合成反应中 CO 的加氢活性。

Tsubaki 等[59]比较了不同贵金属(Ru、Pd 和 Pt)对 Co/SiO_2 催化剂费-托合成反应性能的影响，发现引入贵金属，催化剂 CH_4 选择性均降低，其中 Ru 助剂对费-托反应性能的促进作用最显著。

碱土金属助剂：碱土金属助剂的引入也会影响钴分散度、还原度和费-托合成反应性能。Bao 等[60]考察了 Ba 对 Co/Al₂O₃ 催化剂费-托合成反应性能的影响,发现引入少量 Ba,改善了催化剂还原度,在连续搅拌釜反应器进行评价,CO 的转化率和 C₅₊选择性都增加。相反,增加引入 Ba 含量,会降低催化剂还原度而表现出较差的反应性能。Guo[61]研究表明,通过引入碱土金属氧化物 BaO 可以增加钴电子密度,从而减少表面 H₂ 的浓度,抑制催化剂表面的加氢能力,进而促进了 CO 的吸附和解离,使得 CH₄ 选择性减小,C₅₊和烯烃选择性增加(图 4.16)。

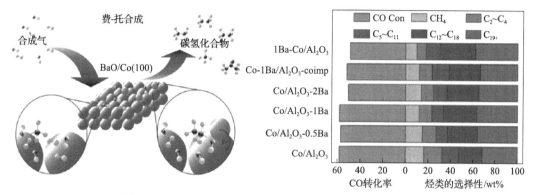

图 4.16 Ba 对 Co/Al₂O₃ 催化剂费-托合成催化性能的影响

Shimura 等[62]发现采用 CaO 修饰的 Co/Ca/TiO₂ 催化剂的 C₅₊收率是 Co/γ-Al₂O₃ 和 Co/SiO₂ 催化剂的 1.3~3.5 倍。Zhang 等[63]发现当添加少量的 MgO 到 Co/Al₂O₃ 催化剂中时,Co 的还原度明显改善,当过量的 MgO 加入到催化剂中时,反而抑制了催化剂的还原度,对催化剂的催化性能产生不利影响。

稀土金属助剂:稀土元素具有一定的碱性和氧化还原性能,作为费-托合成催化剂的助剂可以提高催化剂的活性和选择性。Ernst 等[64]认为,CeO₂ 在催化剂还原过程中会部分还原,影响 CO 和 H₂ 的化学吸附,反应初期 CO 的转化率和 C₅₊烃类的选择性显著增加,抑制 CO 的歧化反应和积炭,促进了 CO 的加氢反应。Dai 等[65]也发现了类似的现象,CeO₂ 的加入促进了 Co 的分散和催化剂对 CO 的吸附能力,在 CeO₂-Co/C 催化剂中 CeO₂ 被部分还原为 CeO$_{2-x}$,与 Co⁰ 形成双活性中心,提高了长链烃的选择性和催化活性。

Guo 等[66]研究了 La 对 Co/Al₂O₃ 催化剂反应性能的影响,研究表明,La 的加入可以调节钴与载体 Al₂O₃ 的相互作用,提高钴的还原度,增加钴的活性位点,进而提高催化剂的活性和对重烃的选择性,抑制甲烷和 CO₂ 的选择性,其影响程度取决于 La 负载量。

过渡金属助剂:常用的过渡金属助剂包括 ZrO₂、TiO₂、MnO₂ 等。Johnson 等[67]研究了 Zr 助剂对钴基费-托合成性能的影响,通过表征发现了 Co-Zr 界面的存在(图 4.17),提出 Co-Zr 界面是催化性能提高的重要因素,该界面的存在增加了 CO 解离能力,有助于增加 C₅₊选择性和抑制 CH₄ 选择性。Guo 等[68]研究表明,在 Co/Al₂O₃ 催化剂中添加 Zr 可以增强 C* 与钴活性位点的相互作用,削弱 C—O 键,使 CO 更易解离,并能显著提高 C₃ 和 C₄ 的活性、烯烃/链烷烃比以及 C₅₊的选择性。

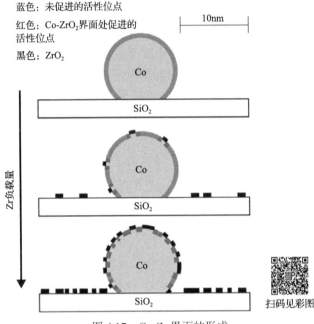

蓝色：未促进的活性位点

红色：Co-ZrO₂界面处促进的活性位点

黑色：ZrO₂

图 4.17 Co-Zr 界面的形成

Liu 等[69]制备了 TiO₂ 包覆的 β-SiC 载体上负载钴催化剂，在 β-SiC 载体表面引入 TiO₂ 薄层可以提高钴前驱体与载体之间的相互作用并进一步改善钴物种的分散性，展现出优异且稳定的费-托合成催化活性和高的 C_{5+} 选择性。Liu 等[70]还通过对 TiO₂ 表面进行改性研究了不同的催化剂界面对催化剂的活性和稳定性的影响机制，Al₂O₃ 或 SiO₂ 纳米壳修饰的 TiO₂ 改善了钴的分散性（Co/Al-TiO₂）或还原性（Co/Si-TiO₂），从而提高了催化剂的钴时空产率。

Johnson 等[71]研究了助剂 Mn 在催化剂 Co/SiO₂ 的作用机制，发现 Co 与 Mn 之间的相互作用会产生新的活性位，它们有利于 CO 的吸附，并且 Mn 是通过弱化 C—O 键来促进 CO 的解离，降低了催化剂表面的氢碳比，抑制了催化剂的二次加氢，促进了碳链增长，从而降低了甲烷的选择性、提高了 C_{5+} 烃的选择性。

吕帅研究员团队[72]将 Mn 作为第三金属元素掺杂到 CoAl₂O₄ 尖晶石晶格中，并将其用作钴基费-托合成催化剂的载体，研究了晶格中 Mn 掺杂对负载金属 Co 的分散度及费-托合成催化性能的影响，建立了 Mn 掺杂钴铝尖晶石载体的结构模型（图 4.18）。Mn 掺杂引起的晶胞参数突变导致晶体表面产生更多的边界、棱角等结构缺陷位，使负载在载体上的金属 Co 的粒径更小，有利于提高负载 Co 的分散度。晶格 Mn 掺杂与浸渍的 Mn 氧化物对 CoAl₂O₄ 尖晶石负载的钴基费-托合成催化剂性能的影响是完全不同的。如图 4.19 所示，与晶格 Mn 掺杂不同，浸渍的 Mn 氧化物助剂对 Co 分散及对 CO 吸附的促进作用不明显，导致其对催化剂活性影响很小，以 Mn 掺杂钴铝尖晶石为载体的催化剂，由于晶格 Mn 掺杂促进了负载 Co 活性物种的分散，有助于 CO 的吸附，因此催化剂活性明显提高。

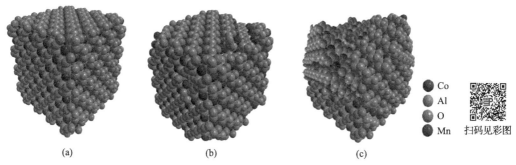

图 4.18　几种尖晶石材料的结构示意图

(a)CA；(b)CMA-20；(c)CMA-1

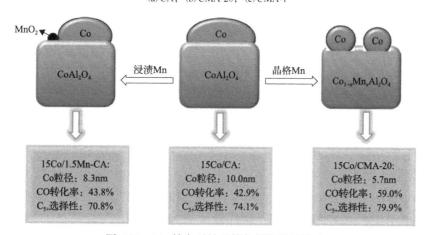

图 4.19　Mn 掺杂对钴基催化剂性能的影响

4.2.4　核壳结构钴基催化剂设计及产物调控

核壳结构催化剂由于其结构特殊，在反应过程中可有效抑制金属组元的烧结，保持金属高度分散性，特殊的孔道结构对金属组元的限域作用以及通过赋予壳层结构特殊性质而可以对产物进行选择性的调控。核壳结构催化剂已经成为钴基费-托催化剂的一个大类。

Xie 等[73]制备了惰性 C 修饰介孔孔道的 Co_3O_4@C-m-SiO_2 催化剂，催化剂的还原程度随着 C 改性剂含量的增加而逐渐提高，特殊的疏水通道有利于副产物 H_2O 的内部扩散，提升了催化剂的稳定性。Karandikar 等[74]通过调节中孔二氧化硅壳的孔径制备了一系列核-壳 Co_3O_4@MSN-x 催化剂，研究了孔径对费-托合成的影响，由于孔尺寸的限制作用和较低的扩散限制，得到了高产率的中间馏分，同时孔径的存在易于扩散和抑制金属钴烧结，制备的催化剂可实现 100h 的稳定运行。

Zhong 等[75]采用水热法合成了由金属铝核和 SiC-Al_2O_3 复合壳层组成的核壳结构 SiC-Al_2O_3@Al 复合材料(图 4.20)。与 Al_2O_3@Al 复合材料相比，SiC 改性样品具有介孔-大孔结构、宽尺寸的介孔、高的大孔孔隙率以及活性组分和惰性组分共存的特殊表面结构。结果表明，SiC-Al_2O_3 二元纳米结构赋予钴纳米颗粒富电子性，降低了 CO 活化能(E_a)，提高了 CO 活化速率，进而影响金属钴表面物种覆盖度和后续反应路径。

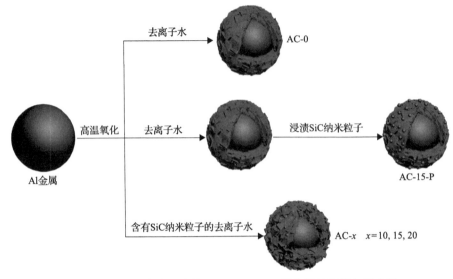

图 4.20　SiC 纳米粒子改性 SiC-Al$_2$O$_3$@Al 复合材料的制备示意图

Zeng 等[76]构建了不同壳层厚度（4.3～18.2nm）的系列核壳结构催化剂，并将壳层中的扩散限制与费-托合成性能进行了关联。结果表明，催化剂的还原度随壳层厚度增加而显著下降，同时壳层厚度增加使得壳层中的扩散限制越加严重，产物分布逐渐趋于轻质化，C$_{19+}$选择性降低的趋势更显著，中间馏分油选择性先增加后降低，在壳层厚度为12.5nm 时达到最大值。

分子筛载体孔径较大且分布均匀，并且分子筛的酸活性中心可以使烷烃发生异构化反应，改变费-托催化活性和产物分布。Bao 等[77]将完整的 H-β 沸石膜直接涂覆在 Co/Al$_2$O$_3$制备了 Co/Al$_2$O$_3$@H-β 沸石膜催化剂，由于沸石壳层存在酸性活性中心促使正构烷烃进一步裂解、异构，C$_{12+}$烃的形成受到了抑制，促使中间碳数的异构烷烃成为主要产物。Sartipi 等[78]对比研究了将 H-ZSM-5 包覆 Co/SiO$_2$ 和普通复合的双功能催化剂用于直接合成汽油，结果发现包覆型催化剂中酸性位与 Co 活性位紧密接触，增加了酸性位的利用效率而抑制了 C$_{12+}$产物生成。

He 等[79]通过在 Co/SiO$_2$ 颗粒表面涂覆一层 H-ZSM-5 膜而合成了一种胶囊型催化剂，并将这种催化剂应用于费-托合成反应合成异构链烷烃。与 Co/SiO$_2$ 催化剂相比，胶囊型催化剂的 CO 转化率略低，但提高了轻质异构烷烃的选择性，归因于残留在催化剂表面的重质烃和蜡在沸石的酸性位点上进行二次异构化和加氢裂化反应转化为轻质烃。Wu 等[80]通过将 ZSM-5 和 SBA-15 结合，制备了一系列 Co 基费-托催化剂。相对于单一载体材料负载型钴基催化剂，ZSM-5/SBA-15 复合载体催化剂的催化活性性能更优异，随着载体中 ZSM-5 含量的增加，C$_1$～C$_4$ 和 C$_5$～C$_{22}$ 的选择性曲线呈现出抛物线形状，ZSM-5 含量为 20%的复合催化剂中，C$_1$～C$_4$产物选择性最小，C$_5$～C$_{22}$产物选择性最大。

Lv 等[81]在不同气氛下热解 ZIF-67 材料，合成了 ZIF-67 系列 MOF 材料衍生的核壳结构 Co@C 和 Co$_3$O$_4$@C 催化剂（图 4.21），并进行了费-托合成性能评价。研究结果表明：

惰性气氛氮气下得到的 Co@C 催化剂，自还原金属 Co 单质高分散地包裹在石墨化的碳壳里，具有较高的费-托合成催化活性，但合成气 H_2/CO 在催化剂表面的微孔孔道结构上的吸附速率不同，造成副产物 CH_4 的高选择性；空气下焙烧得到的 Co_3O_4@C 的 CH_4 的选择性较低，但催化活性较差。

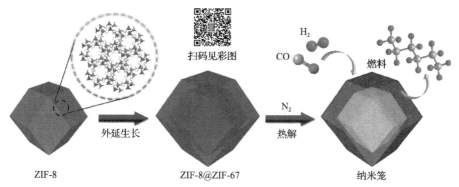

图 4.21　MOF 衍生核壳结构 Co PCN 催化剂制备示意图

4.3　钴基费-托合成动力学与单颗粒内传递强化

开展钴基费-托合成机理层面的本征动力学研究，不但是颗粒、反应器、工艺流程模拟开发所需动力学模型的重要基础，而且有助于加深对反应机理的认识。同时，在固定床工艺下，受床层压降限制，钴基催化剂必须以一定尺寸(1mm)的颗粒存在，但费-托合成反应复杂，原料(CO、H_2)与产物在催化剂颗粒内扩散行为迥异，表现出强烈的内扩散限制特征。单颗粒层面传递-反应过程研究可获得颗粒尺度表观反应性能、效率及其非线性特性。通过考察颗粒内反应参数、结构参数对颗粒反应性能、效率等的影响，提出颗粒反应/传递强化的方向，能为催化剂的优化设计提供理论指导，也为反应器开发提供基础数据。

4.3.1　钴基费-托合成反应动力学模型

获得反应动力学模型是开展催化剂单颗粒模拟和进一步指导反应器工业放大的前提条件。费-托合成详细机理动力学是在包含反应物吸附和解离、链引发、链增长、链终止以及烯烃再吸附在内的所有基元反应网络基础上，通过严格的 LHHW 动力学模型推导获得完整描述费-托合成各类产物生成速率的动力学模型。然而，费-托合成反应的复杂性和产物多样性往往造成数据拟合困难和计算量庞大，从而限制了详细机理模型的工业应用。只考虑链引发过程的原料消耗动力学模型有望大幅简化对费-托合成动力学的描述，中国科学院山西煤炭化学研究所牛丛丛等[82,83]将原料消耗动力学模型与产物分布模型相结合，获得了可预测钴基费-托合成本征活性和选择性的动力学模型，为进一步的单颗粒模拟以及工业反应器放大提供了模型基础。

1)原料消耗模型

获取本征动力学数据的实验室小型积分固定床反应器简化为理想平推流反应器，根据理想平推流反应器的物料衡算可得(初始条件为：$m_{cat} = 0$，$X = 0$)

$$r_{CO} = -\frac{F_0 dX}{22400 M_0 dm_{cat}} \tag{4.1}$$

式中，F_0为原料气在标准条件下的体积流量，mL/s；X为CO的转化率；$1/M_0$为原料气中CO的摩尔分数；m_{cat}为实验中催化剂的装填量，g。

以实验测得的CO转化率与计算得到的残差平方和最小化为目标函数，采用Levenberg-Marquardt算法来优化模型参数，从而实现模型辨识和参数优化。获得最佳的原料消耗模型为

$$r_{CO} = \frac{1.853 \times 10^4 \exp\left(-\dfrac{80260}{RT}\right) P_{CO}^{0.5} P_{H_2}^{0.5}}{\left(1 + 2.470 \times 10^{-2} \exp\left(\dfrac{13890}{RT}\right) P_{CO}\right)^2} \tag{4.2}$$

2)甲烷生成模型

基于理想平推流的积分固定床反应器模型式和原料消耗模型式的积分求解可获得沿着床层各组分的分压分布，进一步积分求解式可以获得出口处甲烷选择性的计算值。

$$S(CH_4)_{cal} = \frac{\int_0^{m_{cat}} r_{CH_4} dm_{cat}}{\int_0^{m_{cat}} -r_{CO} dm_{cat}} \times 100\% \tag{4.3}$$

以甲烷选择性的实验值与计算值残差平方和最小化为目标函数，采用Levenberg-Marquardt算法优化模型参数，经过模型辨识和参数优化，获得最佳甲烷生成速率模型为

$$r_{CH_4} = 3.022 \times 10^7 \exp\left(-\frac{127700}{RT}\right) P_{CO}^{-0.9110} P_{H_2}^{55.31\exp\left(-\frac{15050}{RT}\right)} \tag{4.4}$$

3)C_{19+}选择性模型

对于以重质烃为主要产品的钴基费-托合成，C_{19+}选择性是催化剂性能的重要评价指标。基于前期的研究结果，他们发现C_{19+}选择性与链增长能力呈正相关，可选用链增长因子的表达式来定性解释C_{19+}选择性的变化规律。基于考虑α-烯烃再吸附的链增长机理推导得到链增长因子α_n的表达式为

$$\alpha_n = \frac{k_p\left[CH_2^*\right]}{k_p[CH_2^*] + k_{t,P}^n[H^*] + k_{t,O}^n\left(1 - \dfrac{k_R P_{C_nH_{2n}}^*[H^*]}{k_{t,O}^n\left[C_nH_{2n+1}^*\right]}\right)} \tag{4.5}$$

通过对式(4.5)进行变形和简化处理，获得了 3 种 C_{19+} 选择性的半经验关联式，如表 4.1 所示。

表 4.1　费-托合成 C_{19+} 选择性模型

模型编号	C_{19+} 选择性模型
1	$\dfrac{k_1}{1+k_2 P_{H_2}+\dfrac{k_3}{P_{CO}}\left(1-k_4\dfrac{P_t P_{H_2}}{P_{CO}}\right)}$
2	$\dfrac{k_1}{1+k_2 P_{H_2}^{0.5}+\dfrac{k_3}{P_{CO}}\left(1-k_4\dfrac{P_t P_{H_2}}{P_{CO}}\right)}$
3	$\dfrac{k_1}{1+k_2 P_{H_2}^{0.5}+k_3\left(1-k_4\dfrac{P_t P_{H_2}}{P_{CO}}\right)}$

基于理想平推流的积分固定床反应器模型式(4.1)和原料消耗模型式(4.2)的积分求解可获得沿着床层各组分的分压分布，进一步积分求解式(4.6)可以获得出口处 C_{19+} 选择性计算值。

$$S\left(C_{19+}\right)_{cal}=\frac{\int_0^{m_{cat}}-r_{CO}\cdot S_{C_{19+}}\mathrm{d}m_{cat}}{\int_0^{m_{cat}}-r_{CO}\mathrm{d}m_{cat}}\times 100\% \tag{4.6}$$

以 C_{19+} 选择性实验值与计算值残差平方和最小化为目标函数，采用 Levenberg-Marquardt 算法优化模型参数，经过模型辨识和参数优化，获得最佳 C_{19+} 选择性模型为

$$S(C_{19+})=\frac{10.31\exp\left(-\dfrac{7729}{RT}\right)}{1+1.080 P_{H_2}^{0.5}+\dfrac{5.894\times 10^9\exp\left(-\dfrac{95185}{RT}\right)}{P_{CO}}} \tag{4.7}$$

采用获得的最优原料消耗速率模型、甲烷生成速率模型和 C_{19+} 选择性模型计算了 CO 消耗速率、甲烷生成速率、C_{19+} 和甲烷选择性在 170~215℃、0.5~6.0MPa、H_2/CO 比为 0.5~3.0 条件下的预测值，结果如图 4.22 和图 4.23 所示。

图 4.22 的预测结果显示，在相同的反应温度下，当合成气总压低于某临界值时，CO 消耗速率随合成气总压的提高呈上升趋势；继续提高合成气总压，CO 消耗速率开始随总压的提高而缓慢下降。从动力学模型角度看，合成气压力较低时，CO 消耗速率可以简化为幂函数形式，CO 和 H_2 的分压对 CO 消耗速率都是正级数；而合成气压力较高时，CO 分压对反应速率为-1.5 级，H_2 的级数仍然是 0.5。随着合成气总压和温度的提高，甲烷生成速率加快。根据图 4.22(c)可以发现，在合成气总压极低(0.5MPa)时，升高温度

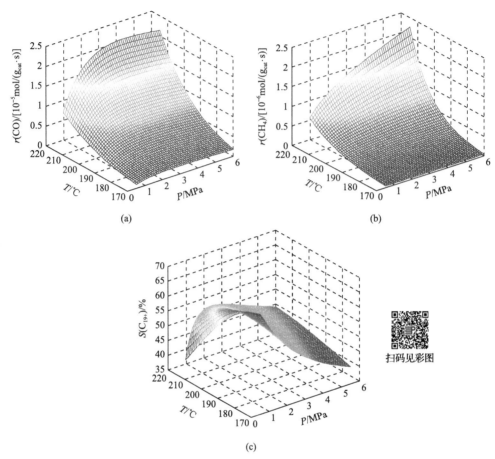

图 4.22　H_2/CO 比为 2.0 时不同反应温度和合成气总压下费-托合成本征性能的预测值

(a)CO 消耗速率；(b)甲烷生成速率；(c)C_{19+}选择性

扫码见彩图

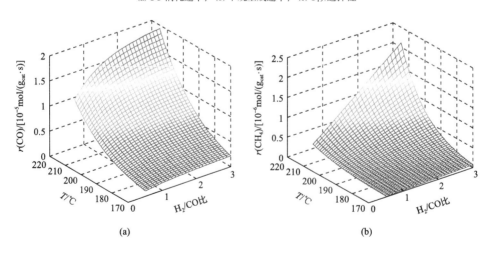

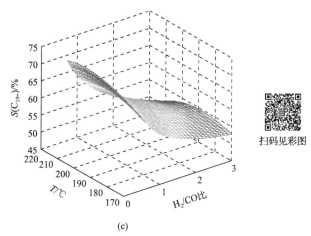

图 4.23　合成气总压为 2.0MPa 时不同反应温度和原料 H_2/CO 比条件下费-托合成本征性能的预测值
(a)CO 消耗速率；(b)甲烷生成速率；(c)C_{19+}选择性

C_{19+}选择性单调降低；随着合成气总压升高，CO 竞争吸附开始影响 α-烯烃再吸附，C_{19+}选择性开始随温度升高呈现火山型变化关系；当合成气总压升高至 4.0MPa 时，CO 竞争吸附对 α-烯烃再吸附的一致作用更加显著，C_{19+}选择性与反应温度呈正相关关系。

如图 4.23 所示，由于 H_2 对 CO 消耗速率和甲烷生成速率都是正级数，提高原料 H_2/CO 比，CO 消耗速率迅速提高，甲烷的生成速率接近线性增加，随着温度的升高，促进作用越显著。C_{19+}选择性随着原料 H_2/CO 比(0.5～3.0)的提高呈现先迅速降低后缓慢降低的趋势。链增长能力受链终止反应速率、CO 竞争吸附、烯烃再吸附程度和链增长速率等多因素共同控制。模拟结果显示，在考察的 H_2/CO 比范围内，提高原料 H_2/CO 比以促进加氢链终止反应为主。

4.3.2　多级孔钴基费-托合成催化剂颗粒内传递强化

李汉生等通过制备一系列具有不同大孔孔径的介孔-大孔钴基费-托合成催化剂，探讨了构建多级孔结构以及调变介孔-大孔结构中大孔孔径对其费-托合成反应性能的影响[84-86]。基于实验研究的工作基础，研究团队继续[87]对多级孔结构催化剂颗粒建立一维稳态连续模型，从颗粒模拟的角度分析多级孔结构影响扩散反应过程的机制，阐明多级孔结构能够强化传质的原因，以 2mm 工业催化剂颗粒为研究对象，从催化剂颗粒设计的角度，采用一维稳态等温连续模型详细探讨了孔道内蜡填充度、多级孔结构参数(孔径、孔隙率)和反应条件(反应温度、压力)如何影响工业催化剂颗粒表观反应性能(C_{5+}时空收率)。

引入大孔有利于产物的扩散并降低催化剂孔道填充度，填充度是影响费-托合成催化剂内扩散速率的关键因素。在实际费-托合成反应过程中，反应初始阶段催化剂孔道中只有气相填充，随着长链烃生成量的不断增加，开始有产物在孔道内液化积聚，而毛细凝聚效应也加速了产物的液化。液体蜡在孔道内累积的速度由产物生成速率、产物扩散出孔道的速率共同决定，主要受到反应条件(温度、压力、空速)、颗粒参数(孔道直径、颗粒孔隙率)和具体产物碳数分布等多因素控制，达到稳态时的填充度难以通过计算准确预测。完全液相填充($F=1.0$)时，液相扩散系数与实际孔径无关，从模拟结果(图4.24)可以看出，多级孔催化剂为完全填充时，C_{5+}时空收率非常低[$0.03\sim0.16$g/($mL_{cat}\cdot$h)]。在220℃和240℃条件下，降低填充度可以显著提高单一介孔和多级孔催化剂的C_{5+}时空收率。填充度F为0时，单一介孔催化剂的性能曲线与具有不同大孔孔径的多级孔催化剂性能曲线几乎重合，说明已经消除了内扩散的影响。

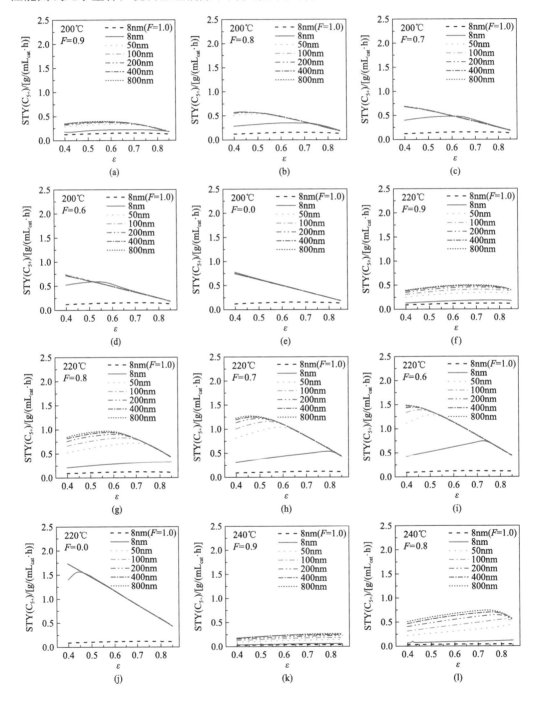

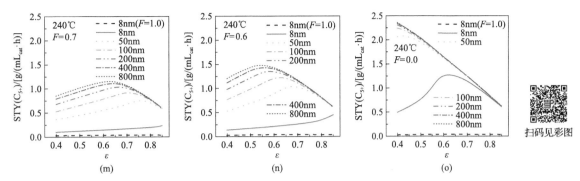

图 4.24 不同反应温度下 2mm 多级孔催化剂 C_{5+} 时空收率随孔结构参数的变化规律（$T = 200 \sim 240$℃，$P = 2.0$MPa，$H_2/CO = 2.02$）

增加催化剂颗粒的孔隙率，可通过提高有效扩散系数来减小扩散阻力并强化传质。计算了大孔孔径为 50nm 时，2mm 多级孔催化剂颗粒内各种扩散阻力大小随孔隙率的变化规律，从图 4.25 中可以看出，随着孔隙率的增加，各种扩散阻力值均下降，这与 Liu 等报道的结果一致[88]。然而，孔隙率提高也会造成催化剂颗粒密度和活性组分密度的降低，进而导致单位体积催化剂目标产物产率降低。因此，以 C_{5+} 时空收率为目标函数必然存在最优的孔隙率，此时扩散速率和反应速率达到最优匹配。以图 4.26 为例，边界线左下方为扩散控制区，减小扩散阻力是影响反应性能提升的关键，在此区 C_{5+} 时空收率随孔隙率增加而提高；边界线右上方为反应控制区，单位体积活性位点数量是影响时空收率的关键，在此区 C_{5+} 时空收率随孔隙率增加而降低。

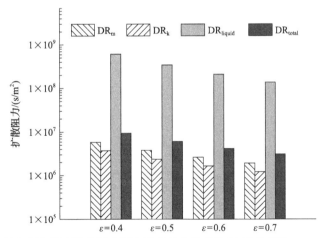

图 4.25 多级孔催化剂各类型扩散阻力随孔隙率的变化规律（大孔孔径为 50nm，填充度为 0.6，$T = 240$℃，$P = 2.0$MPa，$H_2/CO = 2.0$）

在完全填充条件下液相扩散系数与孔径无关，在不改变其他孔道结构参数的条件下，单纯提高大孔孔径不会起到强化传质的作用。当孔道内处于不完全填充，且在扩散控制区时，提高大孔的孔径可以明显提高 C_{5+} 时空收率，并且温度越高，这种促进作用越显著。这是由于高温高反应活性条件下，传质阻力是影响表观活性的关键因素，此时增加大孔孔径对表观活性的提升作用较显著。当孔道为不完全填充，填充度越低，孔道中气相分率越高时，提高大孔孔径对 C_{5+} 时空收率的促进作用越明显。这是因为孔径增大主要促进了克努森(Knudsen)扩散，气相分率越高，气相扩散的贡献越大，孔径增大带来的传质强化作用越显著。图 4.27 计算了两种填充度(0.6 和 0.9)条件下，改变大孔孔径对多级孔催化剂内各类型扩散阻力大小的影响结果。从图中可以看出，提高大孔孔径通过降低克努森扩散阻力来减小总扩散阻力，填充度越低，总扩散阻力随大孔孔径增大降低的幅度越大。

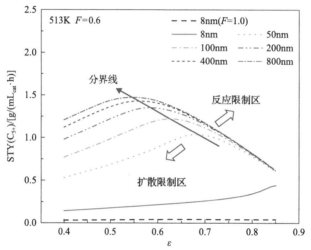

图 4.26　不同大孔孔径的 2mm 多级孔催化剂 $STY(C_{5+})$ 随孔结构参数的变化规律(填充度为 0.6，$T = 240℃$，$P = 2.0MPa$，$H_2/CO = 2.0$)

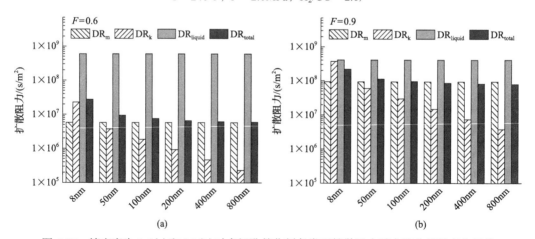

图 4.27　填充度为 0.6(a) 和 0.9(b) 时多级孔催化剂各类型扩散阻力随大孔孔径的变化规律
(孔隙率为 0.4，$T = 240℃$，$P = 2.0MPa$，$H_2/CO = 2.0$)

由于反应温度越高、反应活性越高，扩散对反应的影响越显著，在高温条件或采用高活性催化剂时，多级孔结构对催化剂颗粒反应性能的提高更显著。从图 4.27 可以看到，反应压力为 2.0MPa，液蜡填充度 F 为 0.6，原料 H_2/CO 比为 2.0，反应温度在 200～240℃范围内,介孔和大孔孔径分别为 8nm 和 200nm 的多级孔催化剂颗粒最优的孔隙率在 0.40～0.58 范围内,C_{5+} 时空收率为 0.72～1.35g/(mL$_{cat}$·h),比相同条件下具有单一介孔的催化剂的最高 C_{5+} 时空收率提高了 22%～206%。

为了探讨不同反应压力下多级孔结构催化剂颗粒的反应性能,考察了压力(1.0～4.0MPa)对颗粒级反应性能的影响,对比结果如图 4.28 所示。不同压力条件下,C_{5+} 时空收率随孔结构参数(大孔孔径和孔隙率)都呈现相似的变化规律。在其他条件不变时,反应压力越高 C_{5+} 时空收率越高。对于介孔和大孔尺寸分别为 8nm 和 200nm 的多级孔催化剂颗粒,在反应温度为 240℃、原料 H_2/CO 为 2.0、液蜡填充度为 0.6 条件下,反应压力从 1.0MPa 提高至 4.0MPa,最优 STYC$_{5+}$ 从 1.01g/(mL$_{cat}$·h)提高至 1.62g/(mL$_{cat}$·h),对应的最优孔隙率在 0.56～0.61 范围内。压力对 STYC$_{5+}$ 的促进作用主要归因于压力提高对反应活性和传质推动力两个方面的促进作用,虽然图 4.29 的计算结果显示,总有效扩散阻力

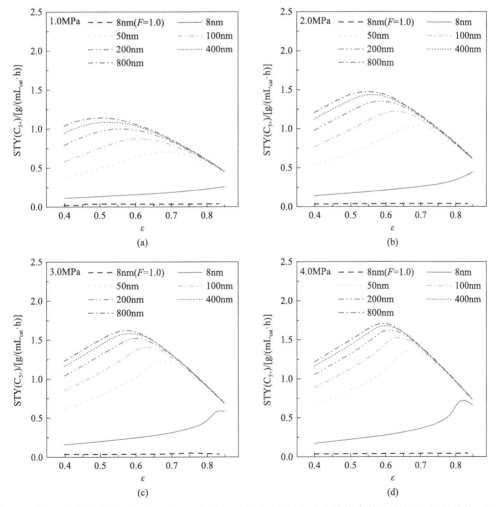

图 4.28　不同反应压力条件下 2mm 多级孔催化剂 C_{5+} 时空收率随孔结构参数的变化规律(填充度为 0.6,$T=240$℃,H_2/CO = 2.0)

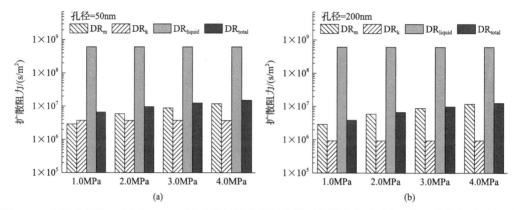

图 4.29　大孔孔径为 50(a) 和 200nm(b) 时多级孔催化剂各类型扩散阻力随反应压力的变化规律(填充度为 0.6，孔隙率为 0.4，$T = 240℃$，$H_2/CO = 2.0$)

随压力的提高而增大。反应压力对表观反应活性的促进作用在相对低压范围内更加显著，这要归因于费-托合成的本征反应特性，即过高 CO 分压对本征反应速率的抑制作用[89]。

4.4　钴基费-托合成工业催化剂制备与预处理

钴基费-托合成催化剂的工业生产是钴基固定床费-托合成从实验室走向工业化的重要过程，该过程包含工业催化剂制备与预处理两个部分。工业催化剂制备是将钴盐或其他前驱体制备成钴基催化剂，通过逐级放大，从实验室规模(克级/批)放大到工业生产规模(吨级/批)。另一方面，钴基固定床费-托合成反应一般在 250℃以下进行，而钴基催化剂活化温度高达 400℃，较大的温度差对反应器设计和实际操作都造成困难。预处理技术的目的在于降低钴基催化剂活化温度，使成品催化剂的活化温度与反应温度接近，降低钴基固定床费-托合成操作难度。

4.4.1　钴基费-托合成工业催化剂制备

催化剂工业制备面临的最主要的问题是如何解决催化剂在合成步骤中的规模放大问题。除此之外，工业生产的催化剂还必须满足工业规模条件反应器的操作参数，具有一定的强度、耐磨损性。中国科学院山西煤炭化学研究所开发钴基费-托合成催化剂具有优异的重质烃选择性、较长的寿命和稳定的操作性能，其工业催化剂制备过程主要包括溶液配制、合成步骤、催化剂成型、烘干及焙烧等工序。

溶液配制：部分原料溶解速度较慢，需要在配制过程中加热，甚至可能在工业生产中夹带未溶解固体，合成产物的性质受到影响。

合成步骤：主要的控制参数包括滴加速度、反应物配比、浓度、搅拌速度、反应温度、老化时间等。原料的滴加时间参照小试时间，在合成过程中选择最佳的滴加速度(随制备规模的不同而变化)。反应物配比、老化时间、反应温度都按照小试未进行大的调整。反应物浓度根据流程需要作相应的微调。

催化剂成型：催化剂成型将关系到最终产品的强度，与强度相关的一个重要因素为物料的固含量，为提高强度，固含量要达到一个最高的水平。

烘干：晾条可以使成型后的催化剂中部分水分脱出，同时使催化剂的内在质量在一个较长的时间内达到一致和均匀；烘干过程需要在相对低的温度下完成，使催化剂尽量干燥后达到一定强度，从而保证催化剂在收集和运输的过程中减少损耗。

焙烧阶段：将烘干好的催化剂收集、储藏，集中进行焙烧。

催化剂工业生产过程中涉及催化剂质量监控的测试或检测手段，从催化剂的初步表征结果中可以发现一些现象或问题，对这些现象和问题的研究将促进催化剂工程放大过程的优化，最终完善制备工艺、得到成型催化剂制备流程。以下测试手段为现场监控催化剂生产的工业检测方法。

元素及晶相分析：从元素分析的结果中可以得知 Co 元素的含量是否在误差范围，从而调整加入的钴盐含量；从晶相分析可以得知，钴催化剂前驱体、中间体及成品的晶相是否为目标晶相，从而及时对制备工艺(pH、沉淀温度及焙烧温度等)进行修正和调整。

机械强度测试：主要表现为催化剂耐压强度和催化剂耐磨强度。机械强度差的催化剂，在装填运转过程中容易破损和流失，从而影响反应器中流体流动的情况，造成压力降增高，流体分布不均，甚至不能正常操作。

BET 织构参数测试：工业生产的催化剂如何维持孔结构尽可能不变是催化剂工业化生产能否成功的关键因素，生产过程中除对少数抽样进行 BET 全分析外，大部分抽样均只进行简单的孔容、比表面积测定，用作对催化剂质量监控的一个参数。

物料的固含量测试：物料的固含量测试是判断物料能否催化剂成型的一个指标，当固含量太低时，催化剂物料容易挤出，表面光滑，容易发生催化剂的黏结，影响催化剂的质量；当固含量太高时，催化剂物料极难从挤条机中挤出，造成催化剂的表面粗糙，内部产生较多的次生孔，影响催化剂的强度。

4.4.2　钴基费-托合成工业催化剂预处理

工业催化剂的活性、选择性、稳定性等性能会受到预处理条件的影响。单质钴是钴基费-托合成催化剂的活性相，一般是在纯氢气气氛中对催化剂进行还原处理来获得，催化剂预处理条件决定了活性组分在催化剂表面的状态、分布。催化剂的还原温度和反应温度梯度较大(≥200℃)，在工业装置上很难实现在线还原，只有通过预处理技术才能解决催化剂高温还原和低温反应的矛盾，实现还原过程的温和操作，解决催化剂的低温运转和高温还原的技术障碍，实现还原/合成的优化匹配。

"还原—氧化—还原"(ROR)预处理：通常认为"还原—氧化—还原"预处理能提高钴基催化剂 CO 加氢反应的活性。贾丽涛[90]研究了 ROR 预处理对 Co-ZrO$_2$ 共沉淀催化剂结构和反应性能的影响，结果表明 ROR 预处理能够提高催化剂的还原度、分散度、氢吸附能力和表面钴原子比，催化剂的费-托合成反应性能得到提升。Teschner 等[91]考察了 ROR 过程中活性相结构和形态的演变，还原氧化后的催化剂中存在单质钴的衍射峰，经过二次低温还原，还原度得到提高，催化剂活性有明显提升。ROR 的研究结果的共同的特征是：二次还原温度较低，氧化过程仅仅使得钴表面层发生了改变。Hauman 等[92]研究了 ROR 对 Co/α-Al$_2$O$_3$ 催化剂的影响，发现第二次还原(260℃)后，催化剂比表面积增大，晶粒尺寸减小，分散度提高，hcp-Co 与 fcc-Co 的比例为 1∶1，但是催化剂的本征活性有所降低。刘小浩团队[93]通过对 Co/SiO$_2$ 催化剂在氧气或水蒸气中进行氧化处理，研究 ROR 过程中氧化对催化剂结构和性能的影响。研究结果显示，水蒸气氧化处理使得催化剂表面 Si—OH 键的含量升高，从而使得 CoO 与载体的相互作用变强，催化剂再分散程度大大提高。Jacobs 等[94]研究了 ROR 循环处理对 Co-Ru/Al$_2$O$_3$ 催化剂的影响，结果表明 ROR 预处理有利于形成更均匀的钴晶粒，促进 Co 与 Ru 在纳米尺度上的混合，在 Ru 助剂和钴晶粒尺寸的双重影响下，钴物种更易于还原，经过两次 ROR 循环处理后，催化剂反应活性有所提高，甲烷选择性下降，催化剂稳定性明显增加。

"还原—碳化—还原"(RCR)预处理：相比 ROR，"还原—碳化—还原"过程是先将焙烧后的催化剂还原成 fcc-Co，再利用 CO 将 fcc-Co 转变为 Co$_2$C，最后再使 Co$_2$C 在 H$_2$ 气氛下分解为 hcp-Co。Kwak 等[95]利用原位程序升温脱碳、原位红外、原位 XAS 等表征手段监测到 H$_2$ 气氛下 Co$_2$C 到 hcp-Co 的演变过程，与直接还原的催化剂评价结果相比，费-托性能得到显著提升。Tsakoumis 等[96]研究了 RCR 对 Re-Co/γ-Al$_2$O$_3$ 催化剂结构和性能的影响，通过改变碳化还原温度，可以获得不同比例的 hcp-Co 颗粒，350℃下催化剂展现出最佳的反应活性和 C$_{5+}$选择性。Zheng 等[97]采用 RCR 前处理方法，灵活调控 Co/SiO$_2$ 催化剂中钴的相态和晶面可使总烯烃选择性得到提高，Co$_3$O$_4$(311)首先在 H$_2$ 氛围中被还原为 Co(111)，接着被 CO 碳化为 Co$_2$C(111)，第二次还原为 Co(101)和 Co(002)。Patanou 等[98]研究认为，RCR 过程改变了 Co 纳米颗粒的微观结构，催化性能表明，经 RCR 处理的催化剂在活性和 C$_{5+}$选择性方面均优于传统活化方式处理的催化剂。

氢碳混合气预处理：O'Shea 等[99]研究了合成气预处理 Co/SiO$_2$ 催化剂对费-托合成的影响，结果表明，与氢气预处理相比，合成气预处理极大地提高了催化剂的费-托合成反应活性，并抑制了含氧化合物的生成。进一步，O'Shea 等[100]对比研究了预处理气氛(H$_2$、CO、H$_2$/CO)对 Co/SiO$_2$ 催化剂结构和费-托合成反应性能的影响，结果发现，预处理气氛影响钴物种的还原，氢气气氛处理得到面心立方的单质钴，钴颗粒尺寸大小不一，合成气气氛处理得到均匀分散在碳纳米结构上的六方钴。贾丽涛等[101]对比研究了不同气氛(H$_2$、CO 和 CO+H$_2$)处理后，催化剂织构、晶相、形貌的变化规律。结果表明，氢气气氛还原会使催化剂在 500℃以上会发生明显烧结；CO 气氛还原使催化剂破碎严重，同时发生明显的积炭现象；合成气处理后催化剂中钴以 fcc-Co 和 hcp-Co 两种晶型共存。费-托合成反应结果表明，H$_2$ 还原与合成气还原后催化剂的催化活性相差不大，但前者 CH$_4$ 选择性较低，CO 还原后催化剂没有活性。

调变焙烧气氛预处理：Iglesia 等[102]指出对特定钴基催化剂，钴盐前驱体的分解与还原方法会影响单质钴的分散行为，在氢气气氛下直接还原硝酸盐前驱体会增加单质钴的分散度。van de Loosdrecht 等[103]研究发现焙烧钴盐前驱体时增加气流空速会增加单质钴的分散度，提高催化剂的费-托合成反应活性。Sietsma 等[104]以 SBA-15 为载体，在稀释的 NO 气体中焙烧催化剂前驱体，实现了高负载量钴基催化剂(Cout%=15%~18%)的高分散性(Co$_3$O$_4$ 颗粒大小为 4~5nm)。Mitchell 等[105]研究认为氢气焙烧样品后，一方面钴的分散性更好，另一方面可以获得更多的 hcp-Co，可形成更多的低配位 Co^0 位点和更多的 CO 吸附活性位点，提升了催化性能。

由中国科学院山西煤炭化学研究所开发的钴基费-托合成催化剂在还原前应用了还原氧化还原预处理手段。首先在催化剂厂进行预处理过程，然后在费-托合成反应器进行原位低温二次还原。

4.5　钴基固定床费-托合成反应中试试验和工业示范

4.5.1　钴基固定床费-托合成反应器

对于钴基固定床费-托合成反应器，关注点仍在于通过优化设计解决固定床在传热传质中的固有缺陷。由于费-托合成反应是强放热反应、局部(催化剂颗粒)存在气-液-固三相条件以及不同组分扩散速率差异等影响，相关问题显得更加突出。目前，钴基固定床反应器主要包括列管式固定床反应器、微通道反应器、整体式反应器。其中，列管式固定床反应器中试或工业应用更多，微通道反应器、整体式反应器处于研发阶段。

固定床反应器特点之一是易于操作，由于液体产品顺催化剂床层流下，催化剂和液体产品分离容易，适用于费-托合成蜡的生产。固定床反应器的缺点：高气速流过催化剂床层导致的高压降和所要求的尾气循环，提高了气体压缩成本；费-托合成受扩散控制要求需使用小催化剂颗粒，导致了较高的床层压降；管程的压降最高可达 0.7MPa，反应器管束所承受的应力较大。

列管式固定床反应器采用颗粒型催化剂装填，催化剂装填密度高，单根反应管较细，易于通过不同途径的流体流动实现较好的传热传质效果。基于列管式固定床反应器模型，鲁尔化学(Ruhrchemir)和鲁齐(Lurge)两家公司合作开发了 Arge 反应器。1955 年首次在南非 Sasol 合成油厂建成投产，该反应器直径为 3m，由 2052 根管子组成，管内径为 5cm，长为 12m，体积为 40m³，管外为加压饱和水，通过管外水的蒸发移走管内的反应热，并副产蒸汽。又基于 Sasol 后续试验结果，1987 年一台操作压力 4.5MPa 的 Arge 反应器在 Sasol 的合成油厂投入使用，反应管和反应器的尺寸与之前开发的反应器基本一致。在 1993 年，Shell 公司在马来西亚 Bintulu 的费-托合成厂 SMDS 中间馏分油工艺使用列管式固定床反应器，采用低温费-托合成工艺和钴基催化剂，C_{5+} 是主要产品(85%～95%)。Shell 公司在 Bintulu 的 HPS 反应器由四个反应器组成，每个反应器包含 26150 根反应管，共计 104600 根反应管，反应管直径为 26mm，长度为 12.865m。Shell 公司在 Bintulu 的 GTL 总日产能力是 14700bbl[①]，每台反应器日产 3000 多桶。2011 年后，Shell 公司在卡塔尔 Las Raffan 的 Peal 合成油工厂，仍使用 SMDS 中间馏分油工艺和列管式反应器，采用低温费-托合成工艺和钴基催化剂，主要产品是润滑油基础油。Shell 公司在卡塔尔 Pearl 的 GTL 项目的反应器共有二十四套(由 Belleli 和 Man DWE 各提供一半)，其中 Belleli 提供的反应器外径为 7m，高为 20m，质量为 1200t，包含 29386 根反应管，反应管直径为 26mm，

---

① 1bbl=158.97L。

催化剂由荷兰 Mourik 公司装填，所有反应器总生产能力日产油 140000bbl。

列管式固定床反应器缺陷在于：反应器制造成本较高；高气速流过催化剂床层所导致的高压降和所要求的尾气循环，提高了气体压缩成本；费-托合成受扩散控制要求使用小催化剂颗粒，导致较高的床层压降；由于管程的压降最高可达 0.7MPa，反应器管束所承受的应力相当大；大直径的反应器所需要的管材厚度非常大，造成反应器放大昂贵。另外，装填了催化剂的管子不能承受太大的操作温度变化。为了获得不同的产品组成，需要更换催化剂，并配备特殊的可拆卸的网格。

微通道反应器主要原理和换热途径与列管式固定床反应器相似，为了有效移出反应热并使设备小型化或壳装化，研究人员设计了适用于低温费-托合成工艺的微通道反应器。与列管式固定床反应器相比，微通道反应器的内径一般为 0.1～5mm，传质效果较好，同时增加反应器壁的面积，传热效果也较好，温度容易控制。微通道反应器使用活性高的催化剂，单程转化率高，减少了气体循环，使工艺流程得到简化。Velocys Inc 和 Ineratec GmbH 公司在努力推动微通道反应器的商业化。2010 年，Velocys Inc 在澳大利亚进行了中试放大试验，2016 年，在美国俄克拉何马州建成第一个商业化微反应器合成油厂。

整体式反应器也被应用于费-托合成过程。其一般用于快速气相反应，反应主要在催化剂外表面进行，由于气速较高，催化剂床层阻力不能大。但在费-托合成过程中传质的效果非常重要，反应物在气相、催化剂的表面和孔道通常充满液态产物。整体式反应器结构与以载体的平行孔道为反应器的微通道反应器结构类似，孔道直径可以小于 1mm，也可以大到数毫米，壁厚一般为 0.1～0.3mm。整体反应器具有固定床反应器的优点，不需要进行催化剂与产品的分离，内扩散阻力也可以忽略不计，但是尚需要解决移热的问题。

4.5.2 钴基固定床费-托合成工业示范

中国科学院山西煤炭化学研究所从 20 世纪 90 年代开始钴基费-托合成催化剂设计开发和固定床基础工艺研究等工作。2006～2009 年，Ⅰ型钴基费-托合成催化剂定型，并与山西潞安矿业(集团)有限责任公司等企业合作开展催化剂工业制备技术开发，完成了Ⅰ型钴基催化剂与固定床反应器及合成工艺等成套技术攻关(图 4.30)。2008 年，中国科学院山西煤炭化学研究所与山西潞安矿业(集团)有限责任公司合作建成投产万吨级钴基费-托合成油工业侧线试验装置(图 4.31)。2008～2012 年，工业侧线装置积累了大量工业数据，合成工艺不断完善(图 4.32)。

2012 年，中国科学院山西煤炭化学研究所Ⅱ型催化剂及反应工艺研发取得重大突破。在液相产品中，C_{19+}含量超过 65%。2013 年，山西潞安矿业(集团)有限责任公司与中国科学院山西煤炭化学研究所联合启动 12 万 t/a 钴基固定床费-托合成示范项目(图 4.33)。2014 年 11 月，一期装置建成投产，成为国内首套钴基固定床费-托合成工业示范装置。2017 年 5 月中国石油和化学工业联合会组织完成示范装置现场标定。我国钴基固定床费-托合成技术首次在工业规模下完成了验证，填补了国内技术空白。在此基础上，山西潞安矿业(集团)有限责任公司钴基费-托合成产品精制单元建成投产。2015 年，山西潞安矿业(集团)有限责任公司建成国内最大的费-托蜡精制加工装置(图 4.34)，生产的 LA-WG120 高端蜡为代表的钴基费-托油蜡化学品填补国内空白并畅销海外。

图 4.30　中国科学院山西煤炭化学研究所钴基固定床费-托合成技术中试试验平台

图 4.31　钴基固定床费-托合成万吨级工业侧线装置

图 4.32　万吨级工业侧线装置采样现场照片及成型蜡样

图 4.33　钴基固定床费-托合成示范装置

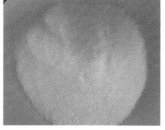

图 4.34　山西潞安矿业(集团)有限责任公司费-托蜡加工装置及部分蜡产品照片

　　中国科学院大连化学物理研究所研发的 Co/SiO$_2$ 固定床费-托合成催化剂进行了吨级放大制备，在中石化千吨油/年中试放大试验装置上完成了 5000h 稳定性试验。试验任务包括：催化剂性能标定以验证放大生产的壳层催化剂性能；在实验室小试及立升级催化剂装量单管放大试验基础上，进一步进行必要的工况变化试验、催化剂活化试验、升温降温及升压卸压方案试验、催化剂氢再生及空气烧炭再生方案试验以及停车操作方案、催化剂钝化及卸剂方案试验；在可靠的物料平衡和热量衡算基础上进行经济评价；产物组成全分析及物理化学指标测试；工艺废水全分析及物理化学指标测试；在上述试验基础上进行工业示范装置工艺包编制。中石化中试装置采用列管式固定床反应器(图4.35)，催化剂装量 4m^3，经 5000h 稳定运行，完成了试验放大指标和试验任务。在此基础上，北京三聚环保新材料股份有限公司 20 万 t/a 钴基固定床费-托合成工业示范装置于 2019 年底完成装置建设(图4.36)，

2020 年装置进行了低负荷试运行，装置经过消缺技改，目前在为正式运行进行前期准备。

图 4.35 中石化采用列管反应器的钴基催化剂费-托合成中试装置

图 4.36 三聚集团钴基固定床费-托合成 20 万 t/a 工业示范装置

4.6 结 论

费-托合成是煤、天然气、生物质等非石油含碳资源高效清洁转化的重要途径。钴基催化剂催化活性好、重质烃选择性高、水煤气变换反应活性低、使用寿命长，将其与固定床反应工艺相匹配，应用在蜡、高端润滑油基础油原料等重质、全合成高附加值化学品合成上具有明显优势。

本章围绕催化剂这一钴基固定床费-托合成技术核心，从微观层面上总结了金属钴晶体结构对产物选择性的影响、钌助剂对钴基催化剂微晶形貌的调变、反应气氛下钴纳米颗粒形貌的演变行为，从实验层面上详细介绍了钴基催化剂的尺寸效应、晶相效应、晶面效应、载体与助剂改性对催化剂性能的影响等相关研究的重要进展，以及在此指导下的现有工业催化剂制备技术的案例介绍，以期为高效钴基催化剂设计提供一些思路。同时，针对固定床反应工艺中反应与传递矛盾，从催化反应动力学入手，重点描述、讨论了内扩散影响及其强化机制等方面的研究进展，阐释钴基催化剂在应用中的关键环节以及反应工程学上仍待解决的重要问题。

目前，钴基固定床费-托合成技术在基础研究和工业化实施中都取得了重要进展。随着国民经济发展，人们对高附加值重质合成产品需求不断提升以及相关产品应用领域的不断开拓，钴基固定床费-托合成技术也将迎来新的发展。

参 考 文 献

[1] Khodakov A Y, Chu W, Fongarland P. Advances in the development of novel cobalt Fischer-Tropsch catalysts for synthesis of long-chain hydrocarbons and clean fuels. Chemical Reviews, 2007, 107 (5): 1692-1744.

[2] Liu J X, Su H Y, Sun D P, et al. Crystallographic dependence of CO activation on cobalt catalysts: hcp Versus fcc. Journal of the American Chemical Society, 2013, 135 (44): 16284-16287.

[3] Zhao Y H, Sun K J, Ma X F, et al. Carbon chain growth by formyl insertion on rhodium and cobalt catalysts in syngas conversion. Angewandte Chemie International Edition, 2011, 50 (23): 5335-5338.

[4] Su H Y, Zhao Y H, Liu J X, et al. First-principles study of structure sensitivity of chain growth and selectivity in Fischer-Tropsch synthesis using hcp cobalt catalysts. Catalysis Science & Technology, 2017, 7 (14): 2967-2977.

[5] Zhang R G, Liu F, Wang Q, et al. Insight into CH_x formation in Fischer-Tropsch synthesis on the hexahedron Co catalyst: Effect of surface structure on the preferential mechanism and existence form. Applied Catalysis A: General, 2016, 525 (5): 76-84.

[6] Wen G X, Wang Q, Zhang R G, et al. Insight into the mechanism about the initiation, growth and termination of the C-C chain in syngas conversion on the Co (0001) surface: A theoretical study. Physical Chemistry Chemical Physics, 2016, 18 (39): 27272-27283.

[7] Zhang R G, Kang L, Liu H X, et al. Insight into the C-C chain growth in Fischer-Tropsch synthesis on hcp Co (10-10) surface: The effect of crystal facets on the preferred mechanism. Computational Materials Science, 2018, 145 (1): 263-279.

[8] Liu H X, Zhang R G, Ling L X, et al. Insight into the preferred formation mechanism of long-chain hydrocarbons in Fischer-Tropsch synthesis on hcp Co (10 $\overline{1}$ 1) surfaces from DFT and microkinetic modeling. Catalysis Science & Technology, 2017, 7 (17): 3758-3776.

[9] Zhang R G, Kang L, Liu H X, et al. Crystal facet dependence of carbon chain growth mechanism over the hcp and Fcc Co catalysts in the Fischer-Tropsch synthesis. Applied Catalysis B: Environmental, 2020, 269 (15): 118847.

[10] Yu M T, Liu L L, Wang Q, et al. Rediscovering tuning product selectivity by an energy descriptor: CH_4 formation and C_1-C_1 coupling on the fcc Co surface. The Journal of Physical Chemistry C, 2020, 124 (20): 11040-11049.

[11] Iglesia E, Soled S L, Fiato R A, et al. Bimetallic synergy in cobalt ruthenium Fischer-Tropsch synthesis catalysts. Journal of Catalysis, 1993, 143 (2): 345-368.

[12] Hong J P, Marceau E, Khodakov A Y, et al. Speciation of ruthenium as a reduction promoter of silica-supported Co catalysts: A time-resolved *in situ* XAS investigation. ACS Catalysis, 2015, 5 (2): 1273-1282.

[13] Liu L L, Yu M T, Wang Q, et al. Insight into the structure and morphology of Ru_n clusters on Co (111) and Co (311) surfaces. Catalysis Science & Technology, 2018, 8 (10): 2728-2739.

[14] Liu L L, Yu M T, Wang Q, et al. Theoretically predicted surface morphology of fcc cobalt nanoparticles induced by Ru promoter. Catalysis Science & Technology, 2020, 10 (1): 187-195.

[15] Liu L L, Qin C, Yu M T, et al. Morphology evolution of hcp cobalt nanoparticles induced by Ru promoter. ChemCatChem, 2020, 12 (7): 2083-2090.

[16] Barmparis G D, Remediakis I N. Dependence on CO adsorption of the shapes of multifaceted gold nanoparticles: A density functional theory. Physical Review B, 2012, 86 (8): 1-7.

[17] Zhao P, Cao Z, Liu X C, et al. Morphology and reactivity evolution of hcp and fcc Ru nanoparticles under CO atmosphere.

ACS Catalysis, 2019, 9 (4): 2768-2776.

[18] Yuan L N, Li X Y, Zhu B E, et al. Reshaping of Rh nanoparticles in operando conditions. Catalysis Today, 2020, 350: 184-191.

[19] Liu L L, Yu M T, Hou B, et al. Morphology evolution of fcc Ru nanoparticles under hydrogen atmosphere. Nanoscale, 2019, 11 (16): 8037-8046.

[20] Chmielewski A, Meng J, Zhu B E, et al. Reshaping dynamics of gold nanoparticles under H_2 and O_2 at atmospheric pressure. ACS Nano, 2019, 13 (2): 2024-2033.

[21] Duan M Y, Yu J, Meng J, et al. Reconstruction of supported metal nanoparticles in reaction conditions. Angewandte Chemie International Edition, 2018, 57 (22): 6464-6469.

[22] Zhu B E, Meng J, Gao Y. Equilibrium shape of metal nanoparticles under reactive gas conditions. The Journal of Physical Chemistry C, 2017, 121 (10): 5629-5634.

[23] Yu M T, Liu L L, Jia L T, et al. Equilibrium morphology evolution of fcc cobalt nanoparticle under CO and hydrogen environments. Applied Surface Science, 2020, 504 (28): 144469.

[24] Lin H, Liu J X, Fan H J, et al. Morphology evolution of fcc and hcp cobalt induced by a CO atmosphere from *ab initio* thermodynamics. The Journal of Physical Chemistry C, 2020, 124 (42): 23200-23209.

[25] Bezemer G L, Bitter J H, Kuipers H P C E, et al. Cobalt particle size effects in the Fischer-Tropsch reaction studied with carbon nanofiber supported catalysts. Journal of the American Chemical Society, 2006, 128 (12): 3956-3964.

[26] Xiong H F, Motchelaho M A M, Moyo M, et al. Correlating the preparation and performance of cobalt catalysts supported on carbon nanotubes and carbon spheres in the Fischer-Tropsch synthesis. Journal of Catalysis, 2011, 278 (1): 26-40.

[27] Qi Z Y, Chen L N, Zhang S C, et al. A mini review of cobalt-based nanocatalyst in Fischer-Tropsch synthesis. Applied Catalysis A: General, 2020, 602 (25): 117701.

[28] Cheng Q P, Tian Y, Lyu S S, et al. Confined small-sized cobalt catalysts stimulate carbon-chain growth reversely by modifying ASF law of Fischer-Tropsch synthesis. Nature Communications, 2018, 9 (1): 3250-3258.

[29] den Breejen J P, Radstake P B, Bezemer G L, et al. On the origin of the cobalt particle size effects in Fischer-Tropsch catalysis. Journal of the American Chemical Society, 2009, 131 (20): 7197-7203.

[30] Ralston W T, Melaet G, Saephan T, et al. Evidence of structure sensitivity in the Fischer-Tropsch reaction on model cobalt nanoparticles by time-resolved chemical transient kinetics. Angewandte Chemie International Edition, 2017, 56 (26): 7415-7419.

[31] Tuxen A, Carenco S, Chintapalli M, et al. Size-dependent dissociation of carbon monoxide on cobalt nanoparticles. Journal of the American Chemical Society, 2013, 135 (6): 2273-2278.

[32] Hansen M, Anderko K, Salzberg H W. Constitution of binary alloys. Journal of the Electrochemical Society, 1958, 105 (12): 260-261.

[33] Kitakami O, Sato H, Shimada Y, et al. Size effect on the crystal phase of cobalt fine particles. Physical Review B, 1997, 56 (21): 13849-13854.

[34] Lyu S, Wang L, Zhang J H, et al. Role of active phase in Fischer-Tropsch synthesis: Experimental evidence of CO activation over single-phase cobalt catalysts. ACS Catalysis, 2018, 8 (9): 7787-7798.

[35] Qin C, Hou B, Wang J G, et al. Crystal-plane-dependent Fischer-Tropsch performance of cobalt catalysts. ACS Catalysis, 2018, 8 (10): 9447-9455.

[36] Qin C, Hou B, Wang J G, et al. Stabilizing optimal crystalline facet of cobalt catalysts for Fischer-Tropsch synthesis. ACS Applied Materials & Interfaces, 2019, 11 (37): 33886-33893.

[37] Tauster S J, Fung S C, Garten R L. Strong metal-support interactions. Group 8 noble metals supported on TiO_2. Journal of the American Chemical Society, 1978, 100 (1): 170-175.

[38] Zhao M, Zhao Z, Lyu Y, et al. Co-Al spinel as an efficient support for Co-based Fischer-Tropsch catalyst: The effect of metal-support interaction. Industrial and Engineering Chemistry Research, 2021, 60 (7): 2849-2860.

[39] Mu S F, Li D B, Hou B, et al. Influence of ZrO_2 loading on SBA-15-supported cobalt catalysts for Fischer-Tropsch synthesis. Energy & Fuels, 2010, 24 (7): 3715-3718.

[40] den Otter J H, Nijveld S R, de Jong K P. Synergistic promotion of Co/SiO_2 Fischer-Tropsch catalysts by niobia and platinum. ACS Catalysis, 2016, 6 (3): 1616-1623.

[41] Fu X P, Shen Q K, Shi D, et al. Co_3O_4-Al_2O_3 mesoporous hollow spheres as efficient catalyst for Fischer-Tropsch synthesis. Applied Catalysis B: Environmental, 2017, 211 (15): 176-187.

[42] Zhang X H, Su H Q, Zhang Y L, et al. Effect of CeO_2 promotion on the catalytic performance of Co/ZrO_2 catalysts for Fischer-Tropsch synthesis. Fuel, 2016, 184 (15): 162-168.

[43] Zhang J L, Chen J G, Ren J, et al. Chemical treatment of γ-Al_2O_3 and its influence on the properties of Co-based catalysts for Fischer-Tropsch synthesis. Applied Catalysis A: General, 2003, 243 (1): 121-133.

[44] Wang M, Guo S P, Li Z W, et al. The role of SiO_xC_y in the catalytic performance of Co/SiC catalysts for Fischer-Tropsch synthesis. Fuel, 2019, 241 (1): 669-675.

[45] Luo M S, Li S, Di Z X, et al. Fischer-Tropsch synthesis: Effect of nitric acid pretreatment on graphene-supported cobalt catalyst. Applied Catalysis A: General, 2020, 599 (5): 117668.

[46] Yang Y F, Jia L T, Hou B, et al. The effect of nitrogen on the autoreduction of cobalt nanoparticles supported on nitrogen-doped ordered mesoporous carbon for the Fischer-Tropsch synthesis. ChemCatChem, 2014, 6 (1): 319-327.

[47] Fu T J, Liu R J, Lv J, et al. Influence of acid treatment on N-doped multi-walled carbon nanotube supports for Fischer-Tropsch performance on cobalt catalyst. Fuel Processing Technology, 2014, 122: 49-57.

[48] Davari M, Karimi S, Tavasoli A, et al. Enhancement of activity, selectivity and stability of CNTs-supported cobalt catalyst in Fischer-Tropsch via CNTs functionalization. Applied Catalysis A: General, 2014, 485 (5): 133-142.

[49] Cheng Q P, Zhao N, Lyu S S, et al. Tuning interaction between cobalt catalysts and nitrogen dopants in carbon nanospheres to promote Fischer-Tropsch synthesis. Applied Catalysis B: Environmental, 2019, 248 (5): 73-83.

[50] Liu C C, He Y, Wei L, et al. Hydrothermal carbon-coated TiO_2 as support for Co-based catalyst in Fischer-Tropsch synthesis. ACS Catalysis, 2018, 8 (2): 1591-1600.

[51] 朱海燕, 周朝华, 马兰, 等. SBA-15 的孔壁碳膜修饰对钴基催化剂结构与催化性能的影响. 催化学报, 2011, 32 (8): 1370-1375.

[52] Gnanamani M K, Jacobs G, Pendyala V R R, et al. Fischer-Tropsch synthesis: Anchoring of cobalt particles in phosphorus modified cobalt/silica catalysts. Applied Catalysis A: General, 2016, 523 (5): 146-158.

[53] Gnanamani M K, Jacobs G, Graham U M, et al. Effect of sequence of P and Co addition over silica for Fischer-Tropsch synthesis. Applied Catalysis A: General, 2017, 538 (25): 190-198.

[54] Cheng K, Subramanian V, Carvalho A, et al. The role of carbon pre-coating for the synthesis of highly efficient cobalt catalysts for Fischer-Tropsch synthesis. Journal of Catalysis, 2016, 337: 260-271.

[55] Spivey J J, Dooley K M. Promotion effects in Co-based Fischer-Tropsch catalysis. Catalysis, 2006, 19: 1-40.

[56] den Otter J H, Yoshida H, Ledesma C, et al. On the superior activity and selectivity of $PtCo/Nb_2O_5$ Fischer-Tropsch catalysts. Journal of Catalysis, 2016, 340: 270-275.

[57] Iglesia E. Design, synthesis, and use of cobalt-based Fischer-Tropsch synthesis catalysts. Applied Catalysis A: General, 1997, 161 (1/2): 59-78.

[58] Eschemann T O, Oenema J, de Jong K P. Effects of noble metal promotion for Co/TiO_2 Fischer-Tropsch catalysts. Catalysis Today, 2016, 261 (1): 60-66.

[59] Tsubaki N, Sun S L, Fujimoto K. Different functions of the noble metals added to cobalt catalysts for Fischer-Tropsch synthesis. Journal of Catalysis, 2001, 199 (2): 236-246.

[60] Bao A, Li J L, Zhang Y H. Effect of Barium on reducibility and activity for cobalt-based Fischer-Tropsch synthesis catalysts. Journal of Natural Gas Chemistry, 2010, 19 (6): 622-627.

[61] Guo S P, Niu C C, Ma Z Y, et al. A novel and facile strategy to decorate Al_2O_3 as an effective support for Co-based catalyst in Fischer-Tropsch synthesis. Fuel, 2021, 289(1): 119780.

[62] Shimura K, Miyazawa T, Hanaoka T, et al. Factors influencing the activity of $Co/Ca/TiO_2$ catalyst for Fischer-Tropsch synthesis. Catalysis Today, 2014, 232(1): 2-10.

[63] Zhang Y H, Xiong H F, Liew K Y, et al. Effect of magnesia on alumina-supported cobalt Fischer-Tropsch synthesis catalysts. Journal of Molecular Catalysis A: Chemical, 2005, 237(1/2): 172-181.

[64] Ernst B, Hilaire L, Kiennemann A. Effects of highly dispersed ceria addition on reducibility, activity and hydrocarbon chain growth of a Co/SiO_2 Fischer-Tropsch catalyst. Catalysis Today, 1999, 50(2): 413-427.

[65] Dai X P, Yu C C, Li R J, et al. Role of CeO_2 promoter in Co/SiO_2 catalyst for Fischer-Tropsch synthesis. Chinese Journal of Catalysis, 2006, 27(10): 904-910.

[66] Guo Q, Huang J, Qian W X, et al. Effect of lanthanum on $Zr\text{-}Co/\gamma\text{-}Al_2O_3$ catalysts for Fischer-Tropsch synthesis. Catalysis Letters, 2018, 148(9): 2789-2798.

[67] Johnson G R, Bell A T. Role of ZrO_2 in promoting the activity and selectivity of co-based Fischer-Tropsch synthesis catalysts. ACS Catalysis, 2016, 6(1): 100-114.

[68] Guo S P, Ma Z Y, Wang J G, et al. Exploring the reasons for Zr-improved performance of alumina supported cobalt Fischer-Tropsch synthesis. Journal of the Energy Institute, 2021, 96: 31-37.

[69] Liu Y F, de Tymowski B, Vigneron F, et al. Titania-decorated silicon carbide-containing cobalt catalyst for Fischer-Tropsch synthesis. ACS Catalysis, 2013, 3(3): 393-404.

[70] Liu C C, He Y, Wei L, et al. Effect of TiO_2 surface engineering on the performance of cobalt-based catalysts for Fischer-Tropsch synthesis. Industrial & Engineering Chemistry Research, 2019, 58(2): 1095-1104.

[71] Johnson G R, Werner S, Bell A T. An investigation into the effects of Mn promotion on the activity and selectivity of Co/SiO_2 for Fischer-Tropsch synthesis: Evidence for enhanced CO adsorption and dissociation. ACS Catalysis, 2015, 5(10): 5888-5903.

[72] Zhao M, Li Y H, Zhao Z A, et al. Mn doping of Co-Al spinel as Fischer-Tropsch catalyst support. Applied Catalysis A: General, 2021, 624: 118308-1-118308-12.

[73] Xie R Y, Wang H, Gao P, et al. Core@shell $Co_3O_4@C\text{-}m\text{-}SiO_2$ catalysts with inert C modified mesoporous channel for desired middle distillate. Applied Catalysis A: General, 2015, 492(9): 93-99.

[74] Karandikar P R, Lee Y J, Kwak G, et al. Co_3O_4@Mesoporous silica for Fischer-Tropsch synthesis: Core-shell catalysts with multiple core assembly and different pore diameters of shell. The Journal of Physical Chemistry C, 2014, 118(38): 21975-21985.

[75] Zhong M, Wang J G, Chen C B, et al. Incorporating silicon carbide nanoparticles into $Al_2O_3@Al$ to achieve an efficient support for Co-based catalysts to boost their catalytic performance towards Fischer-Tropsch synthesis. Catalysis Science & Technology, 2019, 9(21): 6037-6046.

[76] Zeng B, Hou B, Jia L T, et al. The intrinsic effects of shell thickness on the Fischer-Tropsch synthesis over core-shell structured catalysts. Catalysis Science & Technology, 2013, 3(12): 3250-3255.

[77] Bao J, He J J, Zhang Y, et al. A core/shell catalyst produces a spatially confined effect and shape selectivity in a consecutive reaction. Angewandte Chemie International Edition, 2008, 47(2): 353-356.

[78] Sartipi S, van Dijk J E, Gascon J, et al. Toward bifunctional catalysts for the direct conversion of syngas to gasoline range hydrocarbons: H-ZSM-5 coated Co versus H-ZSM-5 supported Co. Applied Catalysis A: General, 2013, 456(10): 11-22.

[79] He J J, Liu Z L, Yoneyama Y, et al. Multiple-functional capsule catalysts: A tailor-made confined reaction environment for the direct synthesis of middle isoparaffins from syngas. Chemistry: A European Journal, 2006, 12(32): 8296-8304.

[80] Wu L Y, Li Z, Han D Z, et al. A preliminary evaluation of ZSM-5/SBA-15 composite supported Co catalysts for Fischer-Tropsch synthesis. Fuel Processing Technology, 2015, 134: 449-455.

[81] Lv B Z, Qi W J, Luo M S, et al. Fischer-Tropsch synthesis: ZIF-8@ZIF-67-derived cobalt nanoparticle-embedded nanocage catalysts. Industrial & Engineering Chemistry Research, 2020, 59(27):12352-12359.

[82] 牛丛丛. 钴基催化剂费-托合成本征动力学和工业单颗粒内传递强化研究. 北京: 中国科学院大学, 2021.

[83] Niu C C, Xia M, Chen C B, et al. Effect of process conditions on the product distribution of Fischer-Tropsch synthesis over an industrial cobalt-based catalyst using a fixed-bed reactor. Applied Catalysis A: General, 2020, 601(5): 117630.

[84] 李汉生. 多级孔结构对钴基费托合成选择性调控的研究. 北京: 中国科学院大学, 2017.

[85] Li H S, Hou B, Wang J G, et al. Effect of hierarchical meso-macroporous structures on the catalytic performance of silica supported cobalt catalysts for Fischer-Tropsch synthesis. Catalysis Science & Technology, 2017, 7(17): 3812-3822.

[86] Li H S, Hou B, Wang J G, et al. Direct conversion of syngas to isoparaffins over hierarchical beta zeolite supported cobalt catalyst for Fischer-Tropsch synthesis. Molecular Catalysis, 2018, 459: 106-112.

[87] Niu C C, Li H S, Xia M, et al. Mass transfer advantage of hierarchical structured cobalt-based catalyst pellet for Fischer-Tropsch synthesis. AIChE Journal, 2021, 67(6): 17226.

[88] Liu X L, Wang H L, Ye G H, et al. Enhanced performance of catalyst pellets for methane dry reforming by engineering pore network structure. Chemical Engineering Journal, 2019, 373(1): 1389-1396.

[89] Mandić M, Todić B, Živanić L, et al. Effects of catalyst activity, particle size and shape, and process conditions on catalyst effectiveness and methane selectivity for Fischer-Tropsch reaction: A modeling study. Industrial & Engineering Chemistry Research, 2017, 56(10): 2733-2745.

[90] 贾丽涛. 钴锆共沉淀催化剂预处理及其对费托合成反应影响的研究. 北京: 中国科学院山西煤炭化学研究所, 2007.

[91] Teschner D, Révay Z, Borsodi J, et al. Understanding palladium hydrogenation catalysts: When the nature of the reactive molecule controls the nature of the catalyst active phase. Angewandte Chemie International Edition, 2008, 47(48): 9274-9278.

[92] Hauman M M, Saib A, Moodley D J, et al. Re-dispersion of cobalt on a model Fischer-Tropsch catalyst during reduction-oxidation-reduction cycles. ChemCatChem, 2012, 4(9): 1411-1419.

[93] Cai J, Jiang F, Liu X H. Exploring pretreatment effects in Co/SiO₂ Fischer-Tropsch catalysts: Different oxidizing gases applied to oxidation-reduction process. Applied Catalysis B: Environmental, 2017, 210(5): 1-13.

[94] Jacobs G, Sarkar A, Ji Y G, et al. Fischer-Tropsch synthesis: Assessment of the ripening of cobalt clusters and mixing between Co and Ru promoter via oxidation-reduction-cycles over lower Co-loaded Ru-Co/Al₂O₃ catalysts. Industrial & Engineering Chemistry Research, 2008, 47(3): 672-680.

[95] Kwak G, Woo M H, Kang S C, et al. In situ monitoring during the transition of cobalt carbide to metal state and its application as Fischer-Tropsch catalyst in slurry phase. Journal of Catalysis, 2013, 307: 27-36.

[96] Tsakoumis N E, Patanou E, Lögdberg S, et al. Structure performance relationships on Co-based Fischer-Tropsch synthesis catalysts: The more defect-free, the better. ACS Catalysis, 2019, 9(1): 511-520.

[97] Zheng J, Cai J, Jiang F, et al. Investigation of the highly tunable selectivity to linear α-olefins in Fischer-Tropsch synthesis over silica-supported Co and CoMn catalysts by carburization reduction pretreatment. Catalysis Science & Technology, 2017, 7(20): 4736-4755.

[98] Patanou E, Tsakoumis N E, Myrstad R, et al. The impact of sequential H₂-CO-H₂ activation treatment on the structure and performance of cobalt based catalysts for the Fischer-Tropsch synthesis. Applied Catalysis A: General, 2018, 549(5): 280-288.

[99] O'Shea V A D P, Campos-Martin J M, Fierro J L G. Strong enhancement of the Fischer-Tropsch synthesis on a Co/SiO₂ catalyst activate in syngas mixture. Catalysis Communication, 2004, 5(10): 635-638.

[100] O'Shea V A, Homs N, Fierro J L G, et al. Structural changes and activation treatment in a Co/SiO₂ catalyst for Fischer-Tropsch synthesis. Catalysis Today, 2006, 114(4): 422-427.

[101] 贾丽涛, 房克功, 陈建刚, 等. 预处理气氛对 Co-ZrO₂ 共沉淀催化剂结构的影响. 物理化学学报, 2006, 22(11): 1404-1408.

[102] Iglesia E, Soled S L, Baumgartner J E, et al. Synthesis and catalytic properties of eggshell cobalt catalysts for the Fischer-Tropsch synthesis. Journal of Catalysis, 1995, 153(1): 108-122.

[103] van de Loosdrecht J, Barradas S, Caricato E A, et al. Calcination of Co-based Fischer-Tropsch synthesis catalysts. Topics in Catalysis, 2003, 26 (1): 121-127.

[104] Sietsma J R A, den Breejen J P, de Jongh P E, et al. Highly active cobalt-on-silica catalysts for the Fischer-Tropsch synthesis obtained via a novel calcination procedure. Studies in Surface Science and Catalysis, 2007, 167: 55-60.

[105] Mitchell R, Lloyd D C, van de Water L G A, et al. Effect of pretreatment method on the nanostructure and performance of supported Co catalysts in Fischer-Tropsch synthesis. ACS Catalysis, 2018, 8 (9): 8816-8829.

第 5 章
费-托合成尾气高值化利用

我国贫油、少气、煤炭资源相对丰富，基于国家能源布局和民生需求，充分利用丰富的煤炭资源、发展煤制油技术，是保证能源战略安全和国民经济健康发展的必然选择。煤经气化、费-托合成的间接液化路线制取各种油品是煤制油的一个重要方向，其产业链符合"绿色、环保、低碳、多元"的发展理念，能够满足新一代煤化工产业升级和低碳发展的根本需求。

目前，南非 Sasol 公司和英荷 Shell 公司的煤炭间接液化已实现工业生产。我国潞安、伊泰和神华等煤炭企业也已完成基于铁基浆态床费-托合成技术的煤炭间接液化百万吨级工业应用，总规模达 750 万 t/a，标志着煤炭间接液化已经发展成为我国新兴煤炭化工产业。

煤炭间接液化的核心是费-托合成技术，即一氧化碳经催化加氢生成碳数分布极广的直链烷烃、α-烯烃等烃类化合物的过程。费-托合成产物碳数分布广泛，通常符合 Anderson-Schulz-Flory（ASF）模型[1]，其数学表达式如下：

$$\text{Ln}\left(\frac{W_n}{n}\right) = n\text{Ln}\alpha + 2\text{Ln}\left(\frac{1-\alpha}{\sqrt{\alpha}}\right) \tag{5.1}$$

式中，α 为碳链增长能力；n 为碳原子的个数；W_n 为碳数为 n 的产物的质量分数。如图 5.1 所示，基于 ASF 模型的产物分布规律，费-托合成尾气的组成随着目标产物变化而变化[2]。当 $\alpha=0.76\sim0.89$ 时，理论上油相产物收率最大达到 80%～90%，C_1～C_4 尾气占 10%～20%，其中尾气的主要成分为丁烯、丙烯、乙烯等低碳烯烃和丁烷、丙烷、乙烷、甲烷等低碳烷烃。

随着煤炭间接液化技术的日趋成熟和大规模工业生产，煤制油产品中费-托合成尾气总量将达到较大规模。选用合适的尾气处理工艺，可以进一步提升煤制油企业的整体经济效益。当前，对于费-托合成尾气的处理方法主要有燃气轮机发电、自热重整转化为合成气返回费-托合成，以及深冷分离回收低碳烃和制液化石油气等。这些方法虽然对费-托合成尾气进行了处理，使尾气获得了部分利用，但仍然不是最优化的做法。如何合理、经济地优化利用费-托尾气资源，将成为煤制油企业提高资源综合利用率和自身竞争能力的重要课题。

费-托合成尾气主要包含低碳烯烃和烷烃，通过芳构化反应，使其转化为苯、甲苯和二甲苯等混合芳烃（BTX）是一条值得重视的综合利用新途径。混合芳烃广泛用于合成纤维、合成树脂、合成橡胶以及各种精细化学品，是最基础的化工原料；同时，混合芳烃

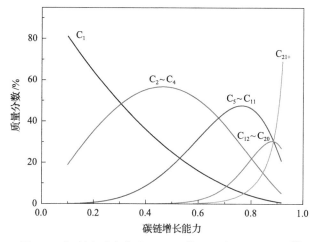

图 5.1 费-托合成产物基于 ASF 模型的产物分布规律[3]

作为高辛烷值汽油添加剂，是不可或缺的高品质汽油组分。近年来，由于芳烃下游产品发展迅速，国内外市场对芳烃的需求持续增长。目前，芳烃主要来源于石油化工行业，如蒸汽裂解工艺和催化重整工艺，主要以石脑油(石油的轻馏分)为原料[4,5]，对于进口石油的依赖以及技术路线的相对成熟使得通过现有工艺难以实现芳烃的增产；另外，费-托合成产品以直链烃为主，作为汽油馏分辛烷值低，需添加高辛烷值芳烃提升其品质。

因此，在煤和天然气资源洁净高效利用和环境保护备受关注的大背景下，发展费-托合成尾气芳构化技术不仅具有重要的能源战略意义，还能够高效利用费-托合成尾气资源，有效完善提升煤制油企业的经济效益。

5.1 费-托合成尾气芳构化催化剂研究

国外在 20 世纪 70 年代便开始对芳构化技术进行研究，Csicsery 等[6-10]发现 Pt/Al$_2$O$_3$催化剂能用于 C$_3$~C$_5$ 芳构化反应，该反应过程可简述为低碳烃类的裂解、脱氢、齐聚、环化等。除了目标产物芳烃外，还产生大量甲烷和乙烷副产物，由于反应温度高和结焦率高等缺点，整个过程转化率和芳烃选择性都很低，催化剂的寿命小于 90min。1972 年 Argauer 和 Landolt[11]首次报道合成了一种具有规整骨架和有序孔道结构的 ZSM-5 分子筛，并广泛应用于催化裂化、烷基化、异构化、芳构化以及甲醇转化等催化领域[12]。如图 5.2 所示，ZSM-5 分子筛骨架结构由八个五元硅(铝)环构成，三维孔道结构分为平行于水平轴方向的"之"字形孔道[010]和垂直于水平轴方向的直孔道[100]，其中"之"字形孔道的拐角约为 150°，孔径为 0.54nm×0.56nm；直孔道孔径为 0.51nm×0.54nm；两种孔道相互连通，其交叉处的孔径约为 0.94nm[13]。ZSM-5 分子筛高度规整有序的微孔结构赋予了其较高的比表面积，是负载型催化剂的优良载体[14,15]。而 Na-ZSM-5 分子筛上钠离子可被不同的金属阳离子替换，表现出相应的催化和吸附性能[16]，尤其是氢离子交换后的 H-ZSM-5 具有强酸性，是典型的固体酸催化剂[17]。此外，ZSM-5 分子筛有序集中的孔道结构，赋予了其特殊的择形催化性能[18]。由于具有适宜的酸性分布以及与苯分子动态直径相近的孔道结构，ZSM-5 分子筛催化剂被认为是一种重要的芳构化催化剂。

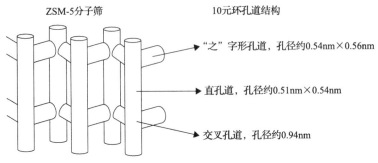

图 5.2　ZSM-5 分子筛结构示意图[13]

5.1.1 低碳烯烃芳构化催化剂

ZSM-5 分子筛是有效的低碳烯烃(乙烯、丙烯和丁烯等)芳构化催化剂，其反应过程如图 5.3 所示：$C_2 \sim C_4$ 烯烃聚合生成 $C_6 \sim C_8$ 烯烃，进一步环化、脱氢生成芳烃。然而，ZSM-5 分子筛的强酸性容易引发裂解反应和氢转移反应等，生成大量副产物低碳烷烃，并且 ZSM-5 的微孔结构显著限制芳烃产物的扩散，容易生成大量积炭堵塞微孔，导致催化剂的稳定性较差[19]。纳米 ZSM-5 具有高的外比表面积和晶间介孔，能改善分子筛的扩散性，提高催化剂的抗积炭能力。Long 等[20]发现在辛烯芳构化反应中，纳米 ZSM-5 催化剂有效改善了催化剂的扩散性，提高活性和稳定性。然而分子筛强在酸位上容易生成积炭仍然是重要问题。

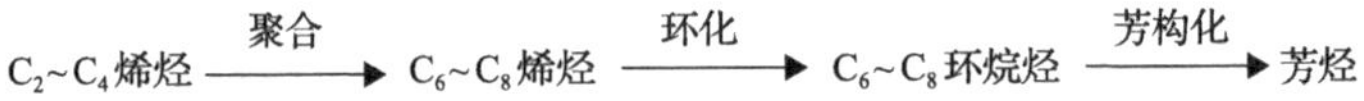

$$C_2 \sim C_4 \text{烯烃} \xrightarrow{\text{聚合}} C_6 \sim C_8 \text{烯烃} \xrightarrow{\text{环化}} C_6 \sim C_8 \text{环烷烃} \xrightarrow{\text{芳构化}} \text{芳烃}$$

图 5.3　低碳烯烃芳构化过程示意图

金属改性是调控 ZSM-5 分子筛催化性质的一种重要方法，因为其有效结合了 ZSM-5 独特的孔道择形性能和高活性的脱氢芳构化活性中心，在低碳烯烃芳构化或甲醇芳构化[21]等反应中表现出优异的催化性能。研究发现，镓、锌、铜和银等金属改性 ZSM-5 分子筛能有效提高低碳烯烃芳构化反应活性。

Ga 改性 ZSM-5 是重要的芳构化催化剂，UOP/BP 公司采用 Ga/ZSM-5 用于低碳烷烃芳构化，已经工业应用[22]。然而，Ga 在 ZSM-5 的存在状态比较复杂，可能包括 Ga_xO_y、Ga^+、$[GaO]^+$、$[GaH_2]^+$、$[Ga(OH)_2]^+$ 和 $[GaH(OH)]^+$ 和 $[GaH]^{2+}$ 等结构(图 5.4)[23]，阐明 Ga 催化活性中心的结构及其作用机制，进而优化并提升 Ga 基催化剂性能是长期存在的挑战。

催化剂的制备方法对 Ga 物种的形成及其在催化剂中的分布有显著的影响。Al-Yassir 等[24]通过不同方法合成 Ga 改性微米级 ZSM-5 催化剂，发现传统浸渍法和离子交换法容易在催化剂表面形成大量的大颗粒 Ga_2O_3，导致芳构化反应活性和稳定性差。通过原位水热合成 Ga-ZSM-5 催化剂表现出更高的反应活性和芳烃选择性，这是因为杂原子 Ga

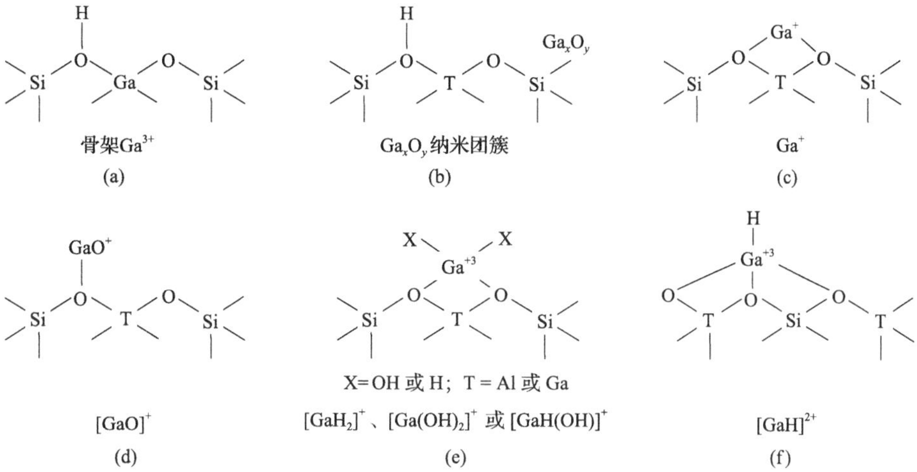

图 5.4　Ga-ZSM-5 中 Ga 的存在状态[23]

进入 ZSM-5 骨架结构中使得 Ga-ZSM-5 的强酸性适当降低，提高催化剂稳定性。Raad 等[25]通过对比 Ga-Silicalite-1（Ga 掺杂纯硅 MFI 分子筛）和 Ga/ZSM-5（离子交换法制备），发现 Ga-Silicalite-1 的芳构化活性最差，说明非骨架 Ga 物种比骨架 Si—O—Ga 结构具有更好的芳构化性能。Choudhary 等[19]通过直接水热合成法制备纳米 Ga-ZSM-5 分子筛，发现催化剂微孔中存在高度分散的非骨架 Ga 离子，并认为非骨架 Ga 离子与脱氢活性中心有关，在丙烯芳构化反应中表现出良好脱氢性能和芳烃选择性。Su 等[26]对比研究了 ZSM-5 和 GaZSM-5 在己烯芳构化中的作用，发现在传统 ZSM-5 分子筛催化剂上，己烯主要在 B 酸位点通过氢转移机理进行芳构化反应，生成较多低碳烷烃副产物；而 GaZSM-5 富含大量骨架 Si—O—Ga 结构和非骨架[GaO]⁺结构，Si—O—Ga 结构与 Si—O—Al 结构类似，提供 B 酸中心，非骨架[GaO]⁺与 B 酸中心结合形成强 L 酸中心，提供脱氢活性中心，使反应通过脱氢芳构化机理进行。他们进一步改进合成方法，在 Ga(NO₃)₃/NH₄F 溶液中，通过二次晶化制备介孔 Ga-ZSM-5 分子筛，非骨架[GaO]⁺物种高度分散在催化剂孔道中，并且与 B 酸中心的距离更近，增强分子筛 B 酸中心与非骨架[GaO]⁺物种（L 酸中心）之间的协同作用，促进芳构化反应。

　　Zn 改性 ZSM-5 也是一种被广泛研究的芳构化催化剂。研究表明，与 ZSM-5 相比，Zn-ZSM-5 催化剂能使芳烃选择性从 11% 提高到 22%[27]。Zn-ZSM-5 催化剂的 Zn 物种提供 L 酸能促进脱氢反应，ZSM-5 的 B 酸中心促进烯烃齐聚和芳构化反应。此外，Zn 物种还能通过与 B 酸中心离子交换形成孤立的 Zn²⁺、ZnOH⁺或者[ZnOZn]²⁺等 Zn 物种，从而减少催化剂的 B 酸量，改善催化剂的 B 酸和 L 酸的比例，提高芳烃选择性。Zhang 等[28]研究 Zn 负载量对乙烯芳构化的影响，Zn 负载量为 0.5% 时，B 酸与 L 酸比值大约为 1，能够充分发挥其协同作用，芳烃选择性和催化剂稳定性较好。Zn 负载量大于 2% 时，由于催化剂的 B 酸中心显著减少，催化活性降低，并且较多 Zn 物种分布在 ZSM-5 孔道中会限制芳烃产物扩散，从而形成积炭前驱物使催化剂快速失活。Li 等[29]通过碱处理 ZSM-5 分子筛提高 Zn 负载量和分散度，碱处理后催化剂具有丰富的介孔能促进芳烃产物扩散，并且 Zn 物种（L 酸位点）分布在介孔中，与 ZSM-5 微孔中 B 酸中心的距离缩短，促进他们之间的协同作用,在己烯芳构化反应中,芳烃选择性和催化剂稳定性显著提高。Li 等[30]通过共浸渍制备 MgZn-ZSM-5 催化剂,发现少量 Mg 能够促进大部分 Zn 分布在 ZSM-5 微孔孔道,缩短 L 酸中心与 B 酸中心的距离,通过增强酸中心之间的协同作用使芳烃选择性显著提高。Long 等[31]发现 La 和 P 改性 Zn-ZSM-5 催化剂可以促进 ZnOH⁺活性物种分布在 ZSM-5 微孔中,从而提高 ZnLaP-HZSM-5 催化剂的芳构化性能。Wei 等[32]发现氢气处理能够调节 Zn-ZSM-5 催化剂中 ZnOH⁺物种和 ZnO 团簇的比例,ZnOH⁺与芳烃选择性存在一种近线性的正相关的关系[32]。然而,在高温条件下两个 ZnOH⁺物种经过脱水形成双核[ZnOZn]²⁺物种和水[33]。Su 等[34]通过浸渍法制备 Zn-ZSM-5 纳米催化剂,发现[ZnOZn]²⁺物种提供了新的强 L 酸中心,并与 B 酸中心协同作用,促进己烯芳构化,芳烃选择性达到 57.93%。催化剂制备方法显著影响催化剂中的 Zn 物种的状态和含量,离子交换催化剂中主要是 ZnOH⁺物种,而物理混合催化剂中主要含 ZnO 团簇。在乙烯芳构化反应中,物理混合催化剂比离子交换催化剂的芳烃选择性更高,说明 ZnO 团簇对芳构化反应有更好的促进作用[35]。Gabrienko 等[36]认为 Zn²⁺和 ZnO 团簇都能促进丙烯芳构化,并通过 ¹³C CP/MAS NMR 详细分析丙烯齐聚过程,如图 5.5(b)所示,丙烯首先吸附在 Zn 位点形成 π 配合物,在高温条件下,π 配合物转化为 σ-烷基锌,另一个丙烯分子形成配合物,并插入 σ-烷基锌的 Zn—O 键形成 C_6 过渡态物质,最后从 Zn 位点脱附形成己烯,通过相同的过程可以形成 C_9 烯烃。ZnO 团簇和 Zn²⁺的区别主要在于丙烯解离吸附形成 σ-烷基锌物种。与 Zn²⁺相比,ZnO 团簇上吸附丙烯形成 π 配合物的作用力较弱,导致烯烃迁移到分子筛 B 酸中心进一步齐聚反应[图 5.5(a)]。

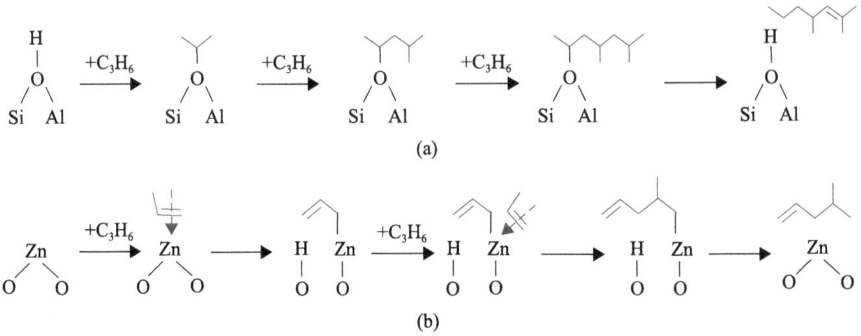

图 5.5 ZSM-5 催化剂(a)和 Zn-ZSM-5 催化剂(b)催化丙烯齐聚反应机理[36]

5.1.2 低碳烷烃芳构化催化剂

低碳烷烃芳构化的过程如图 5.6 所示,低碳烷烃首先脱氢生成低碳烯烃,然后低碳烯烃经过聚合、环化、芳构化等过程生成芳烃产物。低碳烷烃芳构化过程首先需要对烷烃脱氢,由于低碳烷烃中 C—H 键的键能高,其化学性质相对稳定,低碳烷烃芳构化的难点在于低碳烷烃分子中 C—H 键的活化[37]。烷烃脱氢催化剂主要为贵金属 Pt 和 Cr、V、Fe、Co、Ga 和 Zn 等非贵金属的氧化物[38-44],考虑到低碳烷烃脱氢后进一步芳构化反应,低碳烷烃芳构化的催化剂一般为金属/金属氧化物负载型双功能分子筛催化剂[45]。

低碳烷烃 ——脱氢——→ 低碳烯烃 ——芳构化——→ 芳烃

图 5.6　低碳烷烃芳构化过程示意图

　　低碳烷烃主要包括丙烷、丁烷、乙烷和甲烷。其中丙烷脱氢制丙烯是重要的化工过程。页岩气革命带来大量廉价低碳烷烃，为丙烷脱氢研究带来新的发展契机，其发展重点为新型高效催化剂的研发。本小节主要以丙烷脱氢为例，重点关注低碳烷烃的 C—H 键活化，并介绍几种有发展潜力的烷烃芳构化催化剂的设计和应用。

1. 低碳烷烃脱氢(PDH)

　　经过多年的发展，丙烷脱氢技术取得一些重要的研究进展。目前已经商业化的丙烷脱氢催化剂主要采用铂基催化剂(UOP 公司 Oleflex 工艺)[46]和铬基催化剂(CB&I Lummus 公司 Catofin 工艺)[39]。在丙烷转化过程中，铂基催化剂具有转化率高和选择性高的特点，但是铂金属是稀缺贵金属，价格昂贵，且再生过程复杂[38]。铬基催化剂虽然能解决催化剂成本高的问题，但是金属铬物种具有毒性，对环境会造成污染，增加处理难度和成本[47]。此外，商业化铂基催化剂和铬基催化剂容易在高温条件下烧结和积炭，导致催化剂快速失活，需要频繁再生。频繁再生不仅会破坏催化剂的活性结构，也会限制生产规模并增加能耗和成本[48]。因此，亟须开发新的环境友好低成本并且稳定性高的低碳烷烃脱氢催化剂。

1) 铂基催化剂

　　通常情况下，高温丙烷脱氢反应中易发生 C—C 键断裂反应，形成副产物。Pt 作为催化剂活性组分时，能选择性地活化 C—H 键，从根本上抑制丙烷深度裂化形成副产物。进一步研究认为，Pt 催化剂中紧密堆积型 Pt(111)面和阶梯形 Pt(211)面是脱氢活性中心。由于阶梯形 Pt(211)面能垒较低，丙烷脱氢过程中阶梯形 Pt(211)面活性中心位点具有良好的 C—H 键活化能力，但是在 Pt(211)面常常会伴随着深度脱氢和裂解反应，导致目标产物丙烯分子的选择性较低。当催化剂处于稳态阶段时，由于催化剂表面生成的积炭会覆盖大量阶梯形 Pt(211)面活性中心位点，催化脱氢活性中心从 Pt(211)面转移到了紧密堆积型 Pt(111)面，丙烷转化率有所降低，但抑制了丙烯的深度脱氢和裂解，提高了丙烯的选择性[49]。

　　虽然 Pt 催化剂具有丙烷转化率高、丙烯选择性好等优势，但价格昂贵，此外，在高温反应条件下，Pt 催化剂易烧结使催化活性中心减少，导致催化剂快速失活，甚至不可逆失活。通常认为 Pt 催化剂所处的气氛与烧结现象密切相关。例如，催化剂还原或烷烃脱氢反应中，Pt 原子在还原性气氛中会通过布朗运动发生碰撞和团聚。催化剂再生过程中，Pt 晶粒在氧化性气氛中通过奥斯特瓦尔德熟化过程生长变大。奥斯特瓦尔德熟化过程中一些 Pt 原子从较小 Pt 晶粒上脱落并发生迁移，被热力学稳定的较大 Pt 晶粒捕获，从而使较小 Pt 晶粒逐渐消失，较大 Pt 晶粒越来越大。近年来，研究者们通过提高 Pt 活性组分的利用率来解决催化剂的成本问题，并通过增强 Pt 晶粒的抗结焦性能和抗烧结性能来解决催化剂的高温稳定性问题[48]。

　　纳米限域催化是将较小尺寸金属尤其是亚纳米金属团簇封装到具有限域效应的载体

煤 制 油

中并应用于催化反应[50]。即使在高温反应条件下，限域效应可以限制纳米粒子的迁移团聚和烧结变大[14]。最近研究表明，基于分子筛的限域效应，将 Pt 纳米团簇封装在特定尺寸的分子筛孔道中，能有效抑制 Pt 粒子高温团聚烧结变大[51]。但合成仍具有一定的挑战性，分子筛在碱性高温水热条件下缓慢晶化，而 Pt 的前驱体在水热合成条件下非常容易被还原并快速形成团簇沉淀。一旦 Pt 沉淀形成就不能被有效封装在分子筛的孔道中，导致 Pt 晶粒和分子筛的分离[52]。

通过提高分子筛晶化速率，能够使 Pt 纳米团簇快速封装在分子筛中。Zhu 等[52]报道管式反应器超快合成新策略，在 ZSM-5 分子筛快速结晶过程中，Pt、Sn 前驱体被晶化到 ZSM-5 分子筛孔道中，实现了 5 分钟内原位封装 Pt、Sn 物种。Pt/Sn-ZSM-5 在丙烷脱氢反应中表现出优异的活性和选择性，并具有很好的可再生性能。

通过金属与分子筛载体间强相互作用能够抑制催化剂焙烧过程发生奥斯特瓦尔德熟化。尤其是在高温氧气条件下，一部分 Pt 原子从较小晶粒上脱落并分散在分子筛载体上，分子筛载体与 Pt 原子间的强相互作用限制 Pt 原子迁移并团聚，在分子筛载体上形成高度分散的 Pt 单原子。在催化剂还原过程中，Pt 单原子通过布朗运动团聚为 Pt 纳米团簇。Moliner 等[53]采用该方法制备 Pt/Al-CHA 催化剂，如图 5.7 所示，Pt 纳米团簇被成功封装在 CHA 分子筛中。Liu 等[54]通过直接水热合成制备 K-PtSn/MFI 催化剂，通过添加 K^+ 和 Sn 助剂，增强 PtSn 团簇与分子筛载体间相互作用，从而抑制 Pt 在高温焙烧过程发生烧结。通过深入表征发现，在 MFI 载体中，Sn 物种首先在 MFI 的微孔中形成 Sn 纳米团簇，H_2 气氛中 600℃还原后形成非骨架 SnO_{4-x} 结构，并与 Pt 通过 Sn—O—Pt 键形成 PtSn 纳米团簇[55]。在丙烷脱氢反应中，丙烯选择性和生成速率分别高达 99%和 165mol/(g·h)，丙烷初始转化率高达 80%，催化剂失活速率为 $0.02h^{-1}$。

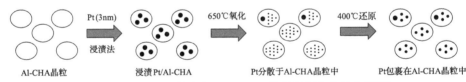

图 5.7　氧化还原策略在 Pt/Al-CHA 催化剂制备中的应用[53]

Sun 等[56]采用配体保护并直接氢气还原策略，通过一步水热合成法，成功地将 PtZn 亚纳米团簇完全限域在纯硅 Silicalite-1 分子筛纳米晶体内部。如图 5.8 所示，在直接氢气还原过程中，分子筛内部的有机模板剂和配体的氢解反应与金属的还原过程同步进行，有机物种的保护作用有效地抑制了金属在分子筛孔道中的聚集，最终形成亚纳米 PtZn 团簇。与传统的高温煅烧再氢气还原过程所得到的 PtZn@S-1-C 样品（3.1nm）相比，采用直接纯氢气还原制备的 PtZn$_4$@S-1-H 样品具有显著减小的金属尺寸（<1nm）。由于超小的金属尺寸以及 PtZn 团簇之间的协同效应，所制备的 PtZn$_4$@S-1-H 催化剂展现出优异的丙烷脱氢性能。在 550℃和质量空速为 $3.6h^{-1}$ 的条件下，丙烯选择性和生成速率分别高达 99.3%及 65.5mol/(g·h)。反应 216h 后，催化性能依旧保持稳定。

利用分子筛脱铝或脱硅是制备金属负载型分子筛的一种常见方法，但是大多数分子筛在脱铝或脱硅过程中分子筛骨架会严重破坏。MFI 和 Beta 分子筛结构稳定，耐酸耐碱，很难通过酸处理实现分子筛骨架铝的完全脱除。研究发现，载体晶格中的 Sn 原子能够与 Pt 形成化学键，因此可利用载体中的单位点 Sn 来锚定 Pt 粒子[57]，从而有效减少高温反应下 Pt 粒子的迁移和烧结。Xu 等[58]将 Pt 纳米团簇锚定在分子筛骨架中的 Sn 位点上制备出高活性且高稳定性的 Pt/Sn-Beta 催化剂，如图 5.9 所示，首先通过脱铝补锡的方式合成 Sn-Beta 分子筛，然后将 Pt 纳米粒子锚定在 Sn-Beta 分子筛的结构中，得到 Pt/Sn-Beta 催化剂。丙烷初始转化率高达 50%，丙烯选择性高达 99%，催化剂失活速率和转换频率分别达到 0.006h^{-1} 和 114s^{-1}。

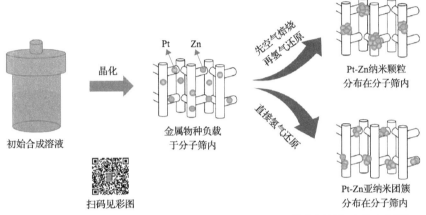

图 5.8 配体保护 H$_2$ 直接还原策略在 PtZn/Silicalite-1 催化剂制备中的应用[56]

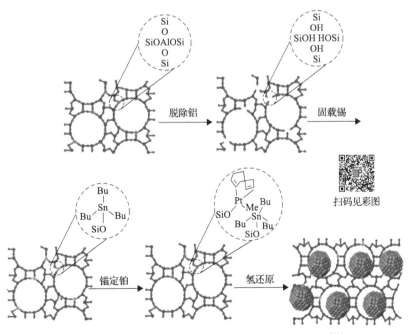

图 5.9 分子筛脱铝策略在 Pt/Sn-Beta 制备中的应用[58]

Ryoo 等[59]采用类似的策略，通过酸处理 Ga-MFI 分子筛，可以实现脱除骨架上的 Ga。脱除 Ga 的 MFI 分子筛中含有大量的羟基可以与 Pt 和稀土金属前驱体相互作用，实现金属离子的锚定。然后在还原过程中，利用分子筛孔道限域效应，使 Pt-稀土金属合金成功限域在 MFI 分子筛中。不同于常规的 PtSn 合金催化剂，该工作结合了稀土元素的优势，利用分子筛的巢羟基结构，成功制备了 Pt-Y、Pt-La 和 Pt-Ce 等合金，进一步拓展了 PtM 合金丙烷脱氢催化剂的范畴，并且表现出优异的丙烷脱氢性能。以纯丙烷进样，质量空速为 $11h^{-1}$ 时，PtLa/mz-deGa 催化剂的起始活性接近丙烷的平衡转化率(约 40%)，反应 30 天后降至 8%。

2) 金属氧化物催化剂

相比贵金属 Pt 催化剂，金属氧化物催化剂具有储量丰富、原料来源广、合成简单和价格低廉等优点。由于金属氧化物本身性质丰富、结构易调控、热稳定性高，被认为是一种极具发展潜力的丙烷脱氢催化剂。

目前，Lummou 公司基于 CrO_x/Al_2O_3 催化剂开发了 Catofin 工艺，并成功实现工业应用[39]。铬基催化剂中一般存在 Cr^{6+}、Cr^{5+}、Cr^{3+}、Cr^{2+}、孤立或聚集的 Cr^{n+} 和 Cr_2O_3 颗粒，研究人员普遍认为 Cr^{3+} 是丙烷脱氢的活性中心[60]，如图 5.10 所示，首先丙烷分子吸附在活性金属上形成 Cr-C_3H_8，丙烷分子中端点的 C—H 键活化形成 Cr^{3+}-C_3H_7 中间体，接着丙烷分子中间位点的 C—H 键断裂并形成 Cr^{3+}-C_3H_6 表面物种，最后丙烯分子从催化剂表面脱附，形成产物丙烯和氢气。然而，裂解反应、深度脱氢等副反应不可避免，导致形成甲烷、乙烷和乙烯等副产物。许多研究致力于通过改善载体的表面积和孔结构[61,62]，添加 K、Ce、Ni、Co、Zr 或 Sn 等助剂等来抑制副反应，提高铬基催化剂的丙烷脱氢活性，并取得一定进展[63-68]。但是由于 Cr 元素对环境污染大，其使用前景受到了极大的限制。因此开发新型高效、廉价易得、环境友好的金属氧化物催化剂是丙烷脱氢催化剂的重要研究方向。

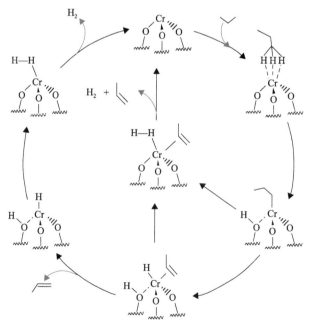

图 5.10　Cr 基催化剂丙烷脱氢反应机理[69]

VO$_x$ 基催化剂也具有较好的丙烷脱氢性能，是一种非常有潜力的替代 Pt 和 CrO$_x$ 的催化剂，VO$_x$ 催化剂中一般存在 V^{5+}、V^{4+}、V^{3+}、孤立或聚集的 V^{n+} 和 V$_2$O$_5$ 颗粒，研究人员普遍认为 V^{3+} 是丙烷脱氢的活性中心[40]。丙烷分子与 V^{3+} 活性中心之间存在强吸附作用，使得经过改性的 VO$_x$/A$_2$O$_3$ 催化剂具有 Pt 和 CrO$_x$ 催化剂相似的初始活性，但是在反应过程中容易形成积炭使催化剂快速失活。积炭可以在氧气气氛中高温焙烧除去，但是高温再生过程中，V 活性物种非常容易烧结形成惰性的 V$_2$O$_5$ 颗粒，造成 V 活性物种流失，使 VO$_x$ 基催化剂永久失活。可见，VO$_x$ 基催化剂的稳定性和再生性能较差，限制了其应用。提高该类催化剂的稳定性是目前研究的重点和难点。

近来研究发现，除 Pt、CrO$_x$ 和 VO$_x$ 催化剂外，CoO$_x$ 因储量丰富、低毒和能够有效活化 C—H 键而得到广泛的关注。在 Co/SiO$_2$[70]、Co/Al$_2$O$_3$[71]、CoAl$_2$O$_4$[72] 或 Co/ZSM-5[73] 催化剂中，通常认为四配位的 Co^{2+} 物种是丙烷脱氢活性中心。然而，大量研究表明 Co 基催化剂在烷烃脱氢反应中存在逐渐失活过程，主要归因于 Co 活性中心在还原性 H$_2$ 气氛下被还原成金属态 Co^0，在反应过程中会进一步转化为 CoC$_x$，促进烷烃裂解并生成积炭。Wu 等[74]采用氨水辅助水热合成方法，将 Co 活性中心成功嵌入分子筛 Silicalite-1 骨架中合成 Co-Silicalite-1 催化剂，并将其应用于丙烷直接脱氢制丙烯(图 5.11)。一系列表征证实了具有 Lewis 酸性的四配位 Co^{2+} 为反应活性中心，分子筛骨架中 Si—O 基团对 Co^{2+} 物种进行稳定，抑制了 Co 物种被还原成金属态 Co^0 物种，使得 Co-Silicalite-1 催化剂在丙烷脱氢中表现出优异的催化活性[0.0946mmol/(g·s)；TOF 21h^{-1}]和稳定性(失活速率常数 0.00065h^{-1})。

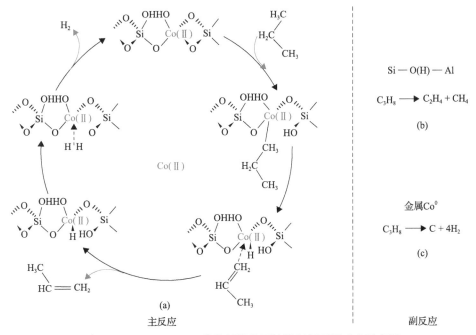

图 5.11　Co-Silicalite-1 催化剂催化丙烷脱氢制丙烯反应示意图

(a)Co(Ⅱ)活性中心及其催化丙烷制丙烯反应机理；(b)强酸中心及其催化丙烷裂解反应；(c)Co^{0}活性中心催化丙烷裂解和深度脱氢反应[74]

铁基催化剂在乙苯脱氢反应中已经商业化应用[75]，然而在低碳烷烃脱氢反应中的稳定性较差[41]。例如，在乙烷脱氢反应中，Fe-ZSM-5 催化剂的初始活性在经历几小时反应后大约会降低 20%，乙烯选择性低于 80%，主要是因为 FeO_x 物种在反应气氛（H_2）中被逐渐还原，进一步碳化为 FeC_x[76]。Wang 等[77]认为孤立 FeO_x 物种和 FeC_x 物种都是乙烷脱氢的活性中心，反应初期活性中心是具有高活性的孤立 FeO_x 物种，而稳定阶段的活性归因于 FeC_x 物种。Yang 等[78]通过水热合成的方法成功制备 Fe-ZSM-5 催化剂，合成过程中添加 EDTA 可以避免在碱性条件下聚合生成 $Fe(OH)_3$ 沉淀，并且促进大多数铁物种通过 $Fe^{\delta+}$—O—Si 键嵌入到 MFI 分子筛骨架结构，提高孤立 Fe 物种的分散度和稳定性。烷烃脱氢反应过程中，Fe-ZSM-5 催化剂中没有检测到 FeO_x 物种和 FeC_x 物种，唯一存在的孤立 $Fe^{\delta+}$ 物种被认为是脱氢活性中心。反应温度为 823K 时，乙烷转化率为 26.3%，乙烯选择性和生成速率分别为 97.5% 和 0.86mol/(g·h)，几乎达到接近热力学平衡限制，并且催化剂能稳定运行超过 200h。如此高活性和稳定的催化活性主要归因于分子筛骨架中 Si—O 基团对 $Fe^{\delta+}$ 物种进行稳定，并且孤立 $Fe^{\delta+}$ 物种能促进乙烯和氢气脱附，并抑制积炭生成[0.09mg/(g·h)]。

之前介绍了 Ga-ZSM-5 和 Zn-ZSM-5 催化剂具有良好的烯烃芳构化性能。近来研究发现，GaO_x、ZnO 等金属氧化物也具有较强的脱氢活性[79-81]。Liu 等[82]通过浸渍法制备 Zn-Silicalite-1 催化剂，在丁烷脱氢反应中转化率达到 97.2%。由于 Silicalite-1 分子筛没有强 B 酸中心，因此他们认为活性来源于 Zn 物种，通过紫外-可见分光光度计分析发现催化剂中存在 $[ZnOZn]^{2+}$ 结构，使催化剂具有强 L 酸中心，可催化丁烯脱氢反应。Pidko 等[83]和 Barbosa 等[84]通过理论计算也证实 $[ZnOZn]^{2+}$ 物种具有脱氢活性。在戊烷脱氢反应中，ZnH^+ 也具有脱氢活性，然而 ZnH^+ 只有在高浓度氢气中才能稳定存在[27]。Nozik 等[85]通过 $ZnCl_2$ 离子交换制备 Zn-ZSM-5 催化剂，催化剂中主要存在孤立的 Zn^{2+}。理论计算表明，与 $ZnOH^+$ 和 ZnH^+ 相比，落位在 ZSM-5 成对铝结构的孤立 Zn^{2+} 在烷烃 C—H 键活化中具有更低的活化能。但是少量成对铝结构会使催化剂酸性增强，导致裂解等副反应。Chen 等[44]用脱铝 Beta 分子筛负载 ZnO 纳米团簇，ZnO 纳米团簇可以促进丙烷脱氢反应，并且脱铝 Beta 分子筛没有强酸性，能够抑制丙烷裂解副反应。在 600℃，空速 4000cm³/(g·h) 条件下，丙烷转化率为 53%，丙烯选择性为 93%。Xie 等[86]通过配体保护策略，用直接水热法成功制备了一系列具有不同锌负载量的含锌分子筛 Zn/Silicalite-1。孤立的锌离子被 Silicalite-1 分子筛的 Si—O 键锚定，Zn 作为唯一的反应活性位点，可以催化丙烷脱氢反应，在 580℃ 条件下，丙烯选择性为 97%，丙烯时空收率为 24mmol/(g·h)，与 Pt 基催化剂[2～102mmol/(g·h)]和 Cr 基催化剂[0.04～59mmol/(g·h)]的催化效率相当，是一种具有工业应用潜力的丙烷脱氢催化剂。研究人员进一步通过原位 XPS 监测丙烷脱氢反应中 Zn/Silicalite-1 分子筛催化剂锌物种的价态变化，证明了在丙烷脱氢反应中 Zn^{2+} 被部分还原为 $Zn^{\delta+}$ 物种（$0<\delta<2$），而 $Zn^{\delta+}$ 物种是催化丙烷脱氢制丙烯的重要活性位点。并通过一系列不同条件下 Zn/Silicalite-1 催化 PDH 的程序升温表面实验，提出了丙烷两步活化过程：式（5.2）和式（5.3）。其中，第一步反应发生在 Zn^{2+} 位点，解离出的氢原子可以还原 Zn^{2+} 为 $Zn^{\delta+}$，第二步反应由 $Zn^{\delta+}$ 催化。Zhao 等[87]发现 ZnO-Silicalite-1 催化剂在 550℃ 氢气预处理过程中，ZnO 纳米颗粒会还原为 ZnO_x，

并锚定在 Silicalite-1 的巢羟基结构中，他们进一步通过 X 射线吸收光谱和理论计算证实还原态双核 ZnO_x 物种是丙烷脱氢的活性中心。

$$C_3H_8 \longrightarrow {}^*C_3H_7 + H \qquad (5.2)$$

$$^*C_3H_7 \longrightarrow C_3H_6 + {}^*H \qquad (5.3)$$

　　GaZSM-5 催化剂中 Ga 的状态复杂，其脱氢活性中心仍存在争议。Ga-ZSM-5 催化剂比 Ga-Silicalite-1 活性高，说明与骨架 Ga 结构相比，非骨架 Ga 的作用更关键[25]。Yuan 等[88]研究确定了 Ga/H-ZSM-5 中存在两种非骨架 Ga 物种：平衡骨架成对 Al 原子的 Ga 物种和孤立的 Ga^+ 位点，并且前者丙烷脱氢催化活性比后者高约 15 倍[89]。平衡骨架成对 Al 原子的 Ga 物种有多种形式（图 5.4），Schreiber 等[90]认为 Ga^+-H^+ 物种是丙烷脱氢活性中心，然而 Zhou 等[23]提出 Ga^+ 与分子筛中的 B 酸位点结合形成 $[GaH]^{2+}$，并认为 $[GaH]^{2+}$ 是活性中心[91]。尽管这几种结构得到 DFT 计算结果的支持，但几乎没有相关的实验证据证明这几种结构稳定存在。Yuan 等[88]进一步采用定量脉冲滴定反应发现平衡骨架成对 Al 原子的二价 Ga 物种在 150℃ 不能被水分子氧化，而孤立的 Ga^+ 物种很容易被氧化。因此，他们认为高活性 Ga 物种不太可能处于+1 的氧化态。Yuan 等[92]为了进一步确定 Ga/H-ZSM-5 中高活性 Ga 物种的结构，采用脉冲滴定法研究还原 Ga 物种的氧化态。此外，利用 Co 滴定确定 H-ZSM-5 中骨架成对 Al 原子的含量，从而与高活性 Ga 物种的含量进行关联。再结合原位红外光谱对 GaH_x 的特征进行表征。综合分析表征结果，确定了 $[Ga_2O_2]^{2+}$ 是 Ga/H-ZSM-5 催化剂在丙烷脱氢中的高活性位点，其丙烷脱氢活性比孤立的 Ga^+ 高至少 18 倍。

2. 丙烷氧化脱氢（PODH）

　　虽然丙烷直接脱氢已经实现了工业化，但仍然存在不少问题。由于丙烷脱氢为强吸热反应（$C_3H_8 \longrightarrow C_3H_6 + H_2$；$\Delta H = 124kJ/mol$），需在 700℃ 左右才能有效地进行，而高温将导致丙烷的深度裂解和深度脱氢，同时催化剂容易因结焦而失活。丙烷氧化脱氢是放热反应（$C_3H_8 + 1/2\ O_2 \longrightarrow C_3H_6 + H_2O$；$\Delta H = -116.8kJ/mol$），在较低温度（400～500℃）就可以获得较高的丙烷转化率，并且在反应体系中加入氧化剂可以除去催化剂表面积炭，减缓催化剂失活[93]。根据氧化剂的不同，分为丙烷氧气氧化脱氢[94]和丙烷二氧化碳氧化脱氢[95]。氧气是一种强氧化剂，容易使产物发生深度氧化，导致产物的选择性降低。二氧化碳可作为一种弱的氧化剂用于丙烷脱氢反应，一方面可以缓解丙烷深度氧化的问题，另一方面还能减少温室气体的排放，对环境保护具有非常重要的意义。

　　近年来，低碳烷烃氧化脱氢技术成为近几年的热点研究课题，开发高活性、高选择性的催化剂是该技术的关键。Grant 等[93]发现六方氮化硼(h-BN)催化剂能有效催化丙烷氧化脱氢反应，同时能抑制过度氧化，并且确认 B—O—B 结构是活性中心。然而，在丙烷氧化脱氢过程中，活性 B 物种会与氧化副产物 H_2O 发生反应，造成活性中心流失。h-BN 催化剂在反应 12h 后，活性明显降低。Qiu 等[96]报道了具有高活性和高选择性的层状硼硅酸盐沸石(MWW 结构)催化剂。FTIR 光谱证实了杂原子硼嵌入到沸石的骨架中，催化活性位点归因于大量的有缺陷的三角硼结构，该活性中心具有优异的烯烃选择性(约 91%)，其中丙烯选择性达到 83.6%。Zhou 等[97]合成 B-Silicalite-1 催化剂，在丙烷氧化脱氢反应中，560℃条件下，丙烷转化率达到 41.4%，烯烃选择性达到 81.2%，其中丙烯选择性为 54.9%，乙烯选择性为 26.3%。不同于 h-BN 催化剂中的 B—O—B 结构，B-Silicalite-1 中存在孤立 B 位点，并通过固体核磁技术和理论计算进一步证实催化剂的活性中心为—B[OH···O(H)—Si]$_2$ 结构。由于孤立 B 活性中心稳定锚定在 Silicalite-1 骨架结构中，该催化剂在反应过程中耐水性极好，丙烷与 10%水共同进料，反应 210h 后，丙烷转化率和丙烯选择性仍然很稳定。

3. 丙烷脱氢芳构化

ZSM-5 分子筛是芳构化的典型催化剂，在低碳烯烃芳构化或甲醇芳构化等反应中表现出优异的催化性能[98,99]。Joshi 等[100]提出在 ZSM-5 催化剂上丙烷芳构化过程，如图 5.12所示，首先丙烷脱氢生成丙烯，丙烯再聚合生成 C_6~C_8 烯烃，进一步脱氢环化，环烷烃脱氢芳构化。然而，ZSM-5 自身的微孔结构，会对芳烃产物的扩散产生严重的限制，导致催化剂的稳定性较差[19]。纳米 ZSM-5[34]和介孔 ZSM-5[101]具有大量外比表面积和晶间(或晶内)介孔，能很大程度上改善分子筛的扩散性，提高催化剂的芳构化性能和稳定性。另外，如图 5.12 所示，ZSM-5 分子筛的强酸性容易引发裂解反应和氢转移反应等，生成大量甲烷和乙烷。通过水蒸气或酸处理脱除骨架 Al 能调控 ZSM-5 酸性，从而抑制裂解反应，促进芳构化反应[102-105]。由此可见，理想的烷烃芳构化催化剂应该具有如下特征：①良好的扩散性；②酸性可调控；③具有烷烃脱氢活性；④能抑制裂解反应。

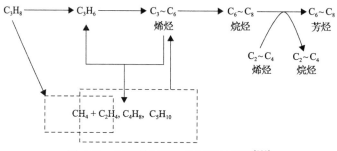

图 5.12　丙烷脱氢芳构化过程示意图[100]

金属负载 ZSM-5 分子筛是一种重要的烷烃芳构化催化剂，其有效结合了 ZSM-5 分子筛孔道结构的独特芳烃择形性和金属离子的脱氢活性中心。同时金属改性也是调控ZSM-5 分子筛酸性的重要方法。研究发现，贵金属 Pt 或多种金属氧化物对低碳烷烃分子的 C—H 键有活化作用。其中，Pt-ZSM-5[106]能促进丙烷脱氢反应，并且抑制裂解反应。但是由于 Pt 的价格昂贵和稳定性差，其应用前景受到了极大的限制。Bai 等[107]对Pt-Ga/ZSM-5 催化剂的失活和再生过程进行分析，认为 Pt 烧结和流失是造成催化剂稳定性差的主要原因。Thembalala 等[108]和 Wan 等[109]发现 Ga 或 Zn 改性催化剂能促进烷烃芳构化，而 Mo-ZSM-5 促进裂解反应。众所周知，Mo-ZSM-5 是典型的甲烷芳构化催化剂[110]，详细介绍在 5.2.2 节的第 4 部分。Bhattacharya 等[111]也发现 ZnO 和 Ga₂O₃ 改性 ZSM-5 提高芳烃选择性，但是 Fe₂O₃ 和 Cr₂O₃ 改性 ZSM-5 降低芳烃选择性。Zhou 等[112]发现 Mo、Co 或 Zr 改性 ZSM-5 催化剂促进丙烷转化为低碳烯烃。在之前介绍过 Cr₂O₃、Fe₂O₃、CoO 和 ZrO 等金属氧化物具有低碳烷烃脱氢活性，但是这些金属氧化物改性 ZSM-5 不能提高芳烃选择性。可见，并不是所有具有脱氢活性的金属氧化物负载 ZSM-5 都能促进低碳烷烃芳构化反应。这很可能是因为催化剂制备方法、金属活性中心的状态和催化剂的酸性等因素影响金属负载 ZSM-5 催化剂的芳构化性能。

在丙烷芳构化过程中，丙烷脱氢是第一步，并且是整个芳构化过程的决速步骤，因此提高丙烷脱氢性能是催化剂设计的关键。为了进一步提高催化剂的脱氢性能，发展了多种活性金属联合改性 ZSM-5 催化剂[113]。Xu 等[114]在 Ga-ZSM-5 中引入 Cr 活性金属，并考察了 Ga 和 Cr 的浸渍顺序对丙烷芳构化的影响。研究发现，Cr 浸渍到 Ga-ZSM-5 催化剂上，能在催化剂表面形成大量 Cr³⁺活性中心促进丙烷脱氢反应。而且 Ga 离子提供 L 酸中心，与 ZSM-5 的 B 酸中心相互协同作用，促进芳构化反应。Li 等[30]发现 Mg-ZSM-5 降低催化剂酸性，尤其是 B 酸，导致芳烃选择性降低，然而 Mg 和 Zn 共同改性 ZSM-5 能促进芳构化反应，归因于 Mg 能促进 Zn 物种分布在 ZSM-5 微孔结构中，增强 Zn 物种与 B 酸中心的协同作用。Zhou 等[115]研发了三种金属改性的 ZnFePt/ZSM-5 催化剂，结果显示 Zn₁.₀Fe₀.₃Pt₀.₁/ZSM-5 在丙烷芳构化反应中展现出非常好的活性，甲烷和乙烷的选择性仅有 2.68%，高价值产物包括氢气 4.11%、烯烃 37.88%、芳烃 55.32%。并通过多种表征发现催化剂中的活性中心包括[Zn—O—Zn]²⁺（L 酸中心）、Si-OH-Al（B 酸中心）和 FePt 合金物种。反应机理如图 5.13 所示，首先丙烷分子在 FePt 合金和[Zn—O—Zn]²⁺活性中心作用下脱氢形成丙烯，同时[Zn—O—Zn]²⁺提供 L 酸与分子筛 B 酸协同作用促进丙烯脱氢芳构化，生成较多芳烃（55.32%）和烯烃（37.88%）。

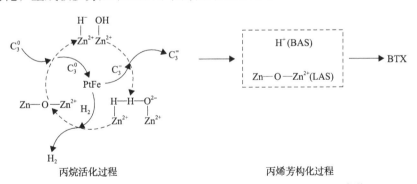

图 5.13　Zn₁.₀Fe₀.₃Pt₀.₁/ZSM-5 催化剂催化丙烷芳构化机理[115]

4. 甲烷芳构化（MDA）

甲烷是费-托合成尾气中的最稳定的低碳烷烃。甲烷分子中 C—H 键的高效活化被誉为催化领域的圣杯。甲烷芳构化反应是强吸热反应，通常需要在高温（>700℃）条件下进行（$6CH_4 \longrightarrow C_6H_6 + 9H_2$；$\Delta H = 532$ kJ/mol），在 700℃条件下，甲烷转化率理论上能达到 11.7%。然而在整个反应温度区间内（300～1100℃），更容易形成类似石墨烯的碳物种，导致催化剂严重积炭。因此，理想的催化剂应该具备如下特征：①高效活化甲烷分子中的 C—H 键；②能够促进低碳芳烃生成，并能抑制积炭形成；③高温稳定性。

20 世纪 80 年代，Bragin 等[116]最先发现，类似乙烯或丙烯芳构化，通过 Pt、Cr 或 Re 等金属改性 ZSM-5 分子筛，能在 750℃下催化甲烷转化为苯，苯收率达到 14%。1993 年，Wang 等[117]发现 Mo-ZSM-5 是非常有潜力的甲烷芳构化催化剂，700℃条件下，甲烷转化率为 7%～8%，苯选择性接近 100%。Mo-ZSM-5 制备过程通常使用氧化钼或钼酸铵等前驱体，接着在焙烧过程中 Mo 物种扩散到 ZSM-5 微孔中[118]，并与 Si—O—Si 或 Si—O—Al 位点结合形成 MoO_2^{2+}、$Mo_2O_5^{2+}$ 和 $MoO_2(OH)^{+[119]}$，如图 5.14（a）所示。然而这些 Mo 物种并不是甲烷芳构化活性中心。Lezcano-González 等[120]分析了 Mo-ZSM-5 中的 Mo 物种在反应条件下的变化，如图 5.14（b）所示，在反应条件下，MoO_2^{2+} 首先被还原为低价态 Mo，然后在分子筛骨架 B 酸位点作用下形成 MoC_3 团簇。尽管一些原位表征技术的快速发展促进了 Mo 物种的结构鉴定，但是由于催化剂制备方法、Mo 负载量、ZSM-5 的硅铝比和反应条件等多种因素对活性中心产生复杂的影响，并且受限于高温原位表征技术，Mo-ZSM-5 在甲烷芳构化反应中的活性中心的鉴定仍然存在很多困难和争议。

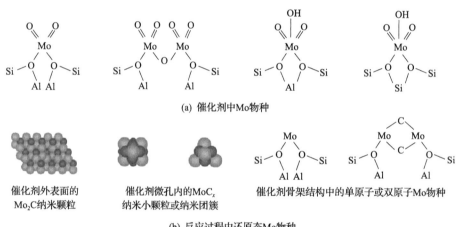

图 5.14 （a）催化剂中 Mo 物种的状态；（b）反应过程中 Mo 物种的动态变化[121]

近来研究发现，除 Mo-ZSM-5 外，Ag、Zn、Fe 等也具有甲烷活化功能[122-124]。但是与 Mo-ZSM-5 类似，甲烷芳构化催化剂的寿命普遍较短，通常只能反应几个小时，主要是因为反应温度太高（>700℃）导致活性中心稳定性差和容易形成积炭。ZSM-5 是典型的甲醇芳构化催化剂，甲醇转化率 100%，并且甲醇芳构化是强放热反应（$\Delta H = -264$kJ/mol）。因此甲醇与甲烷共进料有望降低反应温度并提高甲烷转化率和催化剂寿命。Choudhary 等[125]发现双功能 M/ZSM-5 催化剂（M=Ga、Zn、In 或 Mo）能够在 500℃有效耦合甲醇和甲烷芳构化。Liu 等[126]研究少量甲醇（$CH_4/CH_3OH=15$）对甲烷芳构化的影响，少量甲醇共进料促使甲烷转化率提高到 26.4%，芳烃选择性达到 90%，并且能稳定运行 60h。如图 5.15（a）所示，通过同位素标记实验认为甲醇的作用是在 Mo-ZSM-5 的 B 酸中心上形成甲基，然后促进苯（甲烷芳构化产物）通过甲基化反应生成甲苯或二甲苯，从而抑制苯深度脱氢形成多环芳烃等积炭前驱体。Xi 等[127]制备 Zn/Mo-ZSM-5 催化剂用于甲烷甲醇耦合反应，通过提高甲醇/甲烷比值(0.4~1.2)，使反应温度降低到 400~500℃，该反应温度更适合甲醇芳构化反应，然而并不适合甲烷直接芳构化。实验结果表明，在此反应条件下，甲烷转化率达到 14.8%，芳烃选择性能提高 9.3%。如图 5.15(b)所示，他们通过 ^{13}C NMR 同位素标记实验认为甲烷吸附在 Zn 活性中心形成甲氧基，并进一步与芳烃(甲醇芳构化产物)进行甲基化反应生成二甲苯等芳烃。并结合动力学模拟和实验证明了反应物中加入甲醇能降低甲烷的活化能，使甲烷在较低温度(400~500℃)容易活化。

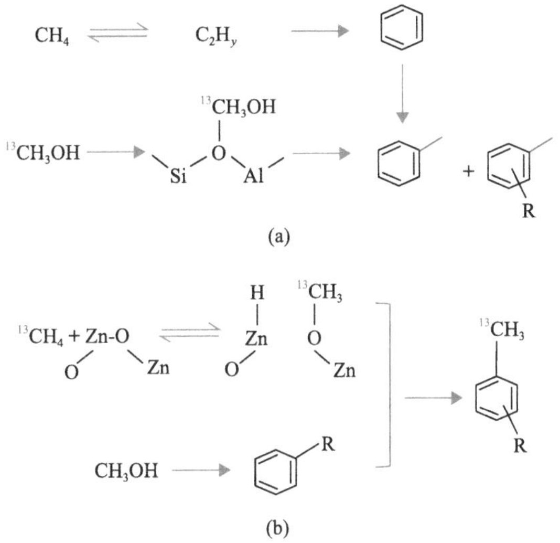

图 5.15　甲醇和甲烷耦合反应的机理

(a) CH₄/CH₃OH=15[126]；　(b) CH₃OH/CH₄=0.4~1.2[127]

5.1.3　催化剂作用规律及反应行为研究

通过上述介绍，费-托合成尾气芳构化催化剂主要是金属/金属氧化物负载型双功能分子筛催化剂。其中，金属/金属氧化物提供费-托尾气分子的活化中心，分子筛则提供芳构化反应的活性中心。本小节重点介绍各种因素(活性中心尺寸调控、添加助剂、载体的扩散性和酸性、预处理和反应条件)对催化剂性质(分散度、扩散性、抗烧结和抗结焦性能)及反应性能(活性、选择性、稳定性)的影响。

1. 尺寸效应

众所周知，催化剂中活性金属/金属氧化物的尺寸对丙烷脱氢反应的活性、选择性、稳定性及反应机理都有重要影响。通过调节催化剂中活性粒子的尺寸可以显著提高催化剂中活性粒子的分散度，提高其利用率，并且能暴露出更多的活性中心，从而提高反应活性。

丙烷脱氢反应中，随着 Pt 晶粒尺寸减小(>2nm)，丙烷转化率显著提高，然而丙烯选择性降低，并且高温下小晶粒的 Pt 易烧结变大和积炭，导致催化剂稳定性差。Zhu 等[128]通过密度泛函理论(DFT)计算认为 Pt(211)具有更低的丙烷脱氢反应能垒，而 Pt(111)位点与丙烯的结合能较弱，增加丙烯深度脱氢反应的反应能垒。并结合同位素实验，证明了随着 Pt 团簇尺寸的减小，反应级数增加，活化能降低，小晶粒的 Pt 上存在大量的 Pt(211) 活性中心，高丙烷转化率促进丙烯选择性，而较大晶粒 Pt 上有大量 Pt(111) 活性中心，抑制深度脱氢形成积炭。如图 5.16 所示，在 2～10nm 范围内，Pt 的尺寸效应对丙烷转化率和丙烯选择性产生相互制约的影响。

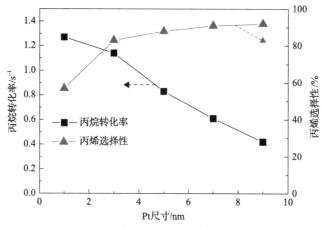

图 5.16　金属 Pt 的尺寸对丙烷脱氢反应的影响[128]

催化剂的制备方法、负载量、载体性质和添加助剂等对活性金属的尺寸产生重要影响。通常双功能催化剂的制备方法有物理混合法、浸渍法、离子交换法和直接合成法等。物理混合法通常会形成较大的金属颗粒；浸渍法是最常见的负载方法，金属物种主要分布在催化剂外表面，而且负载量增加会导致金属团聚形成大尺寸颗粒；离子交换法利用 ZSM-5 分子筛中 Si—O—Al 结构的配位不平衡，金属离子与分子筛的质子中心交换，从而负载于分子筛载体上。例如，用 $[Pt(NH_3)_4]^{2+}$ 前驱体与分子筛进行离子交换，孤立的 Pt 原子能引入分子筛，然后在焙烧过程中 Pt 化合物分解并形成 Pt—O 键，从而锚定在分子筛骨架结构[129]。然而，一部分金属前驱体会沉积在分子筛外表面，并且在焙烧过程或反应过程中金属离子会迁移到外表面形成纳米颗粒[130]。可见，传统方法制备的金属/金属氧化物催化剂具有尺寸分布不均匀的特点。

纳米团簇和单原子催化剂由于独特的几何效应和电子效应在很多反应中表现出超高的活性和选择性。Zhang 等[131]发现通过调控 Pt 负载量，能够使 Pt 尺寸保持在亚纳米范围(<2nm，负载量<1%)，甚至原子级单分散 Pt(负载量<0.1%)。如图 5.17 所示，在丙烷脱氢反应中，亚纳米 Pt 团簇和原子级分散 Pt 催化剂显著提高丙烷转化和丙烯选择性。这主要归因于随着 Pt 尺寸进一步减小(<2nm)，催化剂对丙烯的吸附能力减弱，抑制丙烯深度脱氢。并且原子级单分散 Pt 催化剂中没有 Pt—Pt 结构，能够避免 C—C 键断裂，抑制裂解副反应发生。Deng 等[132]报道了一系列锚定在纳米金刚石弯曲石墨烯层(ND@G) 上的 Pt 催化剂的制备，包括 Pt 物种的平均尺寸从单个原子(Pt_1)不断增加到由几个原子组成的完全暴露的亚纳米团簇(Pt_n)，最终形成更大纳米颗粒(Pt_p)。对于环己烷脱氢反应，尽管 Pt_1 单原子具有最高的金属原子利用率，但即使在 553K 下，对环己烷的 C—H 键活

化和随后的脱氢反应都没有活性。相比之下，Pt 纳米簇合和纳米粒子催化剂都具有活性，但较大的粒子会被反应产物严重毒化，因此活性较低。充分暴露的少原子 Pt 集成的平均 Pt—Pt 配位数（CN_{Pt-Pt}）为 2～3，表现出最佳的催化性能。表明由少原子 Pt 集成组成的完全暴露的 Pt 团簇催化剂对催化脱氢反应的重要性。

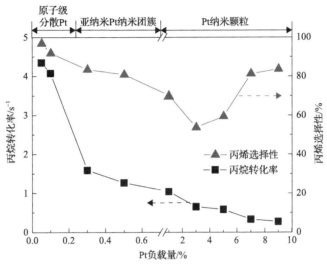

图 5.17　Pt-Al$_2$O$_3$ 催化剂中金属 Pt 催化剂的尺寸效应[131]

　　Pt 纳米团簇或 Pt 单原子催化剂具有较好的脱氢活性，但是稳定性不佳，尤其是在脱氢反应苛刻的反应条件下（＞600℃），Pt 纳米团簇或 Pt 单原子在反应过程中保持稳定是非常困难的[133]。分子筛材料由于具有规则的微孔孔道结构以及超好的热稳定性，被认为是限域合成超小尺寸金属物种（如纳米粒子、纳米团簇、单原子）的理想载体。分子筛负载金属催化剂在众多的非均相催化过程中展现出优异的催化活性和稳定性，引起学术界和工业界的广泛关注。与其他负载型金属催化剂相比，分子筛负载型金属催化剂具有更小且更加稳定的金属物种，在催化反应中（尤其在高温高压等苛刻的反应条件下）具有良好的（水）热稳定性，同时在催化反应中具有独特的择形催化性能。近几年，研究人员发展了一些新的方法制备亚纳米或单原子金属负载 ZSM-5 双功能催化剂，如添加助剂、配体保护策略和 H$_2$ 焙烧等方法使金属团簇限域在分子筛孔道中。通过金属原子掺杂制备杂原子分子筛催化剂，其中，Si—O—M（M=Ga、Zn、Fe、Co 等）骨架结构具有类似单原子催化剂的作用。总之，使具有烷烃脱氢活性的金属/金属氧化物尺寸减小到亚纳米团簇甚至单原子，会极大地提高催化剂中活性中心的催化效率，对丙烷（脱氢）芳构化反应产生深远的影响。但是，这类催化剂通常采用较低的负载量才能避免金属/金属氧化物团聚形成较大尺寸颗粒，这使得丙烷脱氢反应的产量很低，如何提高负载量仍是难题。

　　2. 添加助剂的影响

　　催化体系中引入适量的助剂能够有效地改善催化剂的催化活性、产物选择性和稳定性。一般认为，催化剂中掺杂助剂后会产生多种效应，如隔离效应、几何效应、电子效应、稳定效应以及簇合作用等，能显著改善催化剂表面反应物吸附能和产物的脱附能，降低催化剂表面结焦的覆盖率，提高催化剂的抗结焦和稳定性能[22]。助剂的作用主要有两个方面：

1）几何效应

助剂的几何效应包括形成合金、表面修饰和再分散效应三种形式。合金形成过程通常是在还原过程中，部分还原的金属氧化物与金属 Pt 形成 PtM 合金。催化剂中金属氧化物含量和还原条件不同导致形成不同晶相的 PtM 合金[134]，如图 5.18 所示，Pt₃Sn 与金属Pt 一样是面心立方结构（fcc），对丙烷脱氢具有活化作用[135]，而 PtSn 是六方密堆积结构（hcp），不具有丙烷脱氢活性[136]。PtZn 合金是类似 AuCu 合金的四方结构，也具有很高的脱氢活性[137]。可见，合金的晶相结构是影响丙烷脱氢反应活性的重要因素。表面改性也是一种重要的几何效应，如图 5.18（b）所示，Pt 催化剂中积炭形成和氢解等副反应通常发生在 Pt（211）晶面，通过添加 Sn 助剂，SnO₂ 覆盖在 Pt（211）晶面，从而能抑制副反应[138]。Deng 等[134]发现 PtSn 催化剂表面的 Sn/Pt 比值更高，说明 SnO₂ 表面改性与形成合金同时存在。Sn 助剂对 Pt 还有再分散的作用，特别是再生过程中催化剂经历氧化还原的过程。Pham 等[139]在催化剂再生过程中观测到 Sn 助剂对 Pt 的再分散作用，如图 5.18（c）所示。

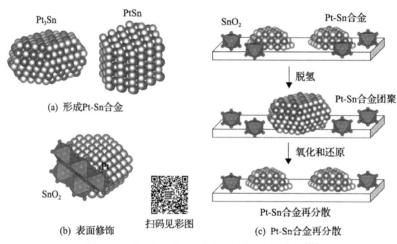

图 5.18　助剂 Sn 与 Pt 之间几何效应示意图[22]

2）电子效应

助剂的电子效应如图 5.19 所示，Deng 等[138]认为 PtSn 催化剂中，电子从 Sn 迁移到Pt，使 Pt 处于富电子状态，但是该理论缺乏大量实验数据支持。目前，普遍认可的是能带理论，Piris 等[140]认为 Sn 通过杂化作用占据 Pt 的 5d 能带，改变 Pt 的 d 带中心能级，未被占用的 5d 能带迁移到更高的能级。在丙烷脱氢反应中，金属 Pt 含有 d 带空穴，其空轨道很容易被烯烃的电子占据，形成较强的相互作用。因此，产物丙烯很难从 Pt 表面脱附，强吸附的丙烯会进一步缩聚或深度脱氢形成积炭，导致催化剂失活。助剂的引入可以提供一部分电子填充到 Pt 的 d 轨道，减弱丙烯与 Pt 原子之间的相互作用，进而促进丙烯脱附，提高催化剂的抗积炭能力。

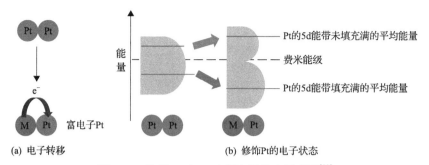

图 5.19 助剂 Sn 与 Pt 之间电子效应示意图[22]

在低碳烷烃脱氢反应中，铂基催化剂在高温反应条件下，容易烧结和结焦导致催化剂快速失活。通过添加适当助剂可以明显提高 Pt 催化剂的分散度、抗烧结性能和抗结焦性能。助剂种类很多，包括金属氧化物 SnO_2、ZnO、FeOx 等；碱金属阳离子 K^+、Na^+、Cs^+ 等；稀土金属 La、Ce、Y 等。

在铂基催化剂中，Sn 元素是应用最广泛的助剂。Su 等[34]研究了 Sn 含量对 PtSn/ZSM-5 催化剂活性的影响，发现适量助剂 Sn 的添加不仅具有"几何效应"，抑制 Pt 粒子团聚，同时增强了载体与金属之间的相互作用，而且 Sn 还可以促进积炭由活性位向载体发生转移，提高催化剂的稳定性。但当添加的 Sn 过量时，会形成更多的 Sn^0 物种，使 Pt 中毒产生不可逆失活，而 Sn^{2+} 则提高 Pt 晶粒分散度，降低氢解活性，对 Pt 的催化性能具有较大的促进作用。可见，助剂的价态对催化剂的影响非常大。Zhang 等[141]研究了不同助剂的浸渍顺序对 PtSnK/MFI 催化剂的影响，如图 5.20 所示，共浸渍法使 PtSn 之间的几何效应更充分，形成高度分散 Pt 活性物种，有利于抑制发生副反应。此外，共浸渍法使得 SnO_x 通过与载体之间的强相互作用而锚定在载体上，抑制 Sn 物种还原为 Sn^0 物种，同时 Sn 与 Pt 之间通过相互作用进一步促进 Pt 锚定在 SnO_x 表面，形成"三明治结构"，该结构催化剂的丙烷脱氢活性和稳定性最好。顺序浸渍法则有所不足，如 K—Sn—Pt 的顺序，SnO_x 与载体仍然通过强相互作用结合，但是最后浸渍 Pt 导致部分 Pt 没有锚定在 SnO_x 表面，而是与载体直接结合，减弱了 Sn 的几何效应，导致 Pt 尺寸变大，并且催化剂中 Pt_1 的比例增加，高活性 PtSn 合金或团簇减少。另外，K—Pt—Sn 顺序浸渍，最后浸渍 Sn 使得 Sn 物种与载体的相互作用减弱，较多的 Sn 物种容易还原为 Sn^0 物种，并且催化剂酸性较强，导致副反应增加，催化剂的选择性和抗积炭能力变差。

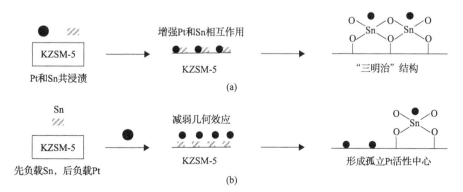

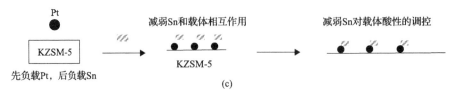

图 5.20　浸渍方法对 PtSnK-ZSM-5 催化剂的影响

(a)共浸渍；(b)K—Sn—Pt 顺序浸渍；(c)K—Pt—Sn 顺序浸渍[141]

碱金属阳离子K[+]是商业催化剂(K-Cr/Al$_2$O$_3$ 或 KPtSn/Al$_2$O$_3$)的常用助剂。Sattler 等[46]发现 K[+]能够减少 Ga-Al$_2$O$_3$ 催化剂的酸性，提高催化剂稳定性。Liu 等[54]深入研究了碱金属阳离子 K[+]对 K-Pt/MFI 合成过程的影响，如图 5.21 所示，未经过焙烧的 K-Pt/MFI 和 Pt/MFI 催化剂中都含有大量高度分散的亚纳米 Pt 团簇，Pt/MFI 焙烧后形成 4～5nm 的 Pt 颗粒，而 K-Pt/MFI 再焙烧后仍然保持亚纳米 Pt 团簇。说明碱金属阳离子 K[+]的作用并不是在水热过程中促进形成原子分散 Pt，而是抑制 Pt 在高温焙烧过程发生烧结。进一步分析发现分子筛中硅羟基有明显变化，可能是水热合成过程中存在 K[+]会促使—OH 转变为—O[-]K[+]，并进一步与 Pt[2+]形成稳定的—O—Pt—O—结构，从而能够抑制 Pt 在高温焙烧过程中发生烧结。Zhao 等[142]通过球磨方法制备 PtSnNa/Al$_2$O$_3$ 催化剂，发现 Na[+]助剂改性后，能够抑制丙烷 C—C 键断裂，提高丙烯选择性(99.18%)和催化剂稳定性(>12h)。Sun 等[56]发现碱金属 Cs[+]可以显著地提升 PtZn/Silicalite-1 催化剂的再生稳定性，四次再生循环后，催化剂的丙烷脱氢反应性能仍然保持稳定。

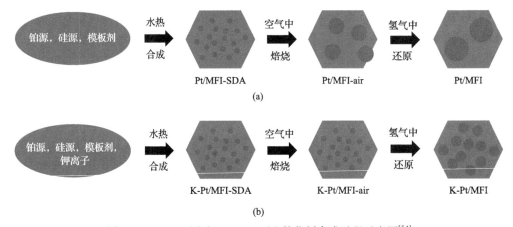

图 5.21　Pt/MFI(a) 和 K-Pt/MFI(b) 催化剂合成过程示意图[54]

研究发现，添加多种不同类型的助剂可有效发挥助剂的协同作用，进一步提高催化剂的稳定性和选择性。Zhao 等[142]探讨了第二助剂 Sr 的含量对 PtSn/HZSM-5 催化剂性能的影响。Sr 的加入提高了 Pt 的分散度，适量的 Sr(1.2wt%)可提高催化剂的活性，并有效地减少催化剂的积炭量；再添加第三种助剂 Na 时，进一步提高了 PtSnSr/HZSM-5 催化剂的活性，反应 5h 后丙烯的选择性大于 95%，丙烷转化率为 32.2%。Ryoo 等[59]发现 La、Ce 和 Y 等稀土金属助剂不仅可以有效抑制 Sn[2+]的还原，还能中和 Pt 催化剂表面的部分弱酸中心和强酸中心，有效地改善了催化剂对丙烯的选择性和稳定性，但过量的 La

则减少了催化剂表面 Pt 活性位点数量而导致催化活性下降。

金属氧化物既可作为 Pt 催化剂的助剂[129]，也能单独作为活性中心催化烷烃转化[87]。例如，PtZn-MFI 双金属催化剂中 Pt 和 Zn 都可作为活性中心，其催化作用机理与 Pt/Zn 比例有关。Pt/Zn 在 1∶1 到 1∶4 范围内，Zn 助剂主要影响 Pt 纳米粒子的几何和电子结构。Sun 等[56]认为 Zn 物种可以与 Pt 形成 Pt-Zn 合金，降低载体的酸性，大幅度减少了 Pt 粒子表面发生裂解和结焦反应的概率。研究还发现，Zn 物种充当促进剂来调节活性金属位点的表面电子结构和价态轨道，形成具有均匀隔离的 Pt 位点的 Pt_1Zn_1 金属间合金，可以降低 Pt 表面的填充态的能量，并且削弱 5d 轨道与被吸附物之间的键形成，从而抑制裂解和氢解反应的反应速率。Sn、Fe、Ga 等多种金属氧化物都可以作为 Pt 催化剂的助剂[115,143,144]，抑制裂解反应并提高催化剂稳定性。同时，金属氧化物也有烷烃活化的作用[43,69,85-87]。Chen 等[145]通过共浸渍法制备 10Zn0.1Pt-MFI 催化剂，在丙烷脱氢反应中有良好的活性（丙烯选择性＞90%，收率 41%）和稳定性（61h）。与 10Zn-ZSM-5 和 0.5Pt-ZSM-5 相比，10Zn0.1Pt-MFI 催化剂的高活性和稳定性归因于 Pt 助剂的促进作用。他们认为催化剂中存在骨架 Zn^{2+}（L 酸）和高分散 ZnPt 颗粒两种活性中心，与 Zn 助剂促进 Pt-ZSM-5 的作用方式不同，在 10Zn-ZSM-5 催化剂中引入 1000ppm Pt 助剂，能够抑制 Zn 还原并且促进形成骨架 Zn 物种。骨架 Zn 物种能有效活化丙烷分子的 C—H 键[146]。10Zn0.1Pt-MFI 催化剂中骨架 Zn^{2+}（L 酸）和高分散 ZnPt 颗粒之间协同作用起关键作用，有待进一步深入研究。Sattler 等[46]发现 Ga-Al_2O_3 催化剂中添加 1000ppm Pt，活性显著增加，他们进一步通过对比试验证实 Pt 不是活性中心，而是配位不饱 Ga^{3+} 活性物种。Pt 作为助剂，能促进催化剂表面形成更多四配位 Ga^{3+} 活性物种。

3. 载体的影响

在负载型金属/金属氧化物催化剂中，广泛应用的载体包括 SiO_2、Al_2O_3、碳材料和分子筛等。载体不仅起担载金属活性中心的作用，还与金属活性中心存在强的相互作用，并通过几何效应和电子效应等促进金属分散。不同载体的结构、表面性质、酸性和扩散性等在促进金属和载体相互作用及活性组分高度分散等方面起着至关重要的作用。本小节主要从载体的类型结构、酸性和扩散性等方面介绍载体性质对低碳烷烃脱氢（或芳构化）的影响。

1）载体的类型和结构

Al_2O_3 是应用最广泛的载体，其具有高温稳定性好、机械强度高、孔性质和酸性质可调控、成本低等特点。在丙烷脱氢反应中，PtSn-Al_2O_3 和 CrO_x-Al_2O_3 催化剂已经商业应用，通过控制载体的晶型、形貌、表面酸性和配位环境等能够影响载体与金属之间的相互作用，还能通过与反应物或反应中间体的相互作用，影响分子吸附脱附过程。Al_2O_3 晶型包括 α-Al_2O_3、γ-Al_2O_3、θ-Al_2O_3、δ-Al_2O_3 和 η-Al_2O_3。其中，α-Al_2O_3 由于制备容易和稳定性高而广泛应用。与 Pt/α-Al_2O_3 相比，Pt/θ-Al_2O_3 具有更高的丙烯选择性和稳定性，这是因为 θ-Al_2O_3 晶型的载体具有特殊的孔结构和弱酸性，能够抑制深度脱氢和形成积炭等副反应[147]。但是 θ-Al_2O_3 制备条件较为苛刻，限制其应用。载体的形貌和制备过程能影响金属载体之间的相互作用和传质效率。Shi 等[148]制备球状 α-Al₂O₃ 载体，发现老化温度影响载体的孔性质、表面酸性和载体与 Pt 的相互作用。增加老化温度，Pt 分散度和催化剂酸量呈现火山型特征。Gong 等[149]制备杨桃状 α-Al₂O₃ 载体并负载 PtSn 团簇，由于载体特殊的形貌能够促进传质，并增强 Al₂O₃ 和 Sn 之间的相互作用，抑制 SnOₓ 还原为 Sn⁰，SnOₓ 进一步促进 PtSn 之间的强相互作用，有利于充分发挥 Pt 的活性，与传统 PtSn/α-Al₂O₃ 催化剂相比，杨桃状催化剂的丙烯选择性和稳定性较高，并且 TOF 值高 1.8 倍。Shi 等[150]制备层状 α-Al₂O₃ 载体并负载 PtSn 纳米团簇，该催化剂与富电子丙烯的作用力弱，丙烯能快速脱附，从而抑制丙烯深度脱氢形成积炭，提高催化剂稳定性。他们还发现层状 α-Al₂O₃ 载体中含有 27%五配位 Al³⁺结构与催化剂的稳定性相关。α-Al₂O₃ 载体中五配位 Al³⁺能够锚定 Pt，促进 α-Al₂O₃ 载体和 Pt 之间相互作用增强，有效抑制 Pt 烧结[151]。Yu 等[144]也发现 α-Al₂O₃ 载体中五配位 Al³⁺促进 Pt 和 Ga 分散，并增强氢溢流现象，促进 Pt 与还原态 GaₓOᵧ 之间的协同作用，提高 Pt/Ga/Al₂O₃ 催化剂的丙烷脱氢活性和稳定性。杂原子掺杂也是改善载体性质的有效手段，Al₂O₃ 载体中加入 Mg[152]、Ce[38]、Y[153]、Zr[154]等金属氧化物或碳[155]、硼[156]等非金属能够降低载体酸性，进而抑制形成积炭，提高催化剂稳定性。载体中的杂原子具有强 L 酸中心，能够促进丙烷脱氢。并且杂原子还能增强金属和载体之间强相互作用，从而抑制 PtSn 烧结[143]。Shan 等[152]制备 MgAl₂O₄ 载体并负载 Pt、Mg 掺杂提高 Pt 与载体之间的强相互作用，从而抑制积炭形成，其催化效果优于传统的 Pt-Al₂O₃ 催化剂。进一步在 MgAl₂O₄ 载体中掺杂 Sn[157]、Ga[158]、Zn[159]等，能够显著降低载体酸性，并增强载体与 Pt 之间强相互作用，改善催化剂稳定性。

SiO₂ 也是一种常用的载体，但是与 Al₂O₃ 载体相比，SiO₂ 载体与金属 Pt 之间的相互作用相对较弱，通过还原温度可以增强相互作用[160]，但是催化剂在氧气再生过程中，不可逆的金属烧结问题严重。Wang 等[161]构建了具有超短三维孔道的 SiO₂ 纳米网。所得的 SiO₂ 纳米网中存在大量的氧缺陷，这些缺陷可以有效地锚定 Co 单原子，从而用于活化 C—H 键。除此之外，CeO₂、ZrO₂、Ga₂O₃、TiO₂ 等金属氧化物，以及碳纳米管和石墨烯等碳材料都可以作为载体[47,79,162-167]，通过它们特有的性质（如缺陷位、配位不饱和离子、羟基等）负载金属活性中心，并增强载体金属相互作用，从而提升催化剂的活性和稳定性。

分子筛材料由于具有规则的微孔或介孔孔道结构以及良好的（水）热稳定性，被认为是一种理想载体。由于微孔或介孔孔道的限域作用，分子筛负载型金属催化剂具有尺寸更小且更加稳定的金属物种，并且分子筛的酸性易调控，在众多的非均相催化过程中展现出优异的催化活性和稳定性[45,168]。

低碳烷烃转化中，微孔分子筛可以作为载体负载脱氢活性金属用于烷烃脱氢反应。分子筛的孔结构和孔径对烷烃吸附性能或形成脱氢过渡态有一定的影响。例如，ZSM-5 分子筛微孔可以选择性吸附直链戊烷，异构戊烷由于几何尺寸稍大不能吸附在 ZSM-5 微孔内[169]。ZSM-5 分子筛的交叉孔道的空间尺寸较大，有利于丁烷脱氢反应过渡态形成[170]。ZSM-5 微孔能选择性吸附正辛烷，但是由于 ZSM-5 微孔空间限制作用，辛烷脱氢反应过渡态的形成受到限制，辛烷脱氢反应只能在 ZSM-5 外表面进行[171]。同时，分子筛还具有可调控的酸性可用于芳构化反应。分子筛的孔结构与芳烃扩散性有关，因此对芳烃选择性和芳烃产物分布产生一定影响。ZSM-5 分子筛（MFI 结构）和 ZSM-11 分子筛(MEL 结构)具有相似的十元环孔道结构，孔道的孔径都约为 0.54nm，与芳烃分子筛的扩散动力学直径相近，是理想的芳构化催化剂。ZSM-5 还具有"之"字形孔道，并且与直孔道交叉，而 ZSM-11 只有相互交叉的直孔道。研究表明，芳烃分子在 ZSM-5 分子筛的直孔道中的扩散速率更快[172]。与 ZSM-5 相比，ZSM-11 具有更丰富的直孔道，芳烃选择性高[173,174]。由于 ZSM-11 的孔径稍大一些，芳烃产物中以萘及衍生物为主，苯、甲苯和二甲苯等单环芳烃的含量只有 ZSM-5 的一半[175]。Song 等[175]对比研究 Zn/ZSM-5、Zn/ZSM-8、Zn/ZSM-11 和 Zn/ZSM-12 四种分子筛催化剂的乙烷芳构化活性，如图 5.22 所示，ZSM-12 催化剂的烯烃选择性最高，转化率和芳烃选择性最低，可能是十二元环结构限制效应弱，导致其酸性弱，烯烃芳构化反应活性较差。有意思的是 Zn/ZSM-11 的芳烃选择性比 Zn/ZSM-5 低，这可能是 Zn/ZSM-11 的硅铝比(90)高于 Zn/ZSM-5(70)，导致 Zn/ZSM-11 酸性较弱，从而使乙烷转化率和芳烃选择性较低。可见，除分子筛的结构外，分子筛的酸性对低碳烷烃转化活性和产物选择性有重要的影响。

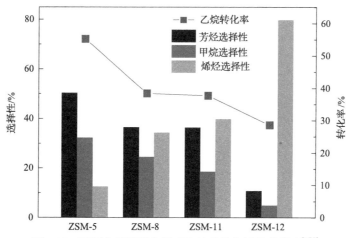

图 5.22　不同分子筛催化剂对乙烷芳构化活性的影响[175]

载体表面具有丰富的基团，不同载体的表面基团对于负载金属有重要作用[176]。Zhou 等[177]发现 ZnPtSn 活性中心分布在 ZSM-5 分子筛中巢羟基结构，巢羟基结构的浓度与 ZnPtSn 活性中心的稳定性密切相关。Zhao 等[87]采用物理混合法制备 ZnO/MCM-41、ZnO/SBA-15、ZnO/SiO$_2$、ZnO/Silicalite-2 和 ZnO/Silicalite-1 五种催化剂，如图 5.23(a)、(b)所示，通过对比发现 ZnO/Silicalite-2 和 ZnO/Silicalite-1 催化剂的活性显著高于其他催化剂，特别是 ZnO/Silicalite-1 催化剂。他们利用不同的互补表征确定了载体缺陷—OH 基团对活性 ZnO$_x$ 物种形成具有决定性作用。在 H$_2$ 预处理过程中，ZnO 还原为 ZnO$_x$ 活性中心，并迁移到载体上，Silicalite-1 载体表面巢羟基与 ZnO$_x$ 活性中心的形成和稳定性相关。该方法进一步应用于其他商业上可获得的富含羟基的金属氧化物载体(Al$_2$O$_3$、TiO$_2$、LaZrO$_x$、TiZrO$_x$ 和 ZrO$_2$-SiO$_2$)或通过脱铝的方法获得富含羟基的分子筛(MOR、Beta 和 MCM-22 等)，将这些载体与 ZnO 的物理混合物或以 ZnO 为上游层的两层形式应用时，可获得较高的丙烯生产速率，如图 5.23(c)所示，大多数样品的活性均高于商用 K-CrO$_x$/Al$_2$O$_3$ 催化剂。

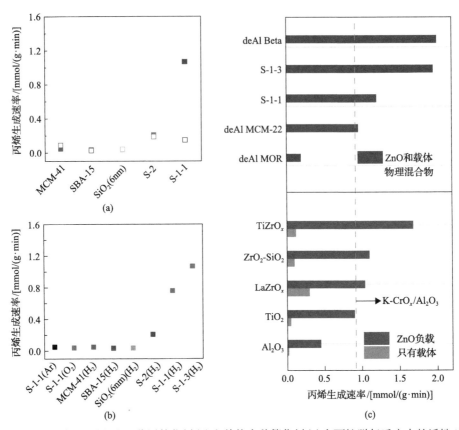

图 5.23　物理混合催化剂(a)、分层催化剂(b)和其他多种催化剂(c)在丙烷脱氢反应中的活性对比[87]

2) 载体的酸性

载体的酸性质对催化剂的催化性能有重要影响，合理的酸强度能够促进活性组分的分散和稳定，还能促进产物脱附。研究表明，丙烷脱氢催化剂的催化性能和催化剂酸性关系紧密。一般而言，酸性过高会影响产物的脱附过程，因而会导致丙烷的深度脱氢、裂解或积炭的形成。Jang 等[143]通过调控 PtSn-Al$_2$O$_3$ 的酸性发现 Al$_2$O$_3$ 载体的酸性对催化剂稳定性有重要影响。提高载体的 L 酸强度能增加载体和金属之间强相互作用，从而抑制活性金属 Pt 烧结。减少载体的 L 酸量则能够抑制积炭形成。商业 PtSnK-Al$_2$O$_3$ 催化剂通常用碱金属阳离子 K$^+$ 调控酸性，从而提高催化剂稳定性。Sattler 等[46]发现 Ga-Al$_2$O$_3$ 催化剂中 Ga^{3+} 以四配位结构与 Al$_2$O$_3$ 结合，使催化剂中存在一定量的 B 酸，促进积炭生成。通过 K$^+$ 改性能够降低 KGa-Al$_2$O$_3$ 催化剂的酸性，抑制积炭形成，提高催化剂稳定性。

分子筛可以作为载体负载脱氢活性金属用于低碳烷烃脱氢反应，但是 Silicalite-1 载体中混入微量铝原子会导致催化剂的酸性增强，显著降低烯烃选择性[56]。金属负载分子筛催化剂中，分子筛载体的酸性(或硅铝比)对金属活性中心的几何效应和电子效应产生影响，从而影响金属活性中心的配位环境和尺寸。Zhou 等[177]研究了载体酸性对 ZnPtSn/ZSM-5 催化剂的影响，发现随载体硅铝比降低，金属尺寸逐渐减小，纯硅 Sicalite-1 载体中 ZnPtSn 活性中心的平均尺寸最小，约为 1.5nm，在丙烷脱氢反应中，丙烯选择性超过 95%。当 ZSM-5 的硅铝比增加到 30，ZnPtSn 活性中心的平均尺寸大于 4nm，但是 ZSM-5 的强酸中心能够促进芳构化反应，芳烃选择性达到 93.37%。分子筛经过酸处理等方法可以脱除骨架结构中的铝原子，从而降低分子筛的酸性。Chen 等[44]以脱铝的 Beta 分子筛作为载体制备负载 ZnO 的催化剂，金属颗粒尺寸明显小于未脱铝的 Beta 载体，该催化剂具有长时间的稳定性，解决了分子筛本身酸性所产生的副反应导致催化剂表面结焦的问题，避免了催化剂的快速失活。

在低碳烷烃芳构化反应中，Bragin 等[178]最早尝试将 Pt-Al$_2$O$_3$ 催化剂用于乙烷芳构化反应，但是芳烃选择性只有 5.1%，大部分产物为甲烷、乙烯和丙烯等，由于 Al$_2$O$_3$ 载体的酸性较弱，不足以催化丙烷芳构化反应。Choudhary 等[179]通过改变 NH$_4^+$ 交换度和硅铝比来调控 Ga-ZSM-5 酸性，如图 5.24 所示，催化剂的强酸量和丙烷芳构化呈正相关。Long 等[20]通过 K$^+$ 交换纳米 HZSM-5，发现随着交换度提高，辛烯芳构化性能变差。说明 ZSM-5 分子筛的强酸位点是烯烃或烷烃芳构化反应的活性中心。但是载体的酸性太强会导致催化剂积炭而快速失活[180]。因此，需要对载体的酸性进行合理的调控。

分子筛是由 TO$_4$ 四面体（SiO$_4$ 或 AlO$_4$）组成，如图 5.25（a）所示，分子筛骨架结构的 Si^{4+} 被 Al^{3+} 取代会导致骨架结构电荷不平衡，H$^+$ 用来平衡骨架结构的负电荷并产生 [Si—OH—Al] 桥羟基，即 Brønsted 酸位点（BAS）。如图 5.25（b）所示，一部分铝会以 AlO$^+$、Al(OH)$_2^+$、AlOH^{2+}、AlOOH 或 Al(OH)$^+$ 等非骨架结构存在并平衡骨架结构的负电荷，形成 Lewis 酸位点（LAS）。分子筛进行酸处理能使得四配位骨架铝从骨架结构脱落，并以非骨架铝结构平衡骨架结构的负电性，形成 Lewis 酸位点。因此，通过控制分子筛中铝的状态、数量和分布情况等因素，可以调控分子筛的强酸性。ZSM-5 分子筛中铝分布并不是均匀的，而是呈梯度分布，即从分子筛内部到外部，硅铝比逐渐降低[181]。延长微米级 ZSM-5 分子筛的晶化时间，铝梯度分布现象更显著[182]。纳米 ZSM-5 也同样具有铝梯度分布的特点[183]。可见在 ZSM-5 晶化过程中，随着晶粒生长，铝逐渐聚集在晶体外部，导致外表面酸分布较多，这会对产物选择性造成影响，并且芳烃产物扩散到催化剂外表面，由于缺少空间限制作用，芳烃很容易在外表面酸作用下，形成大分子积炭前驱物，进而堵塞孔口[184]。酸处理能够脱除骨架铝，但是通常硝酸等强酸处理会导致催化剂酸性减弱，不利于芳构化反应[185]。通过调整硝酸浓度和 ZSM-5 缺陷位，发现 ZSM-5 晶型越完整（缺陷位越少），分子筛内部铝越稳定，而使大部分表面铝被脱除[186]。用硝酸处理含有模板剂的 ZSM-5，由于模板剂占据在分子筛孔道内能够阻止酸溶液进入孔道，选择性脱除 ZSM-5 的表面铝。最后经过焙烧除去模板剂，获得外表面没有酸性的 ZSM-5 催化剂[187]。Zhang 等[188]用弱酸性酒石酸处理，选择性消除了 ZSM-5 分子筛的表面酸性，避免烯烃产物在外表面发生副反应形成积炭，从而提高烯烃选择性和催化剂稳定性。Shao 等[189]用磷酸处理 ZSM-5，发现 2mol/L 磷酸在室温条件下处理 4h，能够有效去除催化剂的表面酸性，芳烃选择性从 24.5%提高到 31.8%。通过 SiO$_2$ 包覆在 ZSM-5 外表面[190]或在 ZSM-5 外表面外延生长 Sicalite-1 壳层[191]等方法构建核壳结构催化剂，能够抑制芳烃产物在催化剂外表面发生烷基化和异构化反应，提高芳烃产物中对二甲苯选择性。

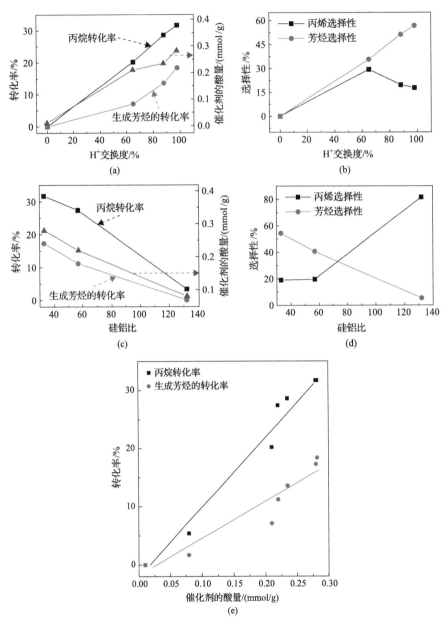

图 5.24　ZSM-5 分子筛的 H$^+$交换度〔(a)、(b)〕、硅铝比〔(c)、(d)〕和强酸量(e)对丙烷芳构化的影响[179]

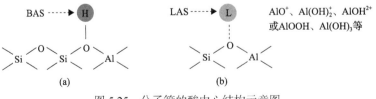

图 5.25　分子筛的酸中心结构示意图
(a) Brønsted 酸；(b) Lewis 酸[192]

　　铝原子在分子筛骨架结构的具体位置和分布情况会对分子筛的酸性产生重要影响。

此外，铝分布还会影响金属负载催化剂中 Ga、Zn、Fe、Co 等金属的结构和还原性，如 Ga-ZSM-5 中成对铝结构能够稳定 Ga 活性中心，促进丙烷高效脱氢。如图 5.26(a)～(c) 所示，根据 Al—O—(Si—O)$_n$—Al 结构不同，ZSM-5 骨架中铝落位情况分为三种，分别是孤立铝、成对铝和未成对铝。成对铝的结构是 Al—O—(Si—O)$_2$—Al，其中两个铝原子在同一个环中。孤立铝的结构是 Al—O—(Si—O)$_{>2}$—Al，铝原子之间距离较远。未成对铝的结构与成对铝类似，但是两个铝原子在不同环中，因为铝原子间的距离较近能够共享一个二价阳离子。Al—O—Si—O—Al 结构由于铝原子距离太近而难以稳定存在。通过对样品进行 Co^{2+} 交换并测试紫外-可见光谱等分析手段可以识别分子筛中的铝落位情况[193]。Dĕdeček 等[194]发现通过控制合成条件可以调控分子筛中铝落位，硅铝比较小的分子筛中成对铝结构显著增加。在相同硅铝比条件下，铝原料的类型影响铝落位，分子筛中成对铝含量依次为 Al(NO$_3$)$_3$＜Al(OH)$_3$＜AlCl$_3$，而硅原料的类型没有显著的影响[195]。进一步发现 Na$^+$ 稳定孤立 AlO$_4^-$，而 TPA$^+$ 促进成对铝结构形成，这可能是溶液中 OH$^-$ 的强极化能力使得 TPA$^+$ 中的 N 原子有较高负电性[196]。他们认为合成过程中溶液离子的极化作用通过静电作用和范德瓦耳斯作用，促进成对铝形成，并通过阴离子的极化能力 (OH$^-$＞PO$_4^{3-}$＞Cl$^-$＞NO$_3^-$)调控成对铝含量[197]。

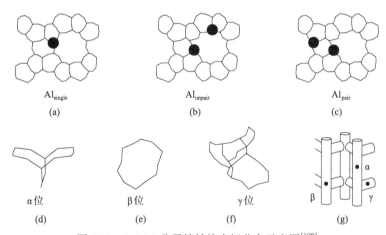

图 5.26 ZSM-5 分子筛结构中铝分布示意图[198]

除了铝在骨架结构中落位情况，铝原子在分子筛不同孔道中的分布情况对分子筛酸性的影响也很重要。如图 5.26(d)～(g)，铝在 ZSM-5 分子筛中不同骨架位置可分为 α 位、β 位和 γ 位，其中 α 位的铝分布在 ZSM-5 分子筛的直孔道中，β 位的铝分布在 ZSM-5 分子筛的交叉孔道中，γ 位的铝分布在 ZSM-5 分子筛的 "之" 字形孔道中[198]。Janda 等[171]通过模拟计算发现丁烷脱氢反应的过渡态分子尺寸较大，ZSM-5 交叉孔道由于较大的空间尺寸（约 0.9nm）有利于丁烷脱氢反应，并且交叉孔道中分布的酸位点能够促进芳烃生成，并通过氢转移反应抑制积炭形成。

分子筛的硅铝比是影响铝在孔道内分布的重要因素，通常低硅铝比分子筛中较多铝分布在交叉孔道[171]。Yokoi 等[199]发现 TPA$^+$ 和 Na$^+$ 对铝在 ZSM-5 分子筛孔道内的分布情况很关键，只有 TPA$^+$ 情况下，由于 TPA$^+$ 落位在交叉孔道中，导致大部分铝分布在 ZSM-5

的交叉孔道中。Na$^+$存在的情况下，Na$^+$与AlO$_4^-$相互结合，由于Na$^+$尺寸较小，铝在孔道内的分布呈现随机性。Liu 等[200]采用不同模板剂调控铝原子在 ZSM-5 孔道内的分布，通常在合成过程中模板剂位于 ZSM-5 的交叉孔道中。如图 5.27(a) 所示，四丙基氢氧化铵（TPA）模板剂由于正电性，需要负电性 AlO$_4^-$平衡电荷，因此能够诱导铝分布在 TPA-MFI 的交叉孔道中。季戊四醇（PET）模板剂由于是电中性，交叉孔道内电荷处于平衡状态，因此铝分布在 PET-MFI 的直孔道和"之"字形孔道中。正丁胺（NBA）模板剂也具有电中性，但是由于正丁胺的分子尺寸较小，部分 Na$^+$会进入交叉孔道，导致一部分 AlO$_4^-$分布在交叉孔道内平衡电荷，因此铝分布在 NBA-MFI 的所有孔道内。正己烷裂解生成三甲基戊烷的反应速率（CI）对孔径尺寸非常敏感，如图 5.27(d) 所示，TPA-MFI 的 CI 值仅有2.8，表明 TPA-MFI 交叉孔道中的酸位点远远多于 PET-MFI 和 NBA-MFI。在乙烷芳构化反应中，Pt/TPA-MFI 催化剂的酸位点分布在具有较大空间尺寸的交叉孔道中，有利于齐聚、环化、异构化、烷基化和氢转移反应发生，如图 5.27(b) 所示，Pt/TPA-MFI 催化剂的芳烃选择性最高。而 Pt/PET-MFI 催化剂的失活速率更高，这是由于酸位点分布在直孔道或"之"字形孔道中，直孔道或"之"字形孔道空间尺寸相对较小，阻碍积炭前驱物

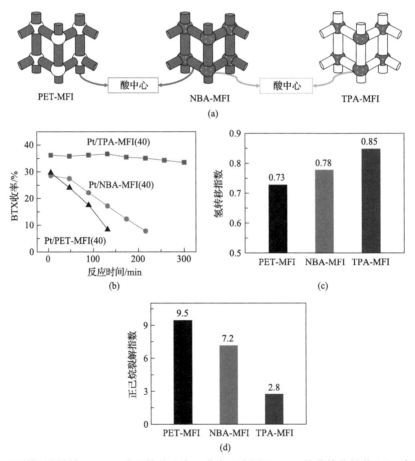

图 5.27　不同模板剂制备 ZSM-5 分子筛的酸中心分布示意图(a)、乙烷芳构化性能(b)、氢转移指数(c) 和正己烷裂解指数(d)[200]

扩散，更容易造成积炭积累并堵塞孔道，导致催化剂快速失活。他们还发现，在乙烯芳构化反应中，会生成较多低碳烷烃，可能来自甲基苯或二甲基苯氢转移反应。氢转移反应过程中会形成双分子中间体，因此空间尺寸会显著影响氢转移反应。氢转移指数（C_3-HTI，丙烷与丙烯比值）经常用来描述反应过程中氢转移反应，如图 5.27（c）所示，氢转移指数大小顺序为：TPA-MFI＞NBA-MFI＞PET-MFI，相比直孔道或"之"字形孔道（约 0.6nm），ZSM-5 交叉孔道的空间尺寸约 1nm，因此铝分布（酸位点）在 ZSM-5 交叉孔道处更有利于氢转移反应。

研究表明，B、Sn 或 Ge 等杂原子和铝原子在分子筛内分布情况存在竞争关系，Sn 原子优先占据 ZSM-5 的交叉孔道，使较多铝分布在直孔道或"之"字形孔道中，并且铝梯度分布较弱，铝分布更加均匀[180]。硼掺杂 ZSM-5 也能促使铝分布在空间尺寸较小的直孔道或"之"字形孔道中，不利于芳构化反应，产物中的烯烃较多，而芳烃较少[201]。与 ZSM-5 中铝分布情况不同，在 ZSM-11 中铝主要分布在十元环直孔道中，直孔道中的酸位点会促进烯烃齐聚生成高碳烯烃，进一步形成积炭前驱体，由于直孔道的空间尺寸较小，限制积炭前驱物扩散出去，导致 ZSM-11 快速失活。Wang 等[168]通过硼原子掺杂 ZSM-11，硼原子优先占据直孔道，促使铝分布在交叉孔道中，提高催化剂寿命。

杂原子掺杂分子筛除了影响铝分布，还会影响酸性质。如图 5.28（a）所示，B、Fe 和 Ga 等 T^{3+} 原子进入分子筛骨架中形成 BAS 酸，但是，与骨架铝相比，Fe 和 Ga 等 T^{3+} 原子在骨架结构中的稳定性较差，容易从骨架脱落，形成非骨架原子，即 LAS 酸，如图 5.28（b）所示。Ge、Ti、Sn 等 T^{4+} 原子进入骨架，由于配位电荷平衡，不能结合 H^+ 形成 BAS 酸，而是如图 5.28（c）所示，T^{4+} 原子进入骨架形成 LAS 酸。杂原子分子筛中，由 T—O 键长不同造成骨架结构扭曲和变形，从而对酸性产生影响[202]。Zhang 等[146]通过 Zn 掺杂 ZSM-5 制备 PtNa/Zn-ZSM-5 催化剂，发现 Zn 掺杂能显著降低 ZSM-5 载体酸性，增强 Pt 与载体相互作用，并促进 Pt 分散，提高 Pt/Zn-ZSM-5 催化剂的丙烷脱氢活性和稳定性。Zhou 等[203]研究不同掺杂原子（Al、Fe、Mg）对 PtSn/M-Silicalite-1 催化剂的影响，结果表明 Al 和 Fe 掺杂 Silicalite-1 使催化剂的中强酸增加，特别是 Fe 掺杂 Silicalite-1 使催化剂的中强酸增加 4 倍，导致催化剂稳定性较差。而 Mg 掺杂 Silicalite-1 降低催化剂的中强酸，催化剂的稳定性最好。说明载体酸性对催化剂稳定性有很大影响。

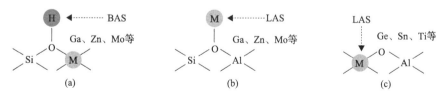

图 5.28 金属负载或金属掺杂对分子筛酸中心的影响[192]

金属负载于分子筛载体，如图 5.28（b）所示，金属离子能够与[Si—OH—Al]的 H^+ 进行离子交换，降低 BAS 酸量，并形成[Si—OM—Al]结构，即 LAS 酸位点。大量研究表面，分子筛催化剂中 BAS 酸和 LAS 酸之间的协同作用对芳构化反应至关重要。通过先进的固体核磁技术（^1H-^{71}Ga S-RESPDOR NMR）分析，发现 Ga-ZSM-5 分子筛中存在相邻的成对 BAS-Ga 结构，该结构与 BAS/LAS 协同作用有关。并且在 ^1H NMR 表征中观察

到 δ=13.4 位置的信号峰，说明分子筛的 BAS 酸增强，可能是由于 Ga 与 BAS 酸相互作用[204]。Zhou 等[112]发现不同金属氧化物对 ZSM-5 酸性产生不同的影响，是造成丙烷芳构化反应中产物选择性不同的主要原因。如图 5.29(a) 所示，Ga 和 Zn 改性 ZSM-5 主要形成 LAS 酸性中心，降低催化剂的 BAS/LAS，从而促进芳构化反应。Co、Mo 和 Zr 改性 ZSM-5 主要降低 BAS 酸中心，抑制裂解反应，但是 BAS/LAS 值较高不利于协同催化促进芳构化，形成较多烯烃产物。

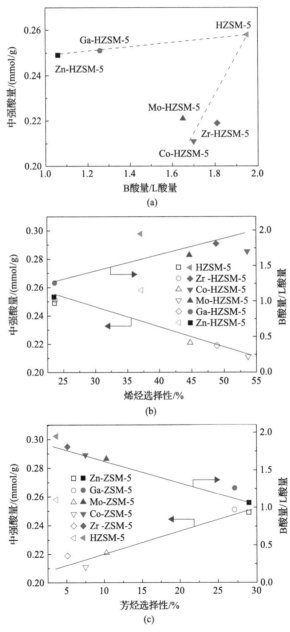

图 5.29　不同金属对催化剂酸性(a)、烯烃选择性(b)及芳烃选择性(c)的影响[112]

此外，分子筛的晶粒尺寸和孔结构也会对酸性产生影响。许多研究表明，与微米级 ZSM-5 相比，纳米 ZSM-5 和介孔 ZSM-5 的酸强度稍弱[205]。然而由于较小的晶粒尺寸和丰富的介孔结构，纳米 ZSM-5 和介孔 ZSM-5 中的酸位点更容易接近，并且金属活性中心高度分散在催化剂表面或介孔中，B 酸与 L 酸之间的协同作用更加充分，有利于芳构化反应[34]。

3) 载体的扩散性

沸石中包裹的金属团簇因其独特的电子性质和高度的稳定性而受到越来越多的关注，但扩散不足是限制活性中心利用效率的瓶颈，尤其是在大块晶体中。扩散不足还导致芳烃类分子的扩散速率缓慢，容易在分子筛孔内发生深度反应形成积炭前驱体，积炭前驱体被限制在分子筛孔内进一步积累和碳化，最终导致催化剂因积炭失活。

诸多研究表明，分子筛尺寸调控和孔结构优化是解决分子筛催化应用中扩散问题的重要方法。纳米分子筛由于较小的晶体尺寸和较短的扩散路径，能够有效促进分子扩散，提高催化剂稳定性[34]。然而，纳米分子筛的表面粗糙和结晶度低分别导致了较高的表面势垒和较低的稳定性，并且尺寸小于 100nm 的 ZSM-5 分子筛很难制备。介孔 ZSM-5 分子筛也可以缩短扩散路径，且丰富的介孔结构能促进金属活性中心分散，提高催化活性和催化剂的稳定性[174]。Leth 等[206]发现介孔 ZSM-5 分子筛能促进非骨架 Ga 形成高活性的 [GaO]$^+$ 物种，提高丙烷转化率。然而介孔中的活性金属在一定程度上会发生团聚。

近年来发现，调控分子筛的形貌能有效提高分子筛的扩散性能[207]。Wang 等[208]制备了空心球状 ZSM-5 分子筛，纳米 ZSM-5 紧密堆积形成壳层，具有丰富的晶间介孔和中空结构，显著提高分子筛的扩散性。他们进一步用空心 ZSM-5 负载 Zn，并与纳米球状、纳米棒状和传统 ZSM-5 等不同形貌的催化剂进行对比。结果发现，空心球状 Zn-ZSM-5 催化剂具有最好的芳烃选择性和稳定性。这是由于 Zn 活性中心高度分散在壳层，促进 Zn(OH)$^+$ 与 B 酸性位点之间的协同作用。此外，反应中间体能够停留在空腔结构中，增加反应中间体与活性位点的接触时间，更有效地促进芳烃的生成。另外，空心结构催化剂具有良好的扩散性，促进积炭前驱体快速扩散，提高催化剂稳定性[21]。Wang 等[209]合成了杨梅状 Zn-ZSM-5 催化剂，丰富的介孔结构能提高催化剂的扩散性，促进芳烃产物扩散。Dai 等[210]通过二次晶化制备了鳍状 ZSM-5 分子筛，鳍状 ZSM-5 的晶粒尺寸仅约 50nm，如图 5.30(a)所示，这种独特的结构确保了短的扩散长度和光滑的表面，这有助于提高扩散速率和表面渗透率。Zhang 等[211]报道了一种双模板法来合成包裹 PtZn 团簇的鳍状 MFI 分子筛(30~60nm)，金属尺寸约为 0.91nm。而纳米 Silicalite-1(100nm)由于结晶度较低，对金属稳定作用较弱，导致一些金属团聚形成较大的金属颗粒 8~12nm，金属平均尺寸约为 1.55nm。PtZn@S-1-Fin 催化剂的金属分散度高，并且扩散性良好，如图 5.30(b)所示在丙烷脱氢(PDH)反应中获得了 17.0mol/(mol$_{催化剂}$/s)的产率(WHSV= 360h^{-1})和 0.0017h^{-1}(WHSV=12h^{-1})的失活常数。

ZSM-5 具有两组不同的十元环孔道，孔口分布在不同晶面上，分子筛的形貌特征决定了不同孔道的暴露度。研究表明，ZSM-5 分子筛不同孔道对芳烃生成的影响有显著区别，其中 b 轴方向的直孔道是芳烃生成和扩散的主要通道。Ma 等[173]分析使用后的 Zn/ZSM-5

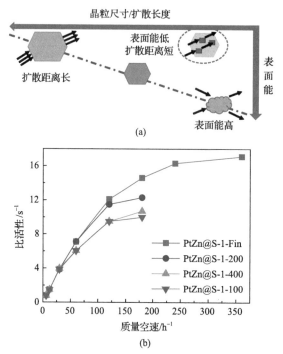

图 5.30　鳍状 ZSM-5 和纳米 ZSM-5 示意图 (a) 和丙烷脱氢活性对比图 (b)[211]

催化剂，发现催化剂的 (100) 晶面有大量积炭堵塞 "之" 字形孔道，抑制烯烃和烷烃的扩散。而 (010) 晶面的积炭很少，促使芳烃选择性高达 98%。他们进一步通过定向沉积 SiO_2 技术，选择性覆盖 ZSM-5 的 (010) 晶面，堵塞直孔道，从而能抑制芳烃扩散，提高烯烃选择性[212]。双功能 Cr_2O_3/ZSM-5 催化剂在催化合成气制芳烃反应中，芳烃分布或 BTX 选择性与 ZSM-5 的晶粒大小密切相关，其中 b 轴方向的大小是最直接的影响因素[213]。通过改变 ZSM-5 沿 b 轴的晶体尺寸，可以容易地调节芳烃分布。Arslan 等[214]报道了纳米级短 b 轴 ZSM-5 分子筛在合成气制芳烃反应中取得高的单一芳烃组分选择性，四甲苯的选择性为 70%。Zhang 等[215]发现 ZSM-5 合成体系中加入 NH_4F 能促进分子筛沿着 a 轴和 c 轴生长，抑制其沿着 b 轴方向生长，最终形成 b 轴厚度约为 100nm 的 ZSM-5 分子筛。b 轴尺寸减小，积炭前驱物容易扩散，催化剂寿命显著提高。Dai 等[216]进一步发现添加 NH_4F 之前进行 90℃预老化处理很关键，没有老化过程则不能形成短 b 轴分子筛，如图 5.31 (a) ～ (b) 所示，通过调整 NH_4F 和 TPA 浓度，控制分子筛 b 轴厚度只有约 10nm，能显著提高芳烃扩散性。Choi 等[217]通过 $C_{22}H_{45}$—$N^+(CH_3)_2$—C_6H_{12}—$N^+(CH_3)_2$—C_6H_{12} 双功能模板剂制备多层或单层层状 ZSM-5 分子筛，如图 5.31 (c) ～ (d) 所示，ZSM-5 的 b 轴方向尺寸只有约 2nm，在甲醇转化反应中，空速为 $11h^{-1}$ 条件下，积炭前驱物扩散性好，微孔内积炭很少，大量积炭落位在外表面，催化剂寿命大于 15 天，远高于传统的纳米 ZSM-5 催化剂。Kim 等[218]研究 Pt-Silicalite-1 催化剂载体的厚度对庚烷异构化反应的影响，Silicalite-1 载体的厚度从 300nm 减小到 2nm，异构烷烃选择性逐渐提高，这是因为异构烷烃的扩散速率随着载体厚度减小而提高，并且能够避免进一步发生裂解反应。Wannaruedee 等[129]使用具有丰富的缺陷位点的层状 Silicalite-1 作为载体负载 Pt，如图 5.31 (e) ～ (f) 所示，丰富的缺陷位点能够增强 Pt 与载体之间相互作用，减少载体的酸性，避免发生裂解反应，同时层状 Silicalite-1 的扩散性很强，能够促进丙烯快速扩散，抑制裂解和齐聚等副反应，丙烯选择性达到95%。

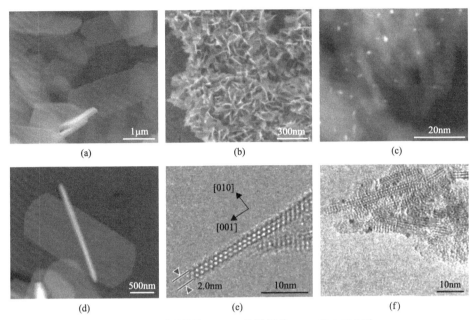

图 5.31　不同形貌 ZSM-5 分子筛的 SEM 和 TEM 图

(a) 和 (b) 短 b 轴 ZSM-5[216]；(c) 和 (d) 层状 ZSM-5[217]；(e) 和 (f) 层状 Pt/ZSM-5[218]

4. 载体与金属结合方式

载体与金属的结合方式会影响金属和载体之间的相互作用，从而影响金属活性中心的电子特性和几何结构，造成催化反应活性不同[130]。在双功能分子筛催化剂中，金属在分子筛载体上的分布和落位情况与催化剂制备方法和分子筛载体的性质有关。如图 5.32 所示，一般情况下，分子筛负载金属催化剂中的金属物种位置可分为四类：①金属物种负载在沸石晶体的外表面[图 5.32(a)]；②金属物种被封装于沸石晶体内部，包括金属物种被锚定在分子筛骨架上、金属物种被限域在分子筛的微孔孔道内部、金属物种被包裹在分子筛的介孔孔道或者缺陷位[图 5.32(b)]；③金属物种被封装于分子筛的空腔内[图 5.32(c)]；④金属物种与沸石物理混合[图 5.32(d)]。

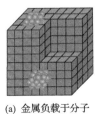
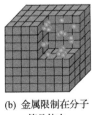
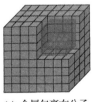
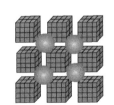

(a) 金属负载于分子筛外表面　　(b) 金属限制在分子筛晶体内　　(c) 金属包裹在分子筛空腔内　　(d) 金属与分子筛物理混合

图 5.32　金属在分子筛载体上分布情况[45]

传统浸渍法制备双功能催化剂，大部分金属落位在催化剂外表面，由于催化剂外表面缺少空间限制作用，通常金属尺寸较大。传统离子交换法制备催化剂，金属以离子状态与分子筛微孔内的离子交换位点结合，由于分子筛微孔的空间限制作用，形成尺寸较小的金属颗粒，但是热处理过程中部分金属离子会迁移到外表面，形成较大颗粒，尺寸分布难以控制。Sun 等[56]发现浸渍法制备 Pt/Silicalite-1 催化剂中 Pt 分布在分子筛表面，平均尺寸约为 6.4nm，经过三次氧化还原再生后，Pt 尺寸增加到 19.6nm。直接水热合成 Pt/Silicalite-1 催化剂，Pt 亚纳米团簇（<1nm）限域在 Silicalite-1 分子筛的微孔中，经过五次氧化还原再生后，由于部分 Pt 迁移到外表面，超过 60%的 Pt 物种尺寸仍然小于 4nm。Kim 等[218]研究 Pt/Silicalite-1 催化剂中 Pt 落位情况和载体厚度对庚烷异构化反应的影响。离子交换法使 Pt 分布在分子筛微孔内，Pt 与载体酸性位点紧密接触，载体厚度对异构烷烃选择性的影响主要是通过扩散限制。浸渍法则使大部分 Pt 分布在载体的外表面，载体厚度影响 Pt 与载体酸性位点的紧密程度。当载体厚度为 300nm 时，由于 Pt 与酸位点之间距离远，它们之间的协同作用难以发挥作用，中间态物质会在酸位点进一步裂解反应。载体厚度越小，Pt 与酸位点接触越紧密，有利于通过它们之间的协同作用生成异构烷烃。当载体厚度仅为 2nm 时，异构烷烃能够从载体中快速扩散，从而避免深度反应。Xu 等[114]考察了 Ga 或 Cr 的浸渍顺序和 Cr 含量对 Cr-Ga-ZSM-5 双功能催化剂及其催化丙烷芳构化反应的影响。研究发现，与 Cr-ZSM-5 相比，Ga-ZSM-5 由于 Ga 与 ZSM-5 之间的相互作用较强，在丙烷芳构化反应中活性高。Ga 浸渍到 Cr-ZSM-5 催化剂上，Ga 与 ZSM-5 之间相互作用较弱。而 Cr 浸渍到 Ga-ZSM-5 催化剂上，几乎不影响 Ga 离子与 ZSM-5 的酸性位的相互作用，而且能在催化剂表面形成大量 Cr^{3+} 活性中心促进丙烷脱氢反应。当 Cr 含量大于 4%时，催化剂表面形成大量 Cr_2O_3 颗粒，降低分子筛酸性，抑制芳构化反应，并且 Cr^{3+} 活性中心减少，降低丙烷脱氢活性。

金属物种封装在分子筛晶体内部，能提高催化剂的抗烧结和抗积炭性能。ZSM-5 的孔道尺寸具有差异性，会影响分子扩散或反应过渡态形成。因此，金属活性中心在 ZSM-5 的孔道内分布情况对不同反应有不同的影响。Weckhuysen[51]通过一步水热合成 PtSnK-ZSM-5 催化剂，由于 TPA 模板剂占据在交叉孔道，PtSn 纳米团簇分布在 MFI 的"之"字形孔道，丙烷脱氢反应中效果很好。然而与交叉孔道相比，"之"字形孔道或直孔道内容易形成积炭导致催化剂失活。另外，丁烷脱氢反应形成的过渡态尺寸较大，金属活性中心分布在"之"字形孔道和直孔道中不能形成丁烷脱氢过渡态，增加反应难度。ZSM-5 分子筛的交叉孔道的空间尺寸大，有利于过渡态形成[171]。Sun 等[56]采用配体保护并直接氢气还原策略，通过一步水热晶化法，成功地将亚纳米 PtZn 双金属团簇封装在 ZSM-5 分子筛的交叉孔道之中，可能与配体优先落位在交叉孔道中有关。在丙烷脱氢反应中，经过 216h，丙烷转化率从 44%降低到 40%，该催化剂具有非常好的稳定性。金属物种在分子筛内不同孔道的分布情况对丙烷脱氢的影响还有待进一步深入研究。

辛烷分子由于尺寸较大，对反应空间的限制效应更加敏感。在辛烷脱氢芳构化反应中，ZSM-5 和 Zn-ZSM-5 催化剂的活性较差，Pt-ZSM-5 催化剂的辛烷转化率仅有 46.2%，芳烃很微量，主要形成异构烷烃。而 PtZn-ZSM-5 催化剂能显著提高辛烷转化率 61.1%和芳烃选择性 23%。通过 DRIFT 和 CO 吸附实验发现 Zn 能促进 Pt 还原，并增强 Pt 和 Zn

之间的相互作用[172]。Zn 负载方法对 Pt 在 ZSM-5 分子筛的落位情况及其催化辛烷芳构化反应产生更深远的影响。采用常规浸渍法，Pt 主要落位于分子筛微孔内。DFT 结果表明，ZSM-5 微孔内的 Pt 纳米团簇能降低辛烯环化反应能，促进辛烷芳构化反应。但是辛烷分子尺寸较大，由于 ZSM-5 微孔空间限制作用，辛烷脱氢反应过渡态的形成受到限制，落位在 ZSM-5 微孔内的 Pt 活性中心不能充分发挥其 C—H 活化能力[172]。采用强静电吸附方法负载金属 Zn，然后再浸渍 Pt，由于 Zn 优先占据在微孔中，导致 Pt 从微孔中溢出并沉积在催化剂外表面。DFT 结果表明，外表面的 Pt(111) 比微孔中 Pt8 团簇更容易活化辛烷分子的 C—H 键。此外，分布在催化剂外表面的 Pt 由于缺少空间限制更容易形成辛烷脱氢过渡态，辛烷转化率达到 97%，芳烃选择性为 72%。然而，Pt 分布在分子筛外表面容易烧结导致催化剂快速失活。Xu 等[219]将 Pt 亚纳米团簇封装在 KL 分子筛孔道中，由于 KL 分子筛具有十二元环结构，孔道尺寸有利于辛烷脱氢过渡态形成。与 Pt 分布在分子筛外表面相比，Pt 亚纳米团簇封装在 KL 分子筛孔道内使催化剂具有更高的芳烃选择性和更慢的失活速率。

在双功能催化体系中，建立金属/金属氧化物-分子筛取向分布形态，可优化反应中间体扩散传递空间路径，提升催化反应效率。Liu 等[220]发展了新的双组分催化剂制备方法，从氧化物和分子筛粉末混合态催化剂出发，经过添加黏结剂挤出成型，再经有机模板剂气氛中二次晶化，制得了 Cr_2O_3 组分定向分布于 ZSM-5 分子筛 (100) 和 (101) 晶面的双功能催化剂。作为芳烃组分主要扩散通道的 b 轴直孔道的暴露程度得以提高。在该双功能催化剂体系中，氧化物表面形成的反应中间体可经邻近的正弦孔道扩散至 ZSM-5 分子筛内部，在孔道内酸性位点作用下发生芳构化反应生成芳烃，芳烃产物再经直孔道扩散至气相。这一有序空间路径的构建，可促进中间体和产物的扩散，提高反应效率并降低副反应的概率。与组分无序分布的催化剂相比，定向分布的双功能催化剂在高转化率的基础上保持较高芳烃选择性，C_{10+} 芳烃的生成得到了有效抑制。

物理混合也是制备双功能催化剂的一种方法。通常认为金属活性物种和载体通过物理混合的方式结合不能增强金属和载体之间的相互作用，在大多数反应中，催化效果不理想。与离子交换和浸渍法相比，物理混合法制备的 Zn-HZSM-5 催化剂中 $ZnOH^+$ 活性中心最少，芳构化反应性能也最差[221]。Zhao 等[87]通过氢气预处理使 ZnO 还原为 ZnO_x 活性中心，进一步迁移并锚定在 Silicalite-1 载体上，该物理混合催化剂能够很好地催化丙烷脱氢反应。可见，金属活性中心在反应条件下的迁移能力起到关键作用。物理混合催化剂在多步串联反应中具有一定优势。例如，CO_2 加氢制芳烃，$ZnAlO_x$ 催化剂用于 CO_2 加氢制甲醇 (或二甲醚) 中间体，甲醇 (或二甲醚) 进一步扩散到 ZSM-5 分子筛内通过芳构化反应形成芳烃产物[222]。物理混合的方式使活性中心通过构建有序空间反应路径，促进反应中间体和产物的扩散，提高反应效率并降低副反应的概率。核壳结构催化剂也是构建反应路径的一种方法。Yan 等[223]通过原子沉积技术制备三种催化剂，如图 5.33 所示，丙烷氧化脱氢反应中，物理混合催化剂和 $Pt/(Al_2O_3@In_2O_3)$ 催化剂中只有部分氢气氧化，并且丙烯或丙烷容易过度氧化。而 $(Pt/Al_2O_3)@In_2O_3$ 核壳结构催化剂，由于构建了有序反应途径，丙烷脱氢和氢气氧化反应有序进行，促进丙烷转化，并且 In_2O_3 壳层能够抑制 Pt 烧结，催化剂稳定性大幅提升。Steinberg 等[224]制备 Pt-Silicalite-1@HZSM-5 核壳结构催化剂，催化剂内部的 Pt-Silicalite-1 用于乙烷脱氢反应，生成乙烯扩散到壳层 HZSM-5，进一步发生乙烯芳构化反应形成最终产物芳烃。

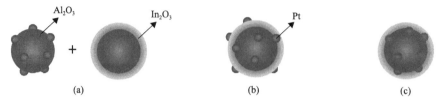

图 5.33　核壳结构催化剂示意图

(a)模型 1：Pt/Al₂O₃ 和 Al₂O₃@In₂O₃ 物理混合；(b)模型 2：Pt/(Al₂O₃@In₂O₃) 催化剂；(c)模型 3：(Pt/Al₂O₃)@In₂O₃ 催化剂[221]

5. 反应气氛及催化剂活化

催化剂在实际使用过程中，由于反应气氛、反应温度、反应物等影响，催化剂活性中心的状态及分布处在动态变化过程中，这显著增加了对分子筛催化剂上活性物种存在状态及其催化作用机制研究的难度。丙烷脱氢反应体系中持续产生氢气，会对催化剂活性中心和催化剂稳定性产生一定的影响。通常文献中报道的丙烷脱氢测试条件为丙烷稀释进样或者临氢气氛进样，氢气和产物丙烯会发生竞争吸附，降低丙烯在活性位点的覆盖率，促进丙烯的脱附，提高烷烃脱氢催化剂的稳定性[49]。在其他反应中也发现氢气和反应物共同进料能提高催化剂的稳定性。例如，甲醇转化反应中提高氢气分压能通过影响氢转移反应抑制生成多环芳烃等积炭前驱物，提高芳烃选择性和催化剂寿命[225-227]。另外，丙烷氧化脱氢过程中，通过氧气或二氧化碳等氧化性气体消耗丙烷脱氢形成的 H_2，能够促进反应平衡右移，从而提高丙烷转化率。与此同时氧化性气体有利于减少生成积炭前驱物，提高催化剂稳定性[221]。然而丙烷氧化脱氢会形成副产物水。在分子筛的 B 酸位点，水分子会与反应物或产物分子发生竞争吸附，或影响反应中间体或过渡态的吸附稳定性，从而影响反应活性[228-230]。特别是在高温反应条件下，水蒸气会对分子筛结构和酸性产生一定影响[102-104]。因此本小节重点介绍氢气、氧气或水对催化剂活性中心及催化活性的影响。

1)氢气或氧气的影响

通常，Pt 基催化剂通过氢气还原能暴露更多活性中心促进丙烷脱氢反应[49]。研究表明，催化剂焙烧过程中不同气氛对 Pt 催化剂的尺寸有影响。通常在氧化性气氛中，Pt 晶粒通过奥斯特瓦尔德熟化过程生长变大。在还原性气氛中，Pt 原子会通过布朗运动发生碰撞和团聚。Sun 等[56]采用配体保护并直接氢气还原策略合成 PtZn-Silicalite-1 催化剂，PtZn 亚纳米团簇分布在分子筛的交叉孔道中。在直接氢气还原(500～700℃)过程中，由于分子筛孔道限域作用，金属仍然保持亚纳米团簇(<1nm)。然而该催化剂在空气中焙烧，由于发生奥斯特瓦尔德熟化，金属尺寸随焙烧温度增加而逐渐增加到 3.1nm。

Liu 等[55]合成 K-PtSn/MFI 催化剂并通过深入表征发现氢气预处理过程对 PtSn 活性中心的形成很关键。如图 5.34(a)所示，在未经过 H_2 还原的 K-PtSn/MFI 催化剂中，MFI

分子筛微孔中存在高度分散的 Pt 团簇和 Sn 团簇，并且没有检测到 PtSn 合金或 PtSn 团簇结构。H_2 气氛下程序升温到 600℃过程中，Pt 物种首先还原并形成约 0.5nm 亚纳米 Pt 团簇，同时只有少部分 Sn 团簇还原为 SnO_{4-x} 结构，该催化剂在丙烷转化反应中的初始转化率约 50%，丙烯选择性约 82%，然而丙烷转化率快速下降，反应约 15h 后转化率只有约 10%。600℃条件下 H_2 还原 1h 后，大部分 Sn 团簇还原为 SnO_{4-x} 结构，其中少量 SnO_{4-x} 物种会迁移到 Pt 团簇表面形成 PtSn 团簇，改善 Pt 的几何和电子特性，丙烯选择性提高到 93%。继续延长 H_2 还原时间，MFI 分子筛"之"字形孔道中逐渐形成大量 PtSn 团簇，催化剂经过 600℃条件下 H_2 还原 22h 后，稳定性大幅提升，丙烷脱氢反应经过 25h 后，丙烯选择性从约 40%降低到约 32%。对反应后的催化剂进行分析，发现 Pt 没有烧结，并且催化剂中仅有 1%积炭物种，没有堵塞分子筛孔道。催化剂稳定性提升归因于 H_2 还原过程促使 Sn 物种与骨架氧原子结合形成 SnO_{4-x} 结构，并且 PtSn 团簇通过 Sn—O—Pt 键稳定锚定在分子筛"之"字形微孔中。700℃还原 1h 也能获得高活性高稳定性催化剂。

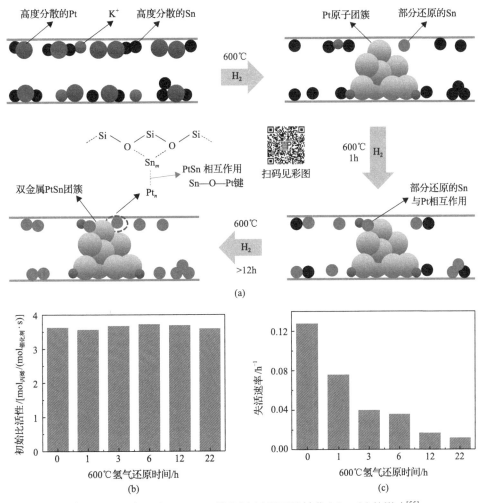

图 5.34　H_2 处理对 PtSn/MFI 催化剂(a)及丙烷转化(b)、(c)的影响[55]

金属氧化物催化剂的存在状态比较复杂，在低碳烷烃脱氢反应或低碳烯烃芳构化反应过程中，由于脱氢和氢转移反应的发生，催化剂始终处在一个还原型气氛中，H_2 气氛显著影响分子筛中金属氧化物的存在状态。Wei 等[32]采用浸渍法制备 Zn-ZSM-5，并研究氢气还原对催化剂及其芳构化反应的影响。研究发现，不同温度的氢气预处理显著影响 Zn/HZSM-5 中 Zn 物种的含量和存在状态，并导致 ZnOH$^+$ 与 ZnO 的比例显著变化。低温氢气预处理(<400℃)能够促进 ZnO 通过固相反应向 ZnOH$^+$ 物种的转变，芳烃产物选择性较好。而高温氢气预处理(>600℃)则在分子筛中的 ZnO 纳米团簇被还原为金属物种升华流失导致 ZnOH$^+$ 物种含量下降的同时，分子筛结构也遭到影响，芳烃选择性随之下降。丙烷脱氢反应中，ZnH$^+$ 也具有脱氢活性，然而 ZnH$^+$ 只有在高浓度氢气中才能稳定存在，催化剂在空气中焙烧使 ZnH$^+$ 转化为孤立的 Zn^{2+}，并且 ZnH$^+$ 和 Zn^{2+} 之间的转化是可逆的，取决于是否用氢气处理[27]。理论计算表明，与 ZnOH$^+$ 和 ZnH$^+$ 相比，落位在 ZSM-5 的成对铝结构的孤立 Zn^{2+} 在乙烷 C—H 键活化中具有更低的活化能[85]。Tsang 等[231]认为 Zn-ZSM-5 存在四配位 ZnOH$^+$，在空气焙烧过程中四配位 Zn^{2+} 脱水并与四个骨架氧原子配位，使 ZnOH$^+$ 转化为孤立 Zn^{2+}。Zn-ZSM-5 催化剂经过高温氧气处理还可能使孤立的 Zn^{2+} 转化为氧化态 Zn$_x$O$_y$ 团簇或 ZnO 颗粒。空气或氧气处理失活的分子筛催化剂也是催化剂消除积炭再生的重要方式。Almutairi 等[232]研究 Zn-ZSM-5 在氧气气氛中的状态，直接氧气处理会在催化剂表面形成 ZnO 颗粒，先氢气处理接着氧气处理则形成 Zn$_x$O$_y$ 团簇。Xie 等[86]采用原位合成方法制备 Zn-Silicalite-1 催化剂用于丙烷脱氢反应，考虑在反应过程通入少量氧气能抑制 ZnO 团簇过度还原为 Zn^0，并且减缓积炭形成速率，提高催化剂稳定性。实验结果发现，反应体系中通入 0.5%氧气使丙烷脱氢反应活性显著降低，丙烷转化率从约 40%降低到约 12%(600℃，WHSV=2.4h^{-1})。然而 650℃反应条件下，反应体系中通入 0.5%氧气使丙烷转化率稍有提高(从 54%提高到 56%)，说明氧气对 Zn 活性中心的状态产生影响。他们进一步深入研究表明 ZnO/Silicalite-1 催化剂的活性中心为还原态 Zn$^{\delta+}$(0<δ<2)。较低反应温度(<600℃)条件下，Zn$^{\delta+}$ 很难进一步还原为 Zn^0，在氧气气氛中，Zn$^{\delta+}$ 容易氧化为 ZnO，导致活性下降。高温(>650℃)反应条件下，部分活性中心 Zn$^{\delta+}$ 容易过度还原为 Zn^0，通入少量氧气能够抑制活性中心过度还原，保持 Zn$^{\delta+}$ 活性中心稳定性。Zhao 等[87]用商用 ZnO 和 Silicalite-1 载体以物理混合物或两层(ZnO 为上层)的形式作为催化剂，在 550℃氢气预处理过程中，ZnO 还原为 ZnO$_x$ 活性中心，并迁移到载体上，与 Silicalite-1 载体表面巢羟基结合。基准测试结果显示，在相同的丙烯选择性下，该催化剂的丙烯产率提高了 3 倍左右。

Sattler 等[46]发现 Ga-Al$_2$O$_3$ 催化剂经过 750℃氧气活化处理后，丙烷脱氢活性从 14.7%提高到 20.5%。通过 ^{71}Ga MAS NMR 发现催化剂中存在配位不饱和 Ga^{3+} 结构，催化剂经过 750℃再生后也发现配位不饱和的 Ga^{3+} 结构。他们认为配位不饱和的 Ga^{3+} 结构是 Ga-Al$_2$O$_3$ 催化剂的丙烷脱氢活性中心，高温氧化过程促进 Ga^{3+} 以四配位形式与 Al$_2$O$_3$ 结合，从而提高丙烷转化率。Li 等[233]用离子交换法和物理混合法制备 Ga-ZSM-5，发现离子交换法制备的催化剂具有较高芳烃选择性，他们认为 Ga^{3+} 提供 L 酸中心，并与 B 酸中心协同作用促进乙醇芳构化反应。物理混合制备的 Ga-ZSM-5 催化剂经过 H$_2$ 还原，与离子交换催化剂活性相当，可能是氢气预处理过程使 Ga$_2$O$_3$ 颗粒转化为 Ga^{3+} 物种。在低碳烷烃脱氢反应中，由于反应体系中存在氢气，Ga^{3+} 物种不稳定并还原为 Ga^+。研究表明，Ga-ZSM-5 催化剂经过 H_2 还原预处理后丙烷芳构化反应活性更好。物理混合法催化剂中 Ga_2O_3 经过 H_2 还原后形成 Ga_2O 并迁移到分子筛孔道中，进一步与 B 酸中心形成 Ga^+。离子交换法催化剂中 $Ga(OH)_2^+$ 平衡骨架负电荷，$Ga(OH)_2^+$ 脱氢形成 GaO^+，并与 ZSM-5 中的离子交换位点相互作用，促进 GaO^+ 分散，GaO^+ 进一步还原为 Ga^+。Ausavasukhi 等[234] 通过一步水热合成法制备 Ga-ZSM-5 催化剂，氢气预处理催化剂后，乙烷转化率从 25% 提高到 30%，这是因为氢气预处理使催化剂中 Ga 物种还原为 Ga^+。乙烷(5%)和氢气混合进料后，乙烷转化率达到约 55%，但是当氢气转换为氦气后，活性迅速降低到约 30%。说明在反应体系富含 H_2 条件下，Ga^+ 物种能够继续转化为高活性 GaH_2^+ 物种。当反应体系中 H_2 含量较低时，由于 GaH_2^+ 物种不稳定，迅速分解为 Ga^+ 物种。H_2 还原过程不仅影响催化剂中 Ga 物种的状态，还影响 Ga 物种与 B 酸中心协同作用。Ga-ZSM-5 催化剂中存在骨架 Ga 或 Al(B 酸中心)和非骨架 Ga(L 酸中心)，二者之间协同作用对丙烷脱氢芳构化非常重要[23]。H_2 还原过程促进非骨架 Ga_xO_y 物种分散并迁移进入分子筛微孔中，增强非骨架 Ga_xO_y 物种与 B 酸之间的协同作用[90]。

可见，氢气或氧气预处理条件以及反应条件都会对催化剂的活性中心的状态以及活性中心与分子筛相互作用产生一定影响。根据活性中心的特点，反应条件和催化剂制备方法，选择合适的预处理条件对低碳烷烃脱氢或低碳烯烃芳构化反应很关键。

2) 水的影响

丙烷氧化脱氢反应中会形成副产物 H_2O，造成六方氮化硼催化剂(h-BN)中活性中心 B—O—B 结构发生水解反应并形成硼酸，由于硼酸强流动性，导致活性中心从反应体系中流失，使催化剂不可逆失活[93]。Zhou 等[97] 制备 B-Silicalite-1 催化剂用于丙烷氧化脱氢，催化剂的活性中心是孤立 B 物种(—B[OH···O(H)—Si]$_2$)，由于活性中心位于 Silicalite-1 分子筛骨架结构，能显著提高催化剂的耐水性，经过 208h 反应后，催化剂中 B 活性中心没有流失。并且由于反应体系中生成 10% 水蒸气能够抑制积炭形成，反应 208h 后催化剂中没有检测到积炭物种[235]。

水分子吸附在 H-ZSM-5 的 Brønsted 酸位点，并形成氢键、$H^+(H_2O)_n$ 物种，显著降低乙烯低聚和氢转移反应，并影响微孔中烃池物种的扩散[235]。在低温(300℃)乙烯芳构化反应中，加入水显著降低了催化反应活性，这是由于水分子会吸附在 H-ZSM-5 的 Brønsted 酸位点，造成 HZSM-5 微孔内酸性降低，抑制了乙烯齐聚和氢转移反应。在较高温度(>350℃)乙烯芳构化反应中，加入水对乙烯转化率没有影响，但是苯、甲苯和二甲苯的选择性明显提高，乙苯和 C_{9+} 的选择性明显降低，这是由于提高反应温度后吸附在 Brønsted 酸位点的 $H^+(H_2O)_n$ 物种容易脱附，HZSM-5 微孔中的酸位点浓度提高，进而促进苯、甲苯和二甲苯在 HZSM-5 的微孔孔道中形成，而对乙基苯和 C_{9+} 在分子筛外表面生成过程没有影响。他们还发现反应体系中加入 H_2O 会对积炭过程产生影响。通过 GC-MS 方法测试积炭的组成，HZSM-5 中积炭物种主要组成为萘和蒽，反应体系中加入 H_2O 后，失活催化剂中的多环芳烃的含量明显降低，并且随着反应温度提高，抑制积炭作用更明显。

Tsang 等[231]研究水分子对 Zn-ZSM-5 催化剂的影响。Zn-ZSM-5 催化剂中存在两种 Zn 物种，Zn^{2+}与交叉孔道中的 B 酸位点进行离子交换，并与周围负电性骨架氧原子通过静电作用形成六配位 Zn^{2+}物种，另一种 Zn 物种在 ZSM-5 五元环结构中与三个骨架氧原子和一个羟基配位，形成四配位 $ZnOH^+$物种。在空气焙烧过程中四配位 Zn^{2+}脱水并与四个骨架氧配位，导致 $ZnOH^+$减少。水处理 Zn-ZSM-5 催化剂后，芳构化性能和催化剂稳定性显著提高。他们认为水处理过程使 $ZnOH^+$再生，从而促进芳构化反应。DFT 理论计算表明，位于 B 酸位点的离子交换的 Zn^{2+}能够使 H_2O 分子解离为 OH^-和 H^+，OH^-与 Zn^{2+}结合并形成四配位 $ZnOH^+$物种（L 酸中心），而 H^+与邻近 Si—O—Al 结构结合形成质子酸（B 酸中心），相邻的 B 酸中心和 L 酸中心通过协同作用促进芳烃生成。

在低碳烷烃脱氢反应中，由于反应体系中存在氢气，Ga-HZSM-5 催化剂中的 GaO^+物种容易还原为 Ga^+，活性迅速降低。Hensen 等[236]发现丙烷脱氢反应体系中加入水蒸气能够显著提高丙烷转化率（7%提高到 19%）。结合理论计算结果，他们认为反应体系中加入水蒸气能够抑制 GaO^+物种还原为 Ga^+，并形成 $Ga_2O_2^{2+}$高活性物种。Xiao 等[237]改进 Ga-HZSM-5 催化剂制备过程，首先 HZSM-5 经过甲酸和硝酸镓混合溶液共同浸渍并干燥，然后在 N_2 气氛中焙烧。与普通浸渍法相比，这种特殊的处理方法使 Ga-HZSM-5 催化剂中含有大量高分散的 GaO^+活性中心。他们认为草酸浸渍并焙烧过程中形成的酸性水蒸气能够促进催化剂表面的 $Ga(OH)_x^{y+}$或 Ga_2O_3 转化为 GaO^+活性中心。GaO^+活性中心与 ZSM-5 的 B 酸中心结合形成较强的 L 酸中心，促进丙烷脱氢，丙烷转化率从 38.8%提高到 53.6%，ZSM-5 的 B 酸中心与 L 酸中心（GaO^+）协同作用促进丙烷芳构化，芳烃选择性从 48.2%提高到 58.0%。

6. 反应条件的影响

不同原料、温度和空速等反应条件对低碳烃芳构化反应有重要影响。低碳烃的碳链长度越短，催化的难度越大。Yeh 等[238]研究低碳烷烃在 ZSM-5 催化剂 B 酸位的吸附作用，发现低碳烷烃通过氢键作用与 ZSM-5 的 B 酸中心结合，并且吸附能与碳链长度相关。Ying 等[239]研究低碳烯烃在商业 ZSM-5 催化剂的转化，他们发现烯烃转化率随着碳链增加而显著提高，己烯和庚烯转化率随停留时间（W/F）增加迅速达到平衡状态（92.9%，97.5%），而乙烯几乎没有反应，在 W/F=0.34 条件下，乙烯转化率仅有约 2%[图 5.35（a）]。当丙烯为原料时[图 5.35（b）]，在较高空速（即 W/F 较低）条件下丙烯通过齐聚反应生成 C_6 产物[式（5.4）]。随着空速降低，产物中 C_6 含量逐渐减少，形成大量 C_4 产物[式（5.5）]和式（5.6）]。当丁烯为原料时[图 5.35（c）]，主要通过式（5.6）逆反应形成等量的丙烯和戊烯，随着空速降低，戊烯和丁烯进一步反应形成丙烯和己烯[式（5.5）]，产物中丙烯含量最高。当戊烯为原料时[图 5.35（d）]，烯烃齐聚和裂解反应占主要地位，产物主要为丙烯、丁烯和己烯。戊烯首先齐聚形成 C_{10}，然后进一步裂解形成大量丁烯和己烯[式（5.7）]，产物中丙烯主要是戊烯裂解形成[式（5.8）]。随着空速降低，己烯进一步裂解为丁烯和乙烯[式（5.9）]。

$$2C_3 \longrightarrow C_6 ; \quad \Delta_r H_m^{475K} = -78.38kJ/mol \tag{5.4}$$

$$C_3 + C_6 \longrightarrow C_4 + C_5 ; \quad \Delta_r H_m^{475K} = 0.35 kJ/mol \tag{5.5}$$

$$C_3 + C_5 \longrightarrow 2C_4 ; \quad \Delta_r H_m^{475K} = 1.09 kJ/mol \tag{5.6}$$

$$2C_5 \longrightarrow C_4 + C_6 ; \quad \Delta_r H_m^{475K} = 0.74 kJ/mol \tag{5.7}$$

$$C_5 \longrightarrow C_2 + C_3 ; \quad \Delta_r H_m^{475K} = 91.08 kJ/mol \tag{5.8}$$

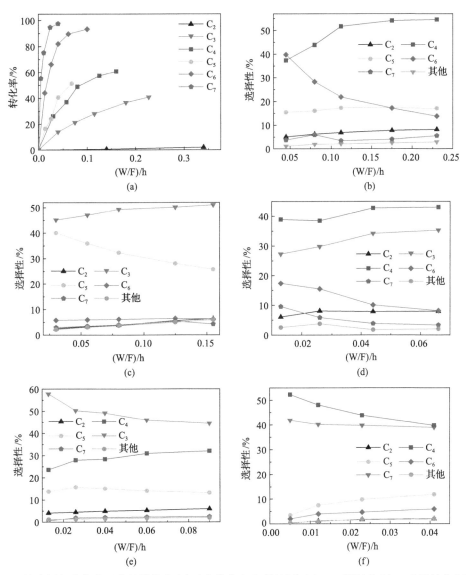

图 5.35 低碳烯烃芳构化反应的转化率(a)及产物分布[丙烯转化(b)、丁烯转化(c)、戊烯转化(d)、己烯转化(e)、庚烯转化(f)][239]

己烯为原料时[图 5.35(e)]，反应过程与 $C_3 \sim C_5$ 烯烃不同，己烯主要通过 β 裂解反应生成大量丙烯[式(5.4)的逆反应]，少量己烯裂解为乙烯和丁烯[式(5.9)]。当庚烯为原料时[图5.35(f)]，主要通过β裂解反应形成丙烯和丁烯[式(5.10)]，随着空速降低，庚烯进一步与丙烯反应形成戊烯[式(5.11)]。值得注意的是，在反应条件下都会形成芳烃和低碳烷烃产物，这是烯烃在ZSM-5酸中心作用下进一步深度反应的结果。

$$C_6 \longrightarrow C_2 + C_4 \ ; \quad \Delta_r H_m^{475K} = 91.43 \text{kJ/mol} \tag{5.9}$$

$$C_7 \longrightarrow C_3 + C_4 \ ; \quad \Delta_r H_m^{475K} = 78.87 \text{kJ/mol} \tag{5.10}$$

$$C_7 + C_3 \longrightarrow 2C_5 \ ; \quad \Delta_r H_m^{475K} = -0.26 \text{kJ/mol} \tag{5.11}$$

Choudhary等[240-243]系统研究了Ga改性ZSM-5催化剂在乙烯或丙烷芳构化反应过程中反应温度和反应空速的影响。低碳烃芳构化反应是热力学控制过程，提高反应温度能够提高低碳烃转化率和芳烃选择性。降低反应空速能够增加反应原料和催化剂的接触时间，并且有利于反应中间体经过充分反应形成芳烃。

对于乙烯芳构化反应，如图5.36(a)和(b)所示，乙烯转化率和芳烃选择性随着反应空速增加而降低，在300℃反应时，乙烯转化率从约90%降低到约20%；而较高温度(500℃)反应时，乙烯转化率仅降低到约50%，说明反应空速对低温反应的影响更显著。在较低空速条件下，反应温度从300℃增加到500℃，芳烃选择性从约40%显著提高到约70%。乙烯芳构化机制有氢转移反应和脱氢反应两种，产物中低碳烷烃主要来自氢转移反应，H_2主要来自脱氢反应。因此，产物中低碳烷烃与芳烃的比值可以反映乙烯芳构化过程中氢转移反应的程度，H_2与芳烃的比值可以反映乙烯芳构化过程中脱氢反应的程度。如图5.36(c)所示，在低温反应时(<400℃)，产物中低碳烷烃与芳烃的比值随着空速增加而显著增加，而高温反应时(500℃)，该比值几乎不受空速影响。并且产物中低碳烷烃与芳烃的比值随反应温度增加而显著降低，说明高温反应过程中氢转移反应程度较低。高温反应过程中主要通过脱氢反应生成芳烃，如图5.36(d)所示，温度低于400℃时，氢气/芳烃的比值随着空速增加而显著降低，而500℃反应时，该比值几乎不受空速影响。并且产物中H_2与芳烃的比值随反应温度增加而显著提高，说明高温反应过程中脱氢反应程度较高。可见，在低温反应条件下，主要通过氢转移反应形成芳烃，增加反应空速能显著提高氢转移反应程度；而在高温反应条件下，主要通过脱氢反应形成芳烃，空速的影响并不显著[242]。

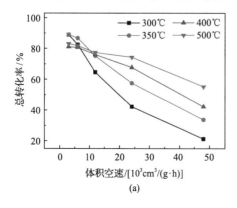

(a)

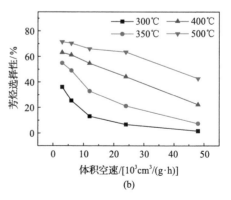

(b)

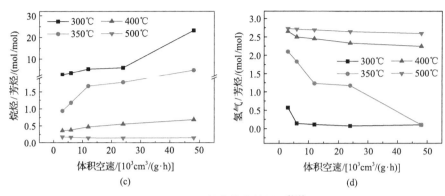

(c)   (d)

图 5.36   乙烯芳构化结果图[242]

(a)反应温度和空速对乙烯转化率的影响；(b)芳烃选择性的影响；(c)烷烃与芳烃比值的影响；(d)氢气与芳烃比值的影响

    对于丙烷芳构化反应，如图 5.37 所示，反应温度从 450℃提高到 600℃能显著提高丙烷转化率和芳烃选择性，空速从 49000cm³/(g·h)降低到 12000cm³/(g·h)，丙烷转化率和芳烃选择性显著提高。但是反应空速进一步降低对芳烃选择性的影响很小，特别是在600℃条件下，反应空速进一步降低对丙烷转化率的影响也很小。丙烷芳构化反应中会伴随着大量裂解反应：$C_3H_8 + H_2 \longrightarrow CH_4 + C_2H_6$；$C_3H_8 \longrightarrow CH_4 + C_2H_4$。乙烯、乙烷和甲烷是主要的裂解产物，根据芳烃选择性和甲烷、乙烷与乙烯选择性之和的比值(A/C)能够反映丙烷芳构化过程中芳构化和裂解反应的程度，如图 5.37(e)所示，芳构化和裂解产物的比值(A/C)在空速 5000～12000cm³/(g·h)最大，并且 600℃反应的 A/C 值显著高于低温反应[243]。说明高温能促进丙烷芳构化反应[243]。与甲烷和乙烷相比，乙烯更容易转化，

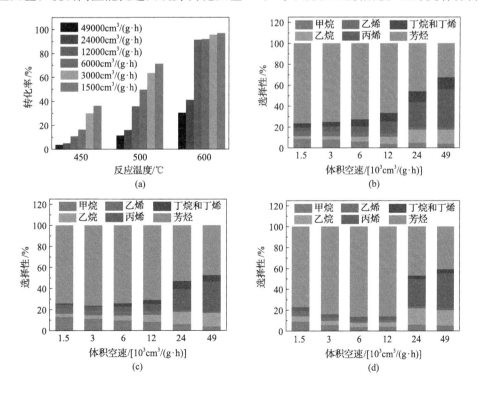

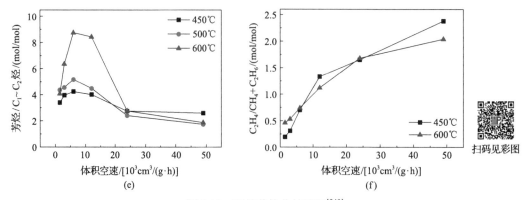

(e) (f)

图 5.37　丙烷芳构化结果图[243]

(a)反应温度和反应空速对丙烷转化率的影响；(b)～(d)产物选择性的影响[(b)450℃、(c)500℃、(d)600℃]；(e)芳构化和
裂解的比值的影响；(f)乙烯与 C_1～C_2 烷烃比值的影响

因此 $C_2H_4/CH_4+C_2H_6$ 的比值较低[图 5.37(f)]，但是反应空速增加，$C_2H_4/CH_4+C_2H_6$ 的比值也显著增加，说明乙烯不仅来自丙烷裂解反应，还能通过高碳烃裂解反应生成。例如，丙烯齐聚为 C_6 和 C_9 烯烃，进一步裂解反应形成乙烯。

增加反应压力，尤其是低碳烃的分压，有利于提高低碳烃的转化率[96]。但是通常认为低碳烃类芳构化反应是热力学控制反应，在高温条件容易发生裂解反应生成甲烷乙烷等副产物[244]。在 ZSM-5 或金属改性 ZSM-5 催化剂作用下，丁烷裂解反应和脱氢反应同时发生，并且丁烷裂解速率比脱氢速率快 1.5～2 倍，丁烷裂解反应形成大量副产物甲烷和乙烷[图 5.38(a)][245]。Liu 等[246]研究压力对裂解反应抑制作用，他们发现负压条件下丁烷转化是动力学控制反应，容易发生脱氢反应生成乙烯丙烯和芳烃等[图 5.38(b)]。

当反应压力为 30kPa 时候，氢气含量远高于甲烷含量，随着反应压力增加，甲烷含量急剧增加，氢气含量逐渐降低[图 5.39(a)]，说明负压条件下丁烷脱氢反应为主，随着压力逐渐增加，丁烷裂解反应逐渐增加。当压力为正压条件时，丁烷裂解反应为主。减小反应压力和增加反应空速都是缩短接触时间，但是减小压力还能增加分子间距离，抑制深度反应，芳烃选择性降低，烯烃选择性增加[图 5.39(b)]。

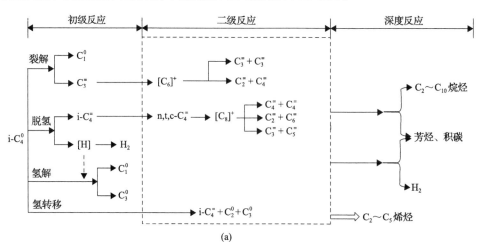

(a)

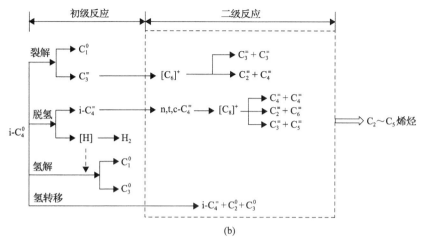

(b)

图 5.38　常压条件丁烷反应机理(a)和负压条件丁烷反应机理(b)[244]

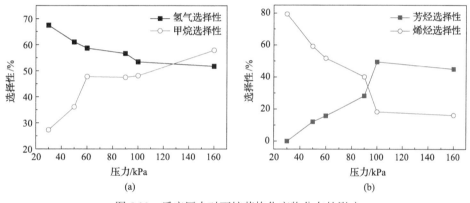

图 5.39　反应压力对丁烷芳构化产物分布的影响
(a)氢气和甲烷；(b)烯烃和芳烃[244]

5.1.4　催化剂失活研究

对于费-托尾气芳构化反应的金属改性分子筛催化剂，其失活的主要原因可以分为两种：一种是活性组分在高温条件或高温再生过程中发生烧结或逐渐流失，导致催化剂的不可逆失活；另一种是反应过程中形成积炭，覆盖活性位点，导致催化剂失活，此过程为可逆失活，通过再生能使催化剂重新获得活性。

1. 活性组分烧结

一般使用高分散、小晶粒的金属/金属氧化物纳米簇(1~2nm)作为烷烃脱氢的活性物种。纳米簇粒子尺寸小，具有较高的表面能，并且表面原子近邻配位不饱和，使得纳米粒子的熔点急剧下降。金属/金属氧化物纳米粒子的熔点可根据式(5.12)进行估算。该式中，T_m 为粒径为 D 的纳米粒子的熔点；T_b 为相应金属块体的熔点(Pt, 2045K)；C 为材料常数(Pt, 1.07nm)。例如，在不考虑载体与 Pt 粒子的相互作用时，当 Pt 晶粒粒径为 2nm 时，熔点约为 750℃；当晶粒粒径降低到 1.5nm 时，熔点只有 405℃。由此可见，在高温(>550℃)

和还原气氛(H_2)下，Pt 纳米粒子的热力学性质不稳定，易发生纳米粒子的迁移和奥斯特瓦尔德熟化，使得 Pt 纳米粒子不断长大直到达到热力学稳定态，最终导致催化剂的不可逆失活。

$$\frac{T_m}{T_b} = 1 - \frac{C}{D} \qquad (5.12)$$

研究表明，提高金属-载体之间的相互作用能有效降低催化剂表面活性粒子在高温氛围下的迁移率，很大程度上避免了金属活性粒子烧结团聚，从而增加催化剂的稳定性。金属粒子负载于载体后，与载体相互作用，金属粒子的抗烧结能力有所增加。然而，即使将金属负载在各类载体上，其在高温下还是不可避免地发生烧结，且温度与时间对烧结过程有重要的影响。对目前工业 Pt/Al_2O_3 催化剂而言，在反应温度低于 550℃时 Pt 的烧结不太显著，一旦高于此临界温度，Pt 就会发生明显烧结，且热处理时间越长烧结越严重。烧结不仅会导致金属粒子增大、分散度减小和活性表面下降，还会使催化剂表面更易发生积炭，致使催化剂迅速失活。因此，提高催化剂的热稳定性和抗烧结性能是提高催化剂稳定性的关键和难点。

改变金属活性粒子的外部环境也是抑制催化剂烧结的一种策略。该策略主要是利用载体的限域效应，将纳米粒子封装在具有特定孔道结构的载体中，由于孔道空间尺寸限制，抑制纳米粒子烧结变大。详情参见 5.1.2 小节，这里不再详述。

2. 活性组分流失

活性组分流失也是导致催化剂不可逆失活的重要原因。在低碳烃芳构化反应过程中，受还原气氛的影响，催化剂中的不同存在状态的金属物种可能从催化剂上缓慢流失，并进一步影响催化剂的催化性能。

活性组分流失与金属的热迁移性能有关。Wang 等[247]发现铬和锆物种的热迁移能力不显著，而铟和锌的热迁移能力较强。在低碳烃芳构化催化剂中，Ga 的移动性较弱，在 700℃高温和氢气气氛中，催化剂表面的 Ga_xD_y 能迁移到分子筛的孔内形成高反应活性物种[23]（详见 5.1.1 小节，图 5-4）。然而，由于金属锌沸点较低（483℃），因此高温反应过程会导致 Zn 物种的升华及流失。Biscardi 等[248]认为只有沸石外表面的 ZnO 会被还原到零价进而流失，而处于沸石阳离子交换位的 Zn 物种难以被还原。刘亚聪等[249]认为在低碳烃芳构化反应过程中，分子筛上 Zn 物种迁移行为体现为催化剂表面 Zn 的富集和 $ZnOH^+$ 与 ZnO 相对比例的变化，Zn 物种的流失速率在不同反应阶段保持恒定，但受到 Zn 含量的影响，Zn 含量越高、流失速率越大（图 5.40）。

催化剂预处理和再生过程中通常需要高温条件。因此，对催化剂进行适当的预处理和再生能减少活性组分流失。体相 ZnO 在 700℃以下基本不会被还原，而 HZSM-5 分子筛表面的 ZnO 在 600℃高温下可以被 H_2 还原。H_2-TPR 表征显示在 450～600℃和 600～700℃两个温度区间出现相邻的还原峰，分别归属于存在孔道内的亚纳米 ZnO 团簇和外表面的大尺寸 ZnO 聚集体的还原信号。Wei 等[32]发现氢气预处理温度显著影响 Zn-HZSM-5 中 Zn 物种的含量和存在状态，600℃以下的氢处理几乎不影响分子筛上 Zn 物种的总含量，但是影响分子

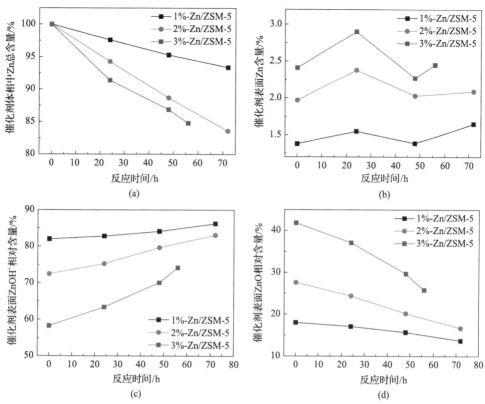

图 5.40 不同反应阶段 Zn/ZSM-5 催化剂体相中 Zn 总含量(a)、表面 Zn 含量(b)、表面 ZnOH⁺相对含量(c)和表面 ZnO 相对含量(d)的变化[249]

筛上 $ZnOH^+$ 与 ZnO 的相对比例。而 600℃以上氢处理会造成 Zn 物种的大量流失。

利用金属的热迁移能力可以改进催化剂合成方法。Wang 等[247]通过固体离子交换机制合成 In_2O_3/H-ZSM-5 和 ZnO/H-ZSM-5 催化剂，流动的铟和锌离子对 H-ZSM-5 的质子酸产生中和作用。Zhao 等[87]采用分层策略制备 ZnO-Silicalite-1 催化剂，其中 ZnO 位于催化剂床层上层，Silicalite-1 位于床层下层。在 H_2 预处理过程中，ZnO 还原为 ZnO_x 活性中心，并迁移到 Silicalite-1 载体上与表面羟基巢结合，反应 270h 后，ZnO_x 活性中心流失造成活性降低，通过补充 ZnO 并 H_2 预处理能快速恢复催化活性。该催化剂制备方法能够避免金属活性中心流失造成的不可逆失活，具有工业应用的潜力。

3. 积炭

反应过程中形成的积炭是破坏催化剂稳定性和催化性能的重要原因。低碳烃芳构化反应过程中，催化剂积炭失活的本质是催化剂中金属粒子活性中心和强酸中心上反应物或者生成物中 C—C 键的裂解及深度脱氢等形成积炭前驱体稠状化合物。形成的稠状化合物不仅会覆盖催化剂中金属粒子活性中心和强酸中心，还会堵塞催化剂的孔道，导致催化剂快速失活。然而，高温反应氛围中 C—C 键的裂解是不可避免的，只能尽可能地减少裂解和深度脱氢反应。

催化剂中积炭分布、成分及其定量分析对开发高活性催化剂是非常重要的。目前部分研究表明,积炭的成分主要是脂肪族、芳香族、类石墨碳和原子碳等。但由于不同反应条件和不同催化剂的影响,积炭的确切组成仍无定论。催化剂不同部位的积炭对性能的影响存在差异,催化剂的失活主要是由金属上的积炭引起的。催化剂的酸性和孔结构是影响积炭分布的重要因素。催化剂酸性强使反应产物不容易脱附,进而形成稠环芳烃等积炭前驱物[250]。微孔载体由于扩散限制,积炭前驱物不易扩散,进而堵塞孔道导致催化剂失活。介孔载体显著提高积炭前驱物扩散,更多积炭分布在催化剂外表面[174, 251]。

国内外学者在研发抗积炭催化剂方面开展了大量基础性研究工作,并取得了重要进展,在一定程度上增强了催化剂的抗积炭性能。添加助剂和载体改性是常用的抑制积炭形成的有效方法。助剂可以从几何结构和电子结构两方面调节催化剂的催化性能,载体改性可以改变载体表面的酸/碱强度,促进金属和载体之间的积炭转移。例如,Pt-Sn/SBA-15 催化剂上的积炭几乎是 Pt/SBA-15 上的三倍,Sn 助剂能够促进积炭物种从金属表面转移到载体上,而使得活性组分 Pt 表面的积炭较少。虽然 Pt-Sn/SBA-15 催化剂上有着更多的积炭,但由于载体容纳了大部分积炭,其催化活性、选择性和稳定性更好[252]。

催化反应条件也是影响催化剂抗积炭性能的重要因素。通常情况下,反应气中加入 H_2 可以抑制反应产物进一步深度脱氢生成积炭,并提高催化剂寿命[225-227]。虽然反应气中 H_2 对催化剂综合性能的影响仍然存在争议,但适量增加 H_2 的分压不仅可以降低反应能垒和势垒,还可以降低金属活性中心表面积炭前驱体的生成速率及覆盖率。Saerens 等[49]基于丙烷脱氢活性中心 Pt(111)面的密度泛函理论计算表明,适当增加 H_2 分压不仅降低了丙烯的吸附强度,还增加了丙烯进一步脱氢的能垒,促进丙烯分子从 Pt 表面脱附,避免裂化和焦化等副反应的发生,从而提高催化剂的抗积炭性能。

4. 催化剂再生

尽管抑制积炭形成的工作取得了一些进展,但在低碳烃芳构化反应中,积炭的形成仍是不可避免的。因此,在工业生产中必须定期再生催化剂,再生方法主要是用氧化剂燃烧积炭[253-255]。载体上的积炭可以通过简单的焙烧处理除去,而在金属粒子表面和附近的积炭会覆盖催化活性中心,直接决定了催化剂的活性和稳定性。然而,积炭氧化燃烧会产生放热效应[256],尤其是金属活性中心表面的积炭燃烧会产生局部高温,导致活性金属烧结和流失。Bai 等[107]研究 PtGa-ZSM-5 催化剂再生过程,失活催化剂经过氧气焙烧再生后 PtGa 金属尺寸显著增加,尤其是高浓度(10vol%)氧气会增加积炭燃烧速率产生大量热能,形成局部高温,导致 PtGa 活性中心严重烧结。因此,较低温度再生催化剂能够抑制活性金属在再生过程中烧结[257]。

此外,积炭燃烧温度低意味着能源消耗与成本较低。因此,控制催化剂的再生温度是非常重要的。Khangkham 等[258]用臭氧再生催化剂,能够在较低温度下(<250℃)快速去除催化剂表面的积炭。但是臭氧在 250℃ 条件下只能稳定存在约 1.5s,在催化剂作用下存在时间更短,由于臭氧的稳定性较差,导致催化剂内部的积炭难以除去。另外,臭氧排放受到严格控制(<75ppb),因此臭氧燃烧积炭不适合工业应用。Zhang 等[259]发现通过甲醇处理失活催化剂能够溶解并脱除部分积炭物种,对活性中心的影响较小。但是

该方法难以去除类石墨和原子碳积炭，积炭去除程度不如氧气再生。通过等离子体技术使氧气在室温条件下形成 O_2^+、O^-、O_2 和 O_3 等高活性氧物种，能够克服高温再生的难点，在室温实现 PtSn/Al$_2$O$_3$ 催化剂再生[260]。Jia 等[261]运用等离子体技术使氧气形成氧离子，在室温条件下能够完全消除 ZSM-5 催化剂内的积炭，实现对分子筛催化剂的再生，并且再生速率比氧气燃烧快 6 倍。

　　传统的催化剂再生方式主要是通入氧气通过氧化除去催化剂上的积炭，以恢复催化活性。这种方式不但排放二氧化碳(CO_2)，还限制了整个工艺碳原子利用率的进一步提高。积炭前驱物主要是多环芳烃，研究表明该类积炭前驱物也具有一定活性，在分子筛内能够形成芳烃产物[262, 263]。Zhou 等[264]发现分子筛内的萘基烃池物种不仅有利于烯烃生成，而且具有很强的高温稳定性。基于此提出了全新的分子筛催化剂再生技术，即在高温下利用水蒸气将失活分子筛催化剂中的积炭物种直接定向转化为萘基活性烃池物种。该方法不但能够实现催化剂再生，同时可大幅度提高再生后催化剂的催化性能。

　　添加助剂虽然提高了催化性能，但可能使得催化剂再生更加困难。目前工业 PtSnK-Al$_2$O$_3$ 催化剂每 7 天需要通过氧氯过程再生，氯气不仅腐蚀设备而且对环境造成严重危害。适当的助剂改性催化剂不仅能够提高催化活性，还需要具备良好的再生稳定性。Sun 等[56]发现 Cs 离子能提高 PtZn@S-1 催化剂的再生性能。如图 5.41(a)所示，PtZn@S-1 催化剂经过再生后丙烷转化率逐渐降低，主要是因为 PtZn 纳米团簇显著增大。Cs 离子

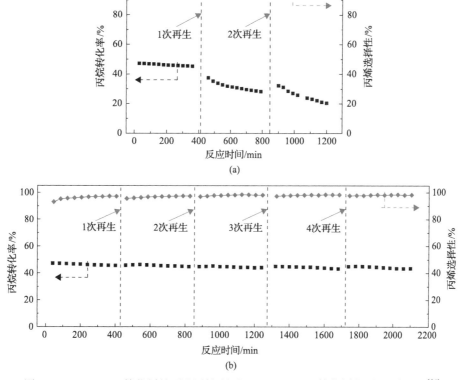

图 5.41　PtZn@S-1 催化剂的再生活性(a) 和 PtZn@S-1-Cs 催化剂的再生活性(b)[56]

改性后催化剂的再生稳定性显著提高，经过 4 次再生催化剂的丙烷转化率依然保持稳定 [图 5.41(b)]，通过透射电镜发现 2 次再生后催化剂中 PtZn 团簇没有显著变化，经过 4 次再生仅有少量 PtZn 团簇烧结，超过 80% 的活性物种仍然是 PtZn 纳米团簇。

载体工程也是提高催化剂再生稳定性的重要方法，Xu 等[58]利用 Beta 分子筛脱铝形成的骨架缺陷位锚定 PtSn 纳米团簇。由于分子筛载体缺陷位的稳定作用，该催化剂具有良好的抗烧结性，Pt/Sn-Beta 催化剂再生后催化性能没有显著变化。Wu 等[159]对 MgAlO 载体进行掺杂改性制备 PtSn-Mg(Zn)AlO 催化剂，载体中添加 Zn 能提高载体与 PtSn 之间相互作用，从而显著抑制 PtSn 活性中心烧结，再生 5 次后催化性能依然保持稳定。

5.2 费-托合成尾气芳构化催化反应工艺

国外在 20 世纪 40 年代便开始对芳构化技术进行研究，所用催化剂为金属-氧化铝双功能催化剂，反应过程可简述为低碳烃类的脱氢齐聚环化。由于反应温度高和结焦率高等缺点，整个过程转化率和芳烃选择性都很低。随着分子筛催化剂的出现，该过程重新受到人们的关注，相继开发了 M-2 forming、Z-forming、Aroforming 和 Cyclar process 等工艺。此外，国内外现有的芳构化技术主要应用于石油化工行业，针对费-托合成尾气芳构化过程的研究还鲜有报道，相关专利也几乎没有。

我国轻烃芳构化技术的研发始于 20 世纪 80 年代初。华东理工大学、中国科学院山西煤炭化学研究所、中国石油化工股份有限公司上海石油化工研究院有限公司，中国石油化工股份有限公司石油化工科学研究院、中国石油化工集团洛阳石油化工工程公司和大连理工大学等均报道过轻烃芳构化方面的研究工作。目前国内工业应用的主流技术有中国石油化工股份有限公司石油化工科学研究院芳构化技术和大连理工齐旺达化工科技有限公司芳构化技术。

5.2.1 芳构化固定床反应工艺

M-2 forming 工艺是美国 Mobil 公司提出的有别于传统催化重整过程生产芳烃的工艺[265]。该工艺采用 ZSM-5 催化剂，反应温度为 425～575℃，将低碳烃等通过芳构化反应生产芳烃。该工艺原料范围较宽，催化裂化的不饱和低碳烃、催化裂化汽油、焦化汽油及裂解汽油等。ZSM-5 催化剂比传统的酸催化剂稳定性较好，但存在严重的积炭失活。该工艺过程催化剂在线操作时间较短，需要频繁再生，迄今未见工业装置的报道。

Aro forming 工艺由 IFP 和 Salutec 公司联合开发[246]，采用金属改性 ZSM-5 催化剂，将轻质石脑油或液化气(LPG)转化为芳烃。该工艺采用多段等温固定床管式反应器，一部分反应，另一部分用作催化剂再生。该工艺以 LPG 为原料时，芳烃收率为 54.9%，C_1～C_2 收率为 27.4%，C_3 收率为 14.8%，氢气约为 2.9%。产物芳烃中分布情况为苯 22.2%、甲苯 39.9%、C_8 芳烃 22.8%、C_{9+} 芳烃约 15.1%。

Z-Forming TM 技术由日本三菱石油公司(Nisseki Mitsubishi)和千代田有限公司联合开发[266]。该工艺采用多台固定床反应器串联技术，当催化剂失活时，多台反应器之间可以切换。入口反应温度为 500～600℃，压力为 0.3～0.7MPa，空速为 0.5～2.0h^{-1}。以 LPG 为原料时，芳烃产率为 50%～60%。工艺催化剂具有良好的活性、选择性和较长的运转周期，但催化剂抗中毒能力较低，需对原料进行加氢精制。该工艺装置于 1991 年 11 月完成 8200t/a 工业试验验证。1993 年在日本水岛建成了原料规模为 170kt/a 的工业装置，产物中的芳烃分布为苯约 14%、甲苯约 44%、乙苯约 3%、二甲苯约 26%、C$_{9+}$芳烃约 13%。

Nano-forming 低碳烃芳构化工艺由大连理工齐旺达化工科技有限公司开发。该工艺是以纳米分子筛新型催化剂为技术核心的固定床芳构化工艺，以 LPG 或其他低碳烃为原料生产芳烃。反应温度为 400～600℃，主产品为苯、甲苯和二甲苯，同时联产氢气、干气和 C$_{9+}$重芳烃，芳烃收率约 55%。2006 年 9 月建成 1 套 100kt/a 规模的 C$_4$ 液化气芳构化工业装置并实现了一次投料试车成功，于 2008 年底更换了新一代的催化剂 DLP-2。目前 Nano-forming 工艺已在多套装置上投入运行，通过催化剂更新换代，技术水平不断提高。

如图 5.42 所示，固定床反应工艺比较简单、投资小，有利于工业化。然而，由于传统芳构化催化剂失活快、反应器切换过于频繁，国外采用固定床反应器的几种芳构化工艺的装置均处于停产状态，国内仅有 Nano-forming 固定床工艺有少量工业装置运行。

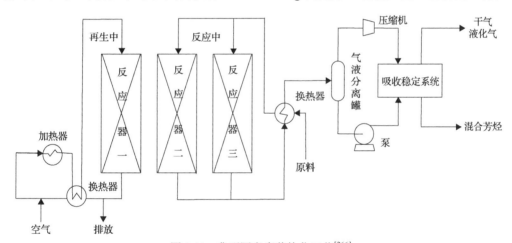

图 5.42 典型固定床芳构化工艺[266]

5.2.2 芳构化移动床反应工艺

Cyclar 工艺由 UOP 和 BP 公司联合开发[267]，是世界上最早实现工业化的芳构化工艺技术。如图 5.43 所示，该工艺应用了移动床反应器、催化剂连续再生和未转化 C$_3$ 和 C$_4$ 回炼等技术，芳烃收率较高。以丙烷为原料时芳烃收率为 61%，芳烃中的苯含量较高；而以丁烷为原料时，芳烃收率增加到 66%，芳烃中的二甲苯较高。所使用的改性 ZSM-5 催化剂抗结焦能力强，热稳定性好，机械强度高，寿命长达 2 年。并且该催化剂抗硫、氮及二氧化碳、水等杂质，不需要进行原料精制等预处理。采用该工艺的 40kt/a 工业示范装置于 1989 年 9 月在苏格兰 Grangemouth 炼油厂开工，第一套 400kt/a 工业化装置于 1990 年 1 月在同地投产。无论是高压反应还是低压反应，生成的燃料气几乎占产物的 30%，燃料气的主要成分是甲烷，降低了该工艺的经济性，目前仅有 1 套工业生产装置在运行。

同时，由于分子筛芳构化催化剂耐磨性差及高温下设备故障率高等，该工艺的开工率较低，操作费用高，并未得到推广应用。

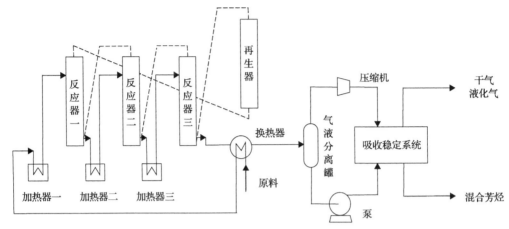

图 5.43 典型移动床芳构化工艺[267]

2010 年，中石化石油化工科学研究院有限公司开发出新一代移动床芳构化催化剂，催化剂磨损率和机械强度指标完全满足移动床工艺的要求，同时开发了 200kt/a、500kt/a 碳四移动床芳构化工艺包。该移动床芳构化工业装置于 2011 年 4 月一次开车成功。该装置采用了中石化石油化工科学研究院开发的球形芳构化催化剂，性能达到设计要求，目前装置运转良好，催化剂抗磨损性能优异，催化剂年补充量仅 1t。

5.3 千吨级费-托合成尾气芳构化工业侧线进展

5.3.1 工艺流程

中国科学院山西煤炭化学研究所与山西潞安矿业(集团)有限责任公司合作开展千吨级费-托合成尾气芳构化试验。该装置采用固定床绝热反应器，催化剂为中国科学院山西煤炭化学研究所自主研发的金属改性 ZSM-5 催化剂，装量为 143L(102kg)。该装置的工艺流程图见图 5.44。

原料费-托尾气经计量泵按试验要求的量计量打入系统中。计量打入的原料首先经电加热器预热、气化后，该物料直接进入反应器进行芳构化反应，在分子筛催化剂的作用下，反应物料中的烯烃蒸气进一步实现择形转化反应，包含齐聚、烷基化、芳构化、裂解和歧化等多步反应，最终得到烷烃、烯烃和芳烃的混合物。由反应器出来的物料经水冷却器冷却至 30℃左右后，进入气液分离器进行气液分离，液体部分主要为混合芳烃，进入产品储罐储存。气体部分主要为 C_1～C_4 烃类以及少量 CO、H_2 的混合物，经压力调节装置调节压力后放空。在需要进行尾气循环时，储存在循环前缓冲罐中的气体由循环气压缩机压缩返回循环后缓冲罐中，经循环流量计计量后，在反应器前与费-托尾气蒸气混合后，进入反应器继续参与反应。

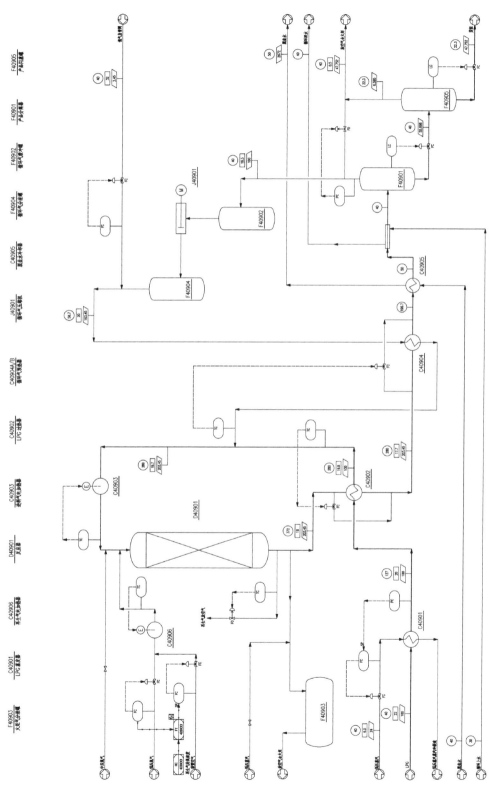

图5.44 千吨级费-托合成尾气芳构化工艺图

实验的工艺条件分别为：反应温度 T=300～450℃、P=0.8～1.2MPa、质量空速 LHSV 为 0.3～1.4h^{-1}。

5.3.2 装置总体运行情况

1. 催化剂

采用中科院山西煤炭化学研究所自主研发的金属改性 ZSM-5 催化剂，分子筛工业生产包括以下诸多步骤：原料分析→原料配制→水热合成→沉降洗涤→烘干→焙烧→离子交换→烘干→焙烧→配料研磨→成型→烘干→焙烧。在小试和中试催化剂制备的基础上，改进后的分子筛催化剂进行了多批次的放大制备实验，优化了合成配比和合成条件，合成后续的各个步骤的工艺参数得到优化和改进，获得最佳的放大制备工艺参数。催化剂物理性质指标见表 5.1。

表 5.1 催化剂物理性质

物理性质	指标
主要成分	Si、Al 等
堆密度	0.55～0.60g/cm^3
颗粒形状	圆柱状
颗粒尺寸	1.7～1.8mm；3～15mm
强度	14N/mm
晶体粒径	200～500nm
孔径	4.8～5.2Å
酸性分布	强酸 25%～40%；弱酸 60%～75%
比表面积	400～500m^2/g

2. 反应温度

为研究分子筛转化反应器内温度的时间和空间分布特征，反应器轴向等距离布置了16 支测温热电偶，同时，在反应器的中心设置了可以自由移动的热电偶。反应初期，床层中所有催化剂均具有活性，反应物料进入床层后即发生反应，所释放的反应热使第 2 点、第 3 点……，依次产生温度升高。反应物料中的费-托尾气并不需要经历整个床层才能完全反应，因此当费-托尾气转化完成后，所达到点的温度即不再升高。

图 5.45 是运转期间反应器温度变化曲线。图中从左到右是床层温度曲线随反应时间推移的催化剂床层温度曲线，温度点自上而下(反应介质入口至出口方向)。在反应发生的点上，催化剂逐渐积炭，导致活性降低直至丧失，此时，反应向更下面的点转移，从而使失活点失去温升，而新的点产生温升。从整体来看，费-托尾气芳构化反应的固定床绝热反应器床层温度变化的趋势是，热点不断向下(物料出口方向)移动。图中不同时刻的床层温度分布曲线表示了床层热点下移的情况。当产生温升的点接近床层末端时，催

化剂单程寿命结束。可见，固定床绝热反应器费-托尾气芳构化过程的分子筛催化剂的失活过程可以描述为"逐层积炭、逐层失活"。空速越大，"层"越长。

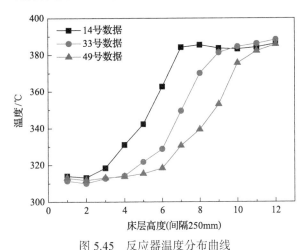

图 5.45　反应器温度分布曲线

3. 反应压力

反应系统的压力和压降是影响过程能耗的重要因素。根据费-托尾气芳构化的反应机理，低压有利于轻组分的生成，而高压有利于重组分的生成。综合考虑工程因素和催化剂性能因素，采用的压力确定为 1.0MPa（表压）。系统及反应器的压降，也就是催化剂床层的压降，通过在反应器入口和反应器中间部位以及反应器出口处安装的精密压力表测量得到。从表 5.2 中可见，反应器床层的总压降≤0.05MPa。全系统的压降可以以循环气压缩机前后的压力作为一个标志，系统总压降≤0.2MPa。

表 5.2　反应系统压力变化　　　　　　　　　（单位：MPa）

数据点	反应器					循环前压力	循环后压力
	入口压力	上段压力	中段压力	下段压力	出口压力		
14 号	1.02	1.01	1.0	0.98	0.98	0.88	1.07
33 号	1.07	1.06	1.04	1.02	1.02	0.92	1.12
49 号	1.08	1.07	1.05	1.03	1.04	0.93	1.14

4. 反应空速

实验结果表明，采用较高的原料质量空速，单位催化剂处理费-托尾气和生产芳烃的能力大幅度提高，因此，在反应初期，可以采用较高空速，而在催化剂逐渐失活的过程中，可以逐渐降低原料空速，从而延长催化剂的单程寿命，达到最优化利用催化剂活性的目的。

5. 产品收率及选择性

费-托合成尾气芳构化的目的是获得 C_{5+} 液体产品，特别是其中的芳烃产品。但是，由于分子筛催化转化过程的规律所限，费-托尾气转化时不可避免地会生成低碳数小分子的产物，其中 $C_1 \sim C_2$ 产物，包括甲烷、乙烷和乙烯，既不能作为油品使用，也不能液化，只能作为燃料气使用，其附加值低。此外，有部分未反应的费-托尾气和 $C_3 \sim C_4$ 的产物溶解在 C_{5+} 液体产品中形成溶解气，在放料的过程中转变为气态排出。$C_3 \sim C_4$ 的产物可以作为液化石油气(LPG)使用，其价值比燃料气高、比芳烃低。费-托尾气芳构化的过程追求的是最高的芳烃选择性和收率，尽可能低的低碳烃选择性和收率。本实验以实际收到的 C_{5+} 产品的质量与原料费-托尾气中烯烃进料量相比得到 C_{5+} 的质量收率。C_{5+} 的平均收率为95.15%。三个代表性数据的产品收率见表5.3。

表 5.3　催化剂评价实验结果

数据点	烯烃转化率/%	C_{5+}收率/%	芳烃选择性/%
14 号	99.58	96.56	85.31
33 号	99.57	94.60	80.02
49 号	98.23	86.31	73.62
平均值*	99.32	95.15	78.08

* 该平均值为全部49个数据点的平均值，表内仅列出第14、33、49三个数据点。

6. 千吨级费-托合成尾气芳构化实验

基于实验室研究成果，中国科学院山西煤炭化学研究所与潞安矿业集团合作开展千吨级费-托合成尾气芳构化单周期工业侧线运行研究，考察了不同条件下催化剂的各项指标，对关键工艺参数进行了进一步筛选优化，获得工业装置工程设计所需的设计依据和关键技术参数(表5.4)。

表 5.4　实验主要工艺参数

指标名称	参数值
反应器内径	350mm
催化剂床层高度	1750mm
催化剂装填量	143L
催化剂质量	102kg
测温热电偶数量	16
测温点间距	100mm
反应压力	0.8～1.2MPa

实验使用山西潞安矿业(集团)有限责任公司 100 万 t 煤制油装置副产 LPG 为原料，原料中烯烃含量为 59.08%。从图 5.46(a)可以看出，整个反应过程中，费-托尾气中总烯烃转化率大于 99%，C_{5+} 选择性基本稳定在 95%，可见在此次实验条件下，空速变化对总烯烃转化率和 C_{5+} 选择性的影响较小。实验运转初期，芳烃选择性保持在约 88%，经历 62h 反应后，芳烃选择性逐渐降低到约 82%。原料气中乙烯为 0.15%、丙烯为 29.08%、丁烯为 29.31%、戊烯为 0.54%。详细分析烯烃各组分发现，空速变化对 C_3、C_4、C_5 烯烃转化均有不同程度的影响[图 5.46(b)]，尤其是对分子量较大的 C_5 烯烃影响更为显著，实验过程中，反应空速在 0.4～0.5h^{-1} 范围内波动，C_5 烯烃转化率的波动明显(87%～95%)，随着烯烃的分子量减小，其转化率逐渐稳定，C_3 烯烃转化率始终保持在 99%以上，气相色谱未检测到 C_2 烯烃。从图 5.46(c)可以看出，芳烃产品中各主要成分随时间的变化情况，其中苯和 C_{10} 及 C_{10} 以上芳烃的含量很低，总计只有不到 8%，芳烃产品中主要为甲苯(约 25%)、二甲苯(约 28%)和 C_9 芳烃(约 22%)。通过国家燃料油质量监督检验中心检测，C_{5+} 产品中芳烃含量达 88.1%。

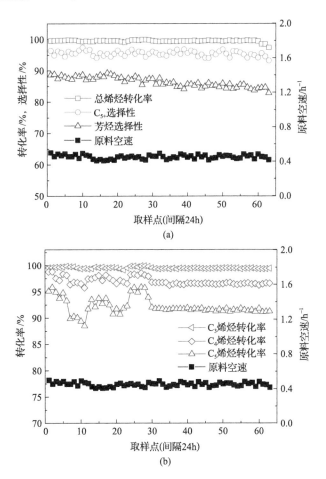

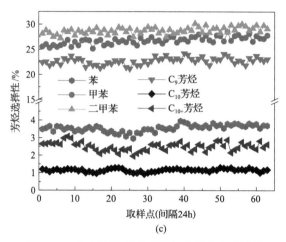

图 5.46　千吨级费-托合成尾气芳构化实验结果

(a)总烯烃转化率和芳烃选择性；(b)不同低碳烯烃转化率；(c)芳烃选择性随时间的变化

5.4　结　　论

随着费-托合成技术的日趋成熟和大规模工业生产，费-托合成尾气总量将具有很大规模。通过芳构化技术使低值费-托合成尾气转化为苯、甲苯和二甲苯等高值混合芳烃，不仅具有重要的能源战略意义，还能够高效利用费-托合成尾气资源，有效提升煤制油企业的经济效益。

费-托合成尾气主要包括低碳烯烃和低碳烷烃，本章系统总结了低碳烯烃芳构化和低碳烷烃芳构化的催化剂及其反应工艺，并详细介绍了催化剂的尺寸效应、电子效应、几何效应，载体的结构、酸性和扩散性，反应气氛和反应条件等因素对催化剂芳构化性能的影响。特别是金属改性分子筛催化剂，有效结合了 ZSM-5 分子筛独特的孔道择形催化性能和高活性的脱氢芳构化活性中心，是一种非常有潜力的芳构化催化剂。近年来，基于分子筛的限域效应，发展了一些新的催化剂合成方法，将活性金属纳米团簇或单原子封装在特定尺寸的分子筛孔道中或缺陷位，能有效提高催化剂稳定性。

中国科学院山西煤炭化学研究所与山西潞安矿业(集团)有限责任公司合作开展千吨级费-托合成尾气芳构化单周期工业侧线研究，采用中科院山西煤炭化学研究所自主研发的金属改性 ZSM-5 催化剂，考察了不同条件下催化剂的各项指标，对关键工艺参数进行了进一步筛选优化，获得工业装置工程设计所需的设计依据和关键技术参数。这标志着我国费-托合成尾气芳构化技术已具备工程化的基础。

参 考 文 献

[1] An Y L, Lin T J, Yu F, et al. Advances in direct production of value-added chemicals via syngas conversion. Science China Chemistry, 2017, 60(7): 887-903.

[2] Zhang Q H, Cheng K, Kang J C, et al. Fischer-Tropsch catalysts for the production of hydrocarbon fuels with high selectivity. ChemSusChem, 2014, 7(5): 1251-1264.

[3] Guo L S, Sun J, Ge Q J, et al. Recent advances in direct catalytic hydrogenation of carbon dioxide to valuable C_{2+} hydrocarbons. Journal of Materials Chemistry A, 2018, 6(46): 23244-23262.

[4] Busca G. Acid catalysts in industrial hydrocarbon chemistry. Chemical Reviews, 2007, 107(11): 5366-5410.

[5] Armor J N. A history of industrial catalysis. Catalysis Today, 2011, 163(1): 3-9.

[6] Csicsery S M. Dehydrocyclodimerization: I. Dehydrocyclodimerization of butanes over supported platinum catalysts. Journal of Catalysis, 1970, 17(2): 207-215.

[7] Csicsery S M. Dehydrocyclodimerization: II. Dehydrocyclodimerization of propane and pentane over supported platinum catalyst. Journal of Catalysis, 1970, 17(2): 216-218.

[8] Csicsery S M. Dehydrocyclodimerization: III. Dehydrocyclodimerization of butanes over transition metal oxide catalysts. Journal of Catalysis, 1970, 17(3): 315-322.

[9] Csicsery S M. Dehydrocyclodimerization: IV. The reactions of butenes. Journal of Catalysis, 1970, 17(3): 323-330.

[10] Csicsery S M, Dehydrocyclodimerization: V. The mechanism of the reaction. Journal of Catalysis, 1970, 18(1): 30-32.

[11] Argauer R J, Landolt G R. Crystalline zeolite ZSM-5 and method of preparing the same: US3709979. 1972-11-14.

[12] Primo A, Garcia H. Zeolites as catalysts in oil refining. Chemical Society Reviews, 2014, 43(22): 7548-7561.

[13] Olson D H, Kokotailo G T, Lawton S L, et al. Crystal structure and structure-related properties of ZSM-5. The Journal of Physical Chemistry, 1981, 85(15): 2238-2243.

[14] Kosinov N, Liu C, Hensen E J M, et al. Engineering of transition metal catalysts confined in zeolites. Chemistry of Materials, 2018, 30(10): 3177-3198.

[15] Serp P, Kalck P, Feurer R. Chemical vapor deposition methods for the controlled preparation of supported catalytic materials. Chemical Reviews, 2002, 102(9): 3085-3128.

[16] Derouane E G, Védrine J C, Pinto R R, et al. The acidity of zeolites: Concepts, measurements and relation to catalysis: A review on experimental and theoretical methods for the Study of zeolite acidity. Catalysis Reviews, 2013, 55(4): 454-515.

[17] Haw J F. Zeolite acid strength and reaction mechanisms in catalysis. Physical Chemistry Chemical Physics, 2002, 4(22): 5431-5441.

[18] Olsbye U, Svelle S, Bjørgen M, et al. Conversion of methanol to hydrocarbons: How zeolite cavity and pore size controls product selectivity. Angewandte Chemie International Edition, 2012, 51(24): 5810-5831.

[19] Choudhary V R, Panjala D, Banerjee S. Aromatization of propene and n-butene over H-galloaluminosilicate(ZSM-5 type) zeolite. Applied Catalysis A: General, 2002, 231(1/2): 243-251.

[20] Long H Y, Wang X S, Sun W F. Study of n-octene aromatization over nanoscale HZSM-5 zeolite. Microporous and Mesoporous Materials, 2009, 119 (1/2/3): 18-22.

[21] Wang K, Dong M, Niu X J, et al. Highly active and stable Zn/ZSM-5 zeolite catalyst for the conversion of methanol to aromatics: Effect of support morphology. Catalysis Science & Technology, 2018, 8(21): 5646-5656.

[22] Saito H, Sekine Y. Catalytic conversion of ethane to valuable products through non-oxidative dehydrogenation and dehydroaromatization. RSC Advances, 2020, 10(36): 21427-21453.

[23] Zhou Y W, Thirumalai H, Smith S K, et al. Ethylene dehydroaromatization over Ga-ZSM-5 catalysts: Nature and role of Gallium speciation. Angewandte Chemie International Edition, 2020, 59(44): 19592-19601.

[24] Al-Yassir N, Akhtar M N, Al-Khattaf S. Physicochemical properties and catalytic performance of galloaluminosilicate in aromatization of lower alkanes: A comparative study with Ga/HZSM-5. Journal of Porous Materials, 2012, 19(6): 943-960.

[25] Raad M, Astafan A, Hamieh S, et al. Catalytic properties of Ga-containing MFI-type zeolite in cyclohexane dehydrogenation and propane aromatization. Journal of Catalysis, 2018, 365: 376-390.

[26] Su X F, Fang Y J, Bai X F, et al. Synergic effect of GaO^+/Brønsted acid in hierarchical Ga/Al-ZSM-5 bifunctional catalysts for 1-hexene aromatization. Industrial & Engineering Chemistry Research, 2019, 58(45): 20543-20552.

[27] Tamiyakul S, Sooknoi T, Lobban L L, et al. Generation of reductive Zn species over Zn/HZSM-5 catalysts for n-pentane aromatization. Applied Catalysis A: General, 2016, 525: 190-196.

[28] Zhang C D, Kwak G, Lee Y J, et al. Light hydrocarbons to BTEX aromatics over Zn-modified hierarchical ZSM-5 combined with enhanced catalytic activity and stability. Microporous and Mesoporous Materials, 2019, 284: 316-326.

[29] Li Y N, Liu S L, Xie S J, et al. Promoted metal utilization capacity of alkali-treated zeolite: Preparation of Zn/ZSM-5 and its application in 1-hexene aromatization. Applied Catalysis A: General, 2009, 360 (1): 8-16.

[30] Li X J, Liu S L, Zhu X X, et al. Effects of zinc and magnesium addition to ZSM-5 on the catalytic performances in 1-hexene aromatization reaction. Catalysis Letters, 2011, 141 (10): 1498-1505.

[31] Long H Y, Jin F Y, Xiong G, et al. Effect of lanthanum and phosphorus on the aromatization activity of Zn/ZSM-5 in fcc gasoline upgrading. Microporous and Mesoporous Materials, 2014, 198: 29-34.

[32] Wei C L, Gao J, Wang K, et al. Effect of hydrogen pre-treatment on the catalytic properties of Zn/HZSM-5 zeolite for ethylene aromatization reaction. Acta Physico-Chimica Sinica, 2017, 33 (7): 1483-1491.

[33] Penzien J, Abraham A, van Bokhoven J A, et al. Generation and characterization of well-defined Zn^{2+} lewis acid sites in ion exchanged zeolite BEA. The Journal of Physical Chemistry B, 2004, 108 (13): 4116-4126.

[34] Su X F, Zan W, Bai X F, et al. Synthesis of microscale and nanoscale ZSM-5 zeolites: Effect of particle size and acidity of Zn modified ZSM-5 zeolites on aromatization performance. Catalysis Science & Technology, 2017, 7 (9): 1943-1952.

[35] Chen X C, Dong M, Niu X J, et al. Influence of Zn species in HZSM-5 on ethylene aromatization. Chinese Journal of Catalysis, 2015, 36 (6): 880-888.

[36] Gabrienko A A, Arzumanov S S, Toktarev A V, et al. Propylene transformation on Zn-modified zeolite: is there any difference in the effect of Zn^{2+} cations or ZnO Species on the reaction occurrence? The Journal of Physical Chemistry C, 2019, 123 (45): 27573-27583.

[37] Zhao Z J, Chiu C C, Gong J L. Molecular understandings on the activation of light hydrocarbons over heterogeneous catalysts. Chemical Science, 2015, 6 (8): 4403-4425.

[38] Im J, Choi M. Physicochemical stabilization of Pt against sintering for a dehydrogenation catalyst with high activity, selectivity, and durability. ACS Catalysis, 2016, 6 (5): 2819-2826.

[39] Sokolov S, Stoyanova M, Rodemerck U, et al. Comparative study of propane dehydrogenation over V-, Cr-, and Pt-based catalysts: Time on-stream behavior and origins of deactivation. Journal of Catalysis, 2012, 293: 67-75.

[40] Chen C, Sun M L, Hu Z P, et al. Nature of active phase of VO_x catalysts supported on SiBeta for direct dehydrogenation of propane to propylene. Chinese Journal of Catalysis, 2020, 41 (2): 276-285.

[41] Hu B, Schweitzer N M, Zhang G H, et al. Isolated Fe^{II} on silica As a selective propane dehydrogenation catalyst. ACS Catalysis, 2015, 5 (6): 3494-3503.

[42] Sattler J J H B, Ruiz-Martinez J, Santillan-Jimenez E, et al. Catalytic dehydrogenation of light alkanes on metals and metal oxides. Chemical Reviews, 2014, 114 (20): 10613-10653.

[43] Matveyeva A N, Wärnå J, Pakhomov N A, et al. Kinetic modeling of isobutane dehydrogenation over Ga_2O_3/Al_2O_3 catalyst. Chemical Engineering Journal, 2020, 381 (1): 122741.

[44] Chen C, Hu Z P, Ren J T, et al. ZnO nanoclusters supported on dealuminated zeolite β as a novel catalyst for direct dehydrogenation of propane to propylene. ChemCatChem, 2019, 11 (2): 868-877.

[45] Sun Q M, Wang N, Yu J H. Advances in catalytic applications of zeolite-supported metal catalysts. Advanced Materials, 2021, 33 (51): e2104442.

[46] Sattler J J H B, Gonzalez-Jimenez I D, Luo L, et al. Platinum-promoted Ga/Al_2O_3 as highly active, selective, and stable catalyst for the dehydrogenation of propane. Angewandte Chemie International Edition, 2014, 53 (35): 9251-9256.

[47] Chang Q Y, Wang K Q, Hu P, et al. Dual-function catalysis in propane dehydrogenation over Pt_1-Ga_2O_3 catalyst: Insights from a microkinetic analysis. AIChE Journal, 2020, 66 (7): e16232.

[48] Lian Z, Si C W, Jan F, et al. Coke deposition on Pt-based catalysts in propane direct dehydrogenation: Kinetics, suppression, and elimination. ACS Catalysis, 2021, 11 (15): 9279-9292.

[49] Saerens S, Sabbe M K, Galvita V V, et al. The positive role of hydrogen on the dehydrogenation of propane on Pt (111). ACS

Catalysis, 2017, 7 (11) : 7495-7508.

[50] Goel S, Zones S I, Iglesia E. Encapsulation of metal clusters within MFI via interzeolite transformations and direct hydrothermal syntheses and catalytic consequences of their confinement. Journal of the American Chemical Society, 2014, 136 (43) : 15280-15290.

[51] Weckhuysen B M. Stable platinum in a zeolite channel. Nature Materials, 2019, 18 (8) : 778-779.

[52] Zhu J, Osuga R, Ishikawa R, et al. Ultrafast encapsulation of metal nanoclusters into MFI zeolite in the course of its crystallization: Catalytic application for propane dehydrogenation. Angewandte Chemie International Edition, 2020, 59 (44) : 19669-19674.

[53] Moliner M, Gabay J, Kliewer C, et al. Trapping of metal atoms and metal clusters by chabazite under severe redox stress. ACS Catalysis, 2018, 8 (10) : 9520-9528.

[54] Liu L C, Lopez-Haro M, Lopes C W, et al. Regioselective generation and reactivity control of subnanometric platinum clusters in zeolites for high-temperature catalysis. Nature Materials, 2019, 18 (8) : 866-873.

[55] Liu L C, Lopez-Haro M, Lopes C W, et al. Structural modulation and direct measurement of subnanometric bimetallic PtSn clusters confined in zeolites. Nature Catalysis, 2020, 3 (8) : 628-638.

[56] Sun Q M, Wang N, Fan Q Y, et al. Subnanometer bimetallic platinum-zinc clusters in zeolites for propane dehydrogenation. Angewandte Chemie International Edition, 2020, 59 (44) : 19450-19459.

[57] Xie L J, Chai Y C, Sun L L, et al. Optimizing zeolite stabilized Pt-Zn catalysts for propane dehydrogenation. Journal of Energy Chemistry, 2021, 57 : 92-98.

[58] Xu Z K, Yue Y Y, Bao X J, et al. Propane dehydrogenation over Pt clusters localized at the Sn single-site in zeolite framework. ACS Catalysis, 2020, 10 (1) : 818-828.

[59] Ryoo R, Kim J, Jo C, et al. Rare-earth-platinum alloy nanoparticles in mesoporous zeolite for catalysis. Nature, 2020, 585 (7824) : 221-224.

[60] Copéret C, Allouche F, Chan K W, et al. Bridging the gap between industrial and well-defined supported catalysts. Angewandte Chemie International Edition, 2018, 57 (22) : 6398-6440.

[61] Delley M F, Silaghi M C, Nuñez-Zarur F, et al. X-H bond activation on Cr (Ⅲ), O sites (X = R, H) : Key steps in dehydrogenation and hydrogenation processes. Organometallics, 2017, 36 (1) : 234-244.

[62] Węgrzyniak A, Jarczewski S, Wach A, et al. Catalytic behaviour of chromium oxide supported on CMK-3 carbon replica in the dehydrogenation propane to propene. Applied Catalysis A: General, 2015, 508 : 1-9.

[63] Węgrzyniak A, Rokicińska A, Hędrzak E, et al. High-performance Cr-Zr-O and Cr-Zr-K-O catalysts prepared by nanocasting for dehydrogenation of propane to propene. Catalysis Science & Technology, 2017, 7 (24) : 6059-6068.

[64] Kang K H, Kim T H, Choi W C, et al. Dehydrogenation of propane to propylene over CrO_y-CeO_2-K_2O/γ-Al_2O_3 catalysts: Effect of cerium content. Catalysis Communications, 2015, 72 : 68-72.

[65] Li P P, Lang W Z, Xia K, et al. The promotion effects of Ni on the properties of Cr/Al catalysts for propane dehydrogenation reaction. Applied Catalysis A: General, 2016, 522 : 172-179.

[66] Neațu F, Trandafir M M, Marcu M, et al. Potential application of Ni and Co stabilized zirconia as oxygen reduction reaction catalyst. Catalysis Communications, 2017, 93 : 37-42.

[67] Sim S, Gong S J, Bae J, et al. Chromium oxide supported on Zr modified alumina for stable and selective propane dehydrogenation in oxygen free moving bed process. Molecular Catalysis, 2017, 436 : 164-173.

[68] Cabrera F, Ardissone D, Gorriz O F. Dehydrogenation of propane on chromia/alumina catalysts promoted by tin. Catalysis Today, 2008, 133/135 : 800-804.

[69] Conley M P, Delley M F, Núñez-Zarur F, et al. Heterolytic activation of C-H bonds on Cr (Ⅲ)-O surface sites is a key step in catalytic polymerization of ethylene and dehydrogenation of propane. Inorganic Chemistry, 2015, 54 (11) : 5065-5078.

[70] Bian Z, Dewangan N, Wang Z, et al. Mesoporous-silica-stabilized cobalt (Ⅱ) oxide nanoclusters for propane dehydrogenation. ACS Applied Nano Materials, 2021, 4 (2) : 1112-1125.

[71] Dai Y H, Gu J J, Tian S Y, et al. γ-Al₂O₃ sheet-stabilized isolate Co²⁺ for catalytic propane dehydrogenation. Journal of Catalysis, 2020, 381: 482-492.

[72] Hu B, Kim W G, Sulmonetti T P, et al. A mesoporous cobalt aluminate spinel catalyst for nonoxidative propane dehydrogenation. ChemCatChem, 2017, 9 (17): 3330-3337.

[73] Li W, Yu S Y, Meitzner G D, et al. Structure and properties of cobalt-exchanged H-ZSM5 catalysts for dehydrogenation and dehydrocyclization of alkanes. The Journal of Physical Chemistry B, 2001, 105 (6): 1176-1184.

[74] Wu L Z, Ren Z Z, He Y S, et al. Atomically dispersed Co²⁺ sites incorporated into a silicalite-1 zeolite framework as a high-performance and coking-resistant catalyst for propane nonoxidative dehydrogenation to propylene. ACS Applied Materials & Interfaces, 2021, 13 (41): 48934-48948.

[75] Lee E H. Iron oxide catalysts for dehydrogenation of ethylbenzene in the presence of steam. Catalysis Reviews, 1974, 8 (1): 285-305.

[76] Khatamian M, Khandar A A, Haghighi M, et al. Nano ZSM-5 type ferrisilicates as novel catalysts for ethylbenzene dehydrogenation in the presence of N₂O. Applied Surface Science, 2011, 258 (2): 865-872.

[77] Wang L C, Zhang Y Y, Xu J Y, et al. Non-oxidative dehydrogenation of ethane to ethylene over ZSM-5 zeolite supported iron catalysts. Applied Catalysis B: Environmental, 2019, 256 (5): 117816.

[78] Yang Z Y, Li H, Zhou H, et al. Coking-resistant iron catalyst in ethane dehydrogenation achieved through siliceous zeolite modulation. Journal of the American Chemical Society, 2020, 142 (38): 16429-16436.

[79] Wang G W, Li C Y, Shan H H. Catalytic dehydrogenation of isobutane over a Ga₂O₃/ZnO interface: Reaction routes and mechanism. Catalysis Science & Technology, 2016, 6 (9): 3128-3136.

[80] Liu J, He N, Zhou W, et al. Isobutane aromatization over a complete Lewis acid Zn/HZSM-5 zeolite catalyst: Performance and mechanism. Catalysis Science & Technology, 2018, 8 (16): 4018-4029.

[81] Zhao D, Li Y M, Han S L, et al. ZnO nanoparticles encapsulated in nitrogen-doped carbon material and silicalite-1 composites for efficient propane dehydrogenation. iScience, 2019, 13: 269-276.

[82] Liu G D, Liu J X, He N, et al. Silicalite-1 zeolite acidification by zinc modification and its catalytic properties for isobutane conversion. RSC Advances, 2018, 8 (33): 18663-18671.

[83] Pidko E A, van Santen R A. Activation of light alkanes over zinc species stabilized in ZSM-5 zeolite: A comprehensive DFT study. The Journal of Physical Chemistry C, 2007, 111 (6): 2643-2655.

[84] Barbosa L A M M, van Santen R A. The activation of H₂ by zeolitic Zn (II) cations. The Journal of Physical Chemistry C, 2007, 111 (23): 8337-8348.

[85] Nozik D, Tinga F M P, Bell A T. Propane dehydrogenation and cracking over Zn/H-MFI prepared by solid-state ion exchange of ZnCl₂. ACS Catalysis, 2021, 11 (23): 14489-14506.

[86] Xie L J, Wang R, Chai Y C, et al. Propane dehydrogenation catalyzed by in situ partially reduced zinc cations confined in zeolites. Journal of Energy Chemistry, 2021, 63: 262-269.

[87] Zhao D, Tian X X, Doronkin D E, et al. In situ formation of ZnOₓ species for efficient propane dehydrogenation. Nature, 2021, 599 (7884): 234-238.

[88] Yuan Y, Brady C, Annamalai L, et al. Ga speciation in Ga/H-ZSM-5 by in situ transmission FTIR spectroscopy. Journal of Catalysis, 2021, 393: 60-69.

[89] Yuan Y, Brady C, Lobo R F, et al. Understanding the correlation between Ga speciation and propane dehydrogenation activity on Ga/H-ZSM-5 catalysts. ACS Catalysis, 2021, 11 (16): 10647-10659.

[90] Schreiber M W, Plaisance C P, Baumgärtl M, et al. Lewis-Brønsted acid pairs in Ga/H-ZSM-5 to catalyze dehydrogenation of light alkanes. Journal of the American Chemical Society, 2018, 140 (14): 4849-4859.

[91] Phadke N M, Mansoor E, Bondil M, et al. Mechanism and kinetics of propane dehydrogenation and cracking over Ga/H-MFI prepared via vapor-phase exchange of H-MFI with GaCl₃. Journal of the American Chemical Society, 2019, 141 (4): 1614-1627.

[92] Yuan Y, Lobo R F, Xu B J. Ga$_2$O$_2^{2+}$ stabilized by paired framework Al atoms in MFI: A highly reactive site in nonoxidative propane dehydrogenation. ACS Catalysis, 2022, 12(3): 1775-1783.

[93] Grant J T, Carrero C A, Goeltl F, et al. Selective oxidative dehydrogenation of propane to propene using boron nitride catalysts. Science, 2016, 354(6319): 1570-1573.

[94] Tian J S, Tan J Q, Xu M L, et al. Propane oxidative dehydrogenation over highly selective hexagonal boron nitride catalysts: The role of oxidative coupling of methyl. Science Advances, 2019, 5(3): 8063.

[95] Gomez E, Kattel S, Yan B H, et al. Combining CO$_2$ reduction with propane oxidative dehydrogenation over bimetallic catalysts. Nature Communications, 2018, 9(1): 1398.

[96] Qiu B, Jiang F, Lu W D, et al. Oxidative dehydrogenation of propane using layered borosilicate zeolite as the active and selective catalyst. Journal of Catalysis, 2020, 385: 176-182.

[97] Zhou H, Yi X F, Hui Y, et al. Isolated boron in zeolite for oxidative dehydrogenation of propane. Science, 2021, 372(6537): 76-80.

[98] Zhang T, Zhang X F, Yan X J, et al. Core-shell Pd/ZSM-5@ZIF-8 membrane micro-reactors with size selectivity properties for alkene hydrogenation. Catalysis Today, 2014, 236: 41-48.

[99] Shen K, Wang N, Chen X D, et al. Seed-induced and additive-free synthesis of oriented nanorod-assembled meso/macroporous zeolites: Toward efficient and cost-effective catalysts for the MTA reaction. Catalysis Science & Technology, 2017, 7(21): 5143-5153.

[100] Joshi Y V, Thomson K T. Embedded cluster (QM/MM) investigation of C$_6$ diene cyclization in HZSM-5. Journal of Catalysis, 2005, 230(2): 440-463.

[101] Li Y N, Liu S L, Zhang Z K, et al. Aromatization and isomerization of 1-hexene over alkali-treated HZSM-5 zeolites: Improved reaction stability. Applied Catalysis A: General, 2008, 338(1/2): 100-113.

[102] Nielsen M, Hafreager A, Brogaard R Y, et al. Collective action of water molecules in zeolite dealumination. Catalysis Science & Technology, 2019, 9(14): 3721-3725.

[103] Stanciakova K, Ensing B, Göltl F, et al. Cooperative role of water molecules during the initial stage of water-induced zeolite dealumination. ACS Catalysis, 2019, 9(6): 5119-5135.

[104] Niwa M, Sota S, Katada N. Strong Brønsted acid site in HZSM-5 created by mild steaming. Catalysis Today, 2012, 185(1): 17-24.

[105] Sahoo S K, Viswanadham N, Ray N, et al. Studies on acidity, activity and coke deactivation of ZSM-5 during n-heptane aromatization. Applied Catalysis A: General, 2001, 205(1/2): 1-10.

[106] Gnep N S, Doyemet J Y, Seco A M, et al. Conversion of light alkanes into aromatic hydrocarbons: 1-dehydrocyclodimerization of propane on PtHZSM-5 catalysts. Applied Catalysis, 1987, 35(1): 93-108.

[107] Bai X W, Samanta A, Robinson B, et al. Deactivation mechanism and regeneration study of Ga-Pt promoted HZSM-5 catalyst in ethane dehydroaromatization. Industrial & Engineering Chemistry Research, 2018, 57(13): 4505-4513.

[108] Tshabalala T E, Scurrell M S. Aromatization of n-hexane over Ga, Mo and Zn modified H-ZSM-5 zeolite catalysts. Catalysis Communications, 2015, 72(5): 49-52.

[109] Wan H J, Chitta P. Catalytic conversion of propane to BTX over Ga, Zn, Mo, and Re impregnated ZSM-5 catalysts. Journal of Analytical and Applied Pyrolysis, 2016, 121: 369-375.

[110] Liu H, Yang S, Hu J, et al. A comparison study of mesoporous Mo/H-ZSM-5 and conventional Mo/H-ZSM-5 catalysts in methane non-oxidative aromatization. Fuel Processing Technology, 2012, 96: 195-202.

[111] Bhattacharya D, Sivasanker S. Aromatization of n-hexane over H-ZSM-5: Influence of promoters and added gases. Applied Catalysis A: General, 1996, 141(1/2): 105-115.

[112] Zhou H, Zhang F C, Ji K M, et al. Relationship between acidity and activity on propane conversion over metal-modified HZSM-5 catalysts. Catalysts, 2021, 11(10): 1138.

[113] Lubango L M, Scurrell M S. Light alkanes aromatization to BTX over Zn-ZSM-5 catalysts: Enhancements in BTX selectivity

by means of a second transition metal ion. Applied Catalysis A: General, 2002, 235 (1/2): 265-272.

[114] Xu B, Tan M, Wu X, et al. Propane Aromatization tuned by tailoring Cr modified Ga/ZSM-5 catalysts. ChemCatChem, 2021, 13 (16): 3601-3610.

[115] Zhou W, Liu J X, Lin L, et al. Enhanced dehydrogenative aromatization of propane by incorporating Fe and Pt into the Zn/HZSM-5 catalyst. Industrial & Engineering Chemistry Research, 2018, 57 (48): 16246-16256.

[116] Bragin O V, Vasina T V, Isakov Y I, et al. Catalytic aromatization of methane and ethane. Bulletin of the Academy of Sciences of the USSR, Division of Chemical Science, 1982, 31 (4): 847.

[117] Wang L S, Tao L X, Xie M S, et al. Dehydrogenation and aromatization of methane under non-oxidizing conditions. Catalysis Letters, 1993, 21 (1): 35-41.

[118] Liu L M, Wang N, Zhu C Z, et al. Direct imaging of atomically dispersed molybdenum that enables location of aluminum in the framework of zeolite ZSM-5. Angewandte Chemie International Edition, 2020, 59 (2): 819-825.

[119] Borry R W, Kim Y H, Huffsmith A, et al. Structure and density of Mo and acid sites in Mo-exchanged H-ZSM5 catalysts for nonoxidative methane conversion. The Journal of Physical Chemistry B, 1999, 103 (28): 5787-5796.

[120] Lezcano-González I, Oord R, Rovezzi M, et al. Molybdenum speciation and its impact on catalytic activity during methane dehydroaromatization in zeolite ZSM-5 as revealed by operando X-ray methods. Angewandte Chemie International Edition, 2016, 55 (17): 5215-5219.

[121] Kosinov N, Hensen E J M. Reactivity, selectivity, and stability of zeolite-based catalysts for methane dehydroaromatization. Advanced Materials, 2020, 32 (44): e2002565.

[122] Gabrienko A A, Arzumanov S S, Moroz I B, et al. Methane activation and transformation on Ag/H-ZSM-5 zeolite studied with solid-state NMR. The Journal of Physical Chemistry C, 2013, 117 (15): 7690-7702.

[123] Gabrienko A A, Arzumanov S S, Luzgin M V, et al. Methane activation on Zn^{2+}-exchanged ZSM-5 zeolites: The effect of molecular oxygen addition. The Journal of Physical Chemistry C, 2015, 119 (44): 24910-24918.

[124] Tan P L. Active phase, catalytic activity, and induction period of Fe/zeolite material in nonoxidative aromatization of methane. Journal of Catalysis, 2016, 338: 21-29.

[125] Choudhary V R, Mondal K C, Mulla S A R. Simultaneous conversion of methane and methanol into gasoline over bifunctional Ga-, Zn-, In-, and/or Mo-modified ZSM-5 zeolites. Angewandte Chemie International Edition, 2005, 44 (28): 4381-4385.

[126] Liu Y, Li D F, Wang T Y, et al. Efficient conversion of methane to aromatics by coupling methylation reaction. ACS Catalysis, 2016, 6 (8): 5366-5370.

[127] Xi Z X, Zhou B J, Jiang B B, et al. Efficient conversion of methane to aromatics in the presence of methanol at low temperature. Molecular Catalysis, 2019, 475: 110493.

[128] Zhu J, Yang M L, Yu Y, Size-dependent reaction mechanism and kinetics for propane dehydrogenation over Pt catalysts. ACS Catalysis, 2015, 5 (11): 6310-6319.

[129] Wannapakdee W, Yutthalekha T, Dugkhuntod P, et al. Dehydrogenation of propane to propylene using promoter-free hierarchical Pt/Silicalite-1 nanosheets. Catalysts, 2019, 9 (2): 174.

[130] Liu L C, Corma A. Confining isolated atoms and clusters in crystalline porous materials for catalysis. Nature Reviews Materials, 2021, 6 (3): 244-263.

[131] Zhang W, Wang H Z, Jiang J W, et al. Size dependence of Pt catalysts for propane dehydrogenation: From atomically dispersed to nanoparticles. ACS Catalysis, 2020, 10 (21): 12932-12942.

[132] Deng Y C, Guo Y, Jia Z M, et al. Few-atom Pt ensembles enable efficient catalytic cyclohexane dehydrogenation for hydrogen production. Journal of the American Chemical Society, 2022, 144 (8): 3535-3542.

[133] Liu L C, Corma A. Metal catalysts for heterogeneous catalysis: From single atoms to nanoclusters and nanoparticles. Chemical Reviews, 2018, 118 (10): 4981-5079.

[134] Deng L, Miura H, Shishido T, et al. Dehydrogenation of propane over silica-supported Platinum-Tin catalysts prepared by

direct reduction: Effects of Tin/Platinum ratio and reduction temperature. ChemCatChem, 2014, 6(9): 2680-2691.

[135] Wu J, Peng Z M, Bell A T. Effects of composition and metal particle size on ethane dehydrogenation over Pt_xSn_{100-x}/ Mg(Al)O($70 \leqslant x \leqslant 100$). Journal of Catalysis, 2014, 311: 161-168.

[136] Deng L D, Shishido T, Teramura K, et al. Effect of reduction method on the activity of Pt-Sn/SiO_2 for dehydrogenation of propane. Catalysis Today, 2014, 232: 33-39.

[137] Cybulskis V J, Bukowski B C, Tseng H T, et al. Zinc promotion of platinum for catalytic light alkane dehydrogenation: Insights into geometric and electronic effects. ACS Catalysis, 2017, 7(6): 4173-4181.

[138] Deng L D, Miura H, Shishido T, et al. Elucidating strong metal-support interactions in Pt-Sn/SiO_2 catalyst and its consequences for dehydrogenation of lower alkanes. Journal of Catalysis, 2018, 365: 277-291.

[139] Pham H N, Sattler J J H B, Weckhuysen B M, et al. Role of Sn in the regeneration of Pt/γ-Al_2O_3 light alkane dehydrogenation catalysts. ACS Catalysis, 2016, 6(4): 2257-2264.

[140] Piris M, Matxain J M, Lopez X, et al. Communication: The role of the positivity N-representability conditions in natural orbital functional theory. The Journal of Chemical Physics, 2010, 133(11): 111101.

[141] Zhang Y W, Zhou Y M, Zhang S B, et al. Catalytic structure and reaction performance of PtSnK/ZSM-5 catalyst for propane dehydrogenation: Influence of impregnation strategy. Journal of Materials Science, 2015, 50(19): 6457-6468.

[142] Zhao S Y, Xu B L, Yu L, et al. Catalytic dehydrogenation of propane to propylene over highly active PtSnNa/γ-Al_2O_3 catalyst. Chinese Chemical Letters, 2018, 29(3): 475-478.

[143] Jang E J, Lee J, Jeong H Y, et al. Controlling the acid-base properties of alumina for stable PtSn-based propane dehydrogenation catalysts. Applied Catalysis A: General, 2019, 572(25): 1-8.

[144] Yu Q Q, Yu T, Chen H Y, et al. The effect of Al^{3+} coordination structure on the propane dehydrogenation activity of Pt/Ga/Al_2O_3 catalysts. Journal of Energy Chemistry, 2020, 41: 93-99.

[145] Chen C, Sun M L, Hu Z P, et al. New insight into the enhanced catalytic performance of ZnPt/HZSM-5 catalysts for direct dehydrogenation of propane to propylene. Catalysis Science & Technology, 2019, 9(8): 1979-1988.

[146] Zhang Y W, Zhou Y M, Huang L, et al. Structure and catalytic properties of the Zn-modified ZSM-5 supported platinum catalyst for propane dehydrogenation. Chemical Engineering Journal, 2015, 270: 352-361.

[147] Liu J, Liu C C, Ma A Z, et al. Effects of Al_2O_3 phase and C_1 component on dehydrogenation of propane. Applied Surface Science, 2016, 368: 233-240.

[148] Shi Y, Li X, Rong X, et al. Effect of aging temperature of support on catalytic performance of PtSnK/Al_2O_3 propane dehydrogenation catalyst. Catalysis Letters, 2020, 150(8): 2283-2293.

[149] Gong N, Zhao Z K. Efficient supported Pt-Sn catalyst on carambola-like alumina for direct dehydrogenation of propane to propene. Molecular Catalysis, 2019, 477: 110543.

[150] Shi L, Deng G M, Li W C, et al. Al_2O_3 nanosheets rich in pentacoordinate Al^{3+} ions stabilize Pt-Sn clusters for propane dehydrogenation. Angewandte Chemie International Edition, 2015, 54(47): 13994-13998.

[151] Kwak J H, Hu J Z, Mei D H, et al. Coordinatively unsaturated Al^{3+} centers as binding sites for active catalyst phases of platinum on γ-Al_2O_3. Science, 2009, 325(5948): 1670-1673.

[152] Shan Y L, Wang T, Sui Z J, et al. Hierarchical $MgAl_2O_4$ supported Pt-Sn as a highly thermostable catalyst for propane dehydrogenation. Catalysis Communications, 2016, 84(5): 85-88.

[153] Long L L, Lang W Z, Yan X, et al. Yttrium-modified alumina as support for trimetallic PtSnIn catalysts with improved catalytic performance in propane dehydrogenation. Fuel Processing Technology, 2016, 146(1): 48-55.

[154] Long L L, Xia K, Lang W Z, et al. The comparison and optimization of zirconia, alumina, and zirconia-alumina supported PtSnIn trimetallic catalysts for propane dehydrogenation reaction. Journal of Industrial and Engineering Chemistry, 2017, 51(25): 271-280.

[155] Li Q, Yang G B, Wang K, et al. Preparation of carbon-doped alumina beads and their application as the supports of Pt-Sn-K catalysts for the dehydrogenation of propane. Reaction Kinetics, Mechanisms and Catalysis, 2020, 129(2): 805-817.

[156] Aly M, Fornero E L, Leon-Garzon A R, et al. Effect of boron promotion on coke formation during propane dehydrogenation over Pt/γ-Al₂O₃ catalysts. ACS Catalysis, 2020, 10(9): 5208-5216.

[157] Zhu Y R, An Z, Song H Y, et al. Lattice-confined Sn(Ⅳ/Ⅱ) stabilizing raft-like Pt clusters: High selectivity and durability in propane dehydrogenation. ACS Catalysis, 2017, 7(10): 6973-6978.

[158] Fang S Q, Zhang K T, Wang C G, et al. The properties and catalytic performance of PtSn/Mg(x-Ga)AlO catalysts for ethane dehydrogenation. RSC Advances, 2017, 7(37): 22836-22844.

[159] Wu X P, Zhang Q, Chen L G, et al. Enhanced catalytic performance of PtSn catalysts for propane dehydrogenation by a Zn-modified Mg(Al)O support. Fuel Processing Technology, 2020, 198: 106222.

[160] Deng L D, Miura H, Shishido T, et al. Strong metal-support interaction between Pt and SiO₂ following high-temperature reduction: A catalytic interface for propane dehydrogenation. Chemical Communications, 2017, 53(51): 6937-6940.

[161] Wang W Y, Wu Y, Liu T Y, et al. Single Co sites in ordered SiO₂ channels for boosting nonoxidative propane dehydrogenation. ACS Catalysis, 2022, 12(4): 2632-2638.

[162] Xing F, Nakaya Y, Yasumura S, et al. Ternary platinum-cobalt-indium nanoalloy on ceria as a highly efficient catalyst for the oxidative dehydrogenation of propane using CO₂. Nature Catalysis, 2022, 5(1): 55-65.

[163] Ji Z H, Miao D Y, Gao L J, et al. Effect of pH on the catalytic performance of PtSn/B-ZrO₂ in propane dehydrogenation. Chinese Journal of Catalysis, 2020, 41(4): 719-729.

[164] Nakaya Y, Hirayama J, Yamazoe S, et al. Single-atom Pt in intermetallics as an ultrastable and selective catalyst for propane dehydrogenation. Nature Communications, 2020, 11(1): 2838.

[165] Yu Z, Sawada J A, An W, et al. PtZn-ETS-2: A novel catalyst for ethane dehydrogenation. AIChE Journal, 2015, 61(12): 4367-4376.

[166] Liu J, Li J Q, Rong J F, et al. Defect-driven unique stability of Pt/carbon nanotubes for propane dehydrogenation. Applied Surface Science, 2019, 464: 146-152.

[167] Liu J, Yue Y Y, Liu H Y, et al. Origin of the robust catalytic performance of nanodiamond graphene supported Pt nanoparticles used in the propane dehydrogenation reaction. ACS Catalysis, 2017, 7(5): 3349-3355.

[168] Wang S, Wang P F, Qin Z F, et al. Relation of catalytic performance to the aluminum siting of acidic zeolites in the conversion of methanol to olefins: viewed via a comparison between ZSM-5 and ZSM-11. ACS Catalysis, 2018, 8(6): 5485-5505.

[169] Vosmerikova L N, Barbashin Y E, Vosmerikov A V. Catalytic aromatization of ethane on zinc-modified zeolites of various framework types. Petroleum Chemistry, 2014, 54(6): 420-425.

[170] Denayer J F, Souverijns W, Jacobs P A, et al. High-temperature low-pressure adsorption of branched C₅~C₈ alkanes on zeolite beta, ZSM-5, ZSM-22, zeolite Y, and mordenite. The Journal of Physical Chemistry B, 1998, 102(23): 4588-4597.

[171] Janda A, Bell A T. Effects of Si/Al ratio on the distribution of framework Al and on the rates of alkane monomolecular cracking and dehydrogenation in H-MFI. Journal of the American Chemical Society, 2013, 135(51): 19193-19207.

[172] He P, Chen Y L, Jarvis J, et al. Highly selective aromatization of octane over Pt-Zn/UZSM-5: The effect of Pt-Zn interaction and Pt position. ACS Applied Materials & Interfaces, 2020, 12(25): 28273-28287.

[173] Ma Y H, Cai D L, Li Y R, et al. The influence of straight pore blockage on the selectivity of methanol to aromatics in nanosized Zn/ZSM-5: An atomic Cs-corrected STEM analysis study. RSC Advances, 2016, 6(78): 74797-74801.

[174] Akhtar M N, Al-Yassir N, Al-Khattaf S, et al. Aromatization of alkanes over Pt promoted conventional and mesoporous gallosilicates of MEL zeolite. Catalysis Today, 2012, 179(1): 61-72.

[175] Song C, Gim M Y, Lim Y H, et al. Enhanced yield of benzene, toulene, and xylene from the co-aromatization of methane and propane over gallium supported on mesoporous ZSM-5 and ZSM-11. Fuel, 2019, 251(1): 404-412.

[176] Ma L, Zou X Q. Cooperative catalysis of metal and acid functions in re-HZSM-5 catalysts for ethane dehydroaromatization. Applied Catalysis B: Environmental, 2019, 243: 703-710.

[177] Zhou W, Liu J X, Wang J L, et al. Transformation of propane over ZnSnPt modified defective HZSM-5 zeolites: The crucial role of hydroxyl nests concentration. Catalysts, 2019, 9(7): 571.

[178] Bragin O V, Preobrazhenskii A V, Vasina T V, et al. Aromatization of ethane on metal zeolites catalysts. Studies in Surface Science and Catalysis, 1984, 18: 273-278.

[179] Choudhary V R, Mantri K, Sivadinarayana C. Influence of zeolite factors affecting zeolitic acidity on the propane aromatization activity and selectivity of Ga/H-ZSM-5. Microporous and Mesoporous Materials, 2000, 37(1/2): 1-8.

[180] Li C G, Vidal-Moya A, Miguel P J, et al. Selective introduction of acid sites in different confined positions in ZSM-5 and its catalytic implications. ACS Catalysis, 2018, 8(8): 7688-7697.

[181] von Ballmoos R, Meier W M. Zoned aluminium distribution in synthetic zeolite ZSM-5. Nature, 1981, 289: 782-783.

[182] Suzuki K, Kiyozumi Y, Matsuzaki K, et al. Effect of crystallization time on the physicochemical and catalytic properties of a ZSM-5 type zeolite. Applied Catalysis, 1988, 42(1): 35-45.

[183] Fu T J, Zhou H, Li Z. Controllable synthesis of ultra-tiny nano-ZSM-5 catalyst based on the control of crystal growth for methanol to hydrocarbon reaction. Fuel Processing Technology, 2021, 211: 106594.

[184] Gao Y, Zheng B H, Wu G, et al. Effect of the Si/Al ratio on the performance of hierarchical ZSM-5 zeolites for methanol aromatization. RSC Advances, 2016, 6(87): 83581-83588.

[185] Inagaki S, Shinoda S, Hayashi S, et al. Improvement in the catalytic properties of ZSM-5 zeolite nanoparticles via mechanochemical and chemical modifications. Catalysis Science & Technology, 2016, 6(8): 2598-2604.

[186] Inagaki S, Shinoda S, Kaneko Y, et al. Facile fabrication of ZSM-5 zeolite catalyst with high durability to coke formation during catalytic cracking of paraffins. ACS Catalysis, 2013, 3(1): 74-78.

[187] Feng R, Yan X L, Hu X Y, et al. Surface dealumination of micro-sized ZSM-5 for improving propylene selectivity and catalyst lifetime in methanol to propylene(MTP) reaction. Catalysis Communications, 2018, 109: 1-5.

[188] Zhang X X, Cheng D G, Chen F L, et al. The role of external acidity of hierarchical ZSM-5 zeolites in n-heptane catalytic cracking. ChemCatChem, 2018, 10(12): 2655-2663.

[189] Shao S S, Zhang H Y, Heng L J, et al. Catalytic conversion of biomass derivates over acid dealuminated ZSM-5. Industrial & Engineering Chemistry Research, 2014, 53(41): 15871-15878.

[190] Zhang J G, Qian W Z, Kong C Y, et al. Increasing para-xylene selectivity in making aromatics from methanol with a surface-modified Zn/P/ZSM-5 catalyst. ACS Catalysis, 2015, 5(5): 2982-2988.

[191] van Vu D, Miyamoto M, Nishiyama N, et al. Morphology control of silicalite/HZSM-5 composite catalysts for the formation of Para-xylene. Catalysis Letters, 2009, 127(3): 233-238.

[192] Zhao X L, Xu J, Deng F. Solid-state NMR for metal-containing zeolites: From active sites to reaction mechanism. Frontiers of Chemical Science and Engineering, 2020, 14(2): 159-187.

[193] Dědeček J, Kaucký D, Wichterlová B, et al. Co^{2+}ions as probes of Al distribution in the framework of zeolites ZSM-5 study. Physical Chemistry Chemical Physics, 2002, 4(21): 5406-5413.

[194] Dědeček J, Kaucký D, Wichterlová B. Al distribution in ZSM-5 zeolites: An experimental study. Chemical Communications, 2001(11): 970-971.

[195] Gábová V, Dědeček J, Čejka J. Control of Al distribution in ZSM-5 by conditions of zeolite synthesis. Chemical Communications, 2003(10): 1196-1197.

[196] Dedecek J, Balgová V, Pashkova V, et al. Synthesis of ZSM-5 zeolites with defined distribution of Al atoms in the framework and multinuclear MAS NMR analysis of the control of Al distribution. Chemistry of Materials, 2012, 24(16): 3231-3239.

[197] Pashkova V, Klein P, Dedecek J, et al. Incorporation of Al at ZSM-5 hydrothermal synthesis: tuning of Al pairs in the framework. Microporous and Mesoporous Materials, 2015, 202(15): 138-146.

[198] Pashkova V, Sklenak S, Klein P, et al. Location of framework Al atoms in the channels of ZSM-5: effect of the(hydrothermal) synthesis. Chemistry: A European Journal, 2016, 22(12): 3937-3941.

[199] Yokoi T, Mochizuki H, Namba S, et al. Control of the Al distribution in the framework of ZSM-5 zeolite and its evaluation by solid-state NMR technique and catalytic properties. The Journal of Physical Chemistry C, 2015, 119(27): 15303-15315.

[200] Liu H, Wang H, Xing A H, et al. Effect of Al distribution in MFI framework channels on the catalytic performance of ethane

and ethylene aromatization. The Journal of Physical Chemistry C, 2019, 123 (25): 15637-15647.

[201] Xue Y F, Li J F, Wang P F, et al. Regulating Al distribution of ZSM-5 by Sn incorporation for improving catalytic properties in methanol to olefins. Applied Catalysis B: Environmental, 2021, 280: 119391.

[202] Shamzhy M, Opanasenko M, Concepción P, et al. New trends in tailoring active sites in zeolite-based catalysts. Chemical Society Reviews, 2019, 48 (4): 1095-1149.

[203] Zhou S, Liu S F, Jing F L, et al. Effects of dopants in PtSn/M-Silicalite-1 on structural property and on catalytic propane dehydrogenation performance. ChemistrySelect, 2020, 5 (14): 4175-4185.

[204] Gao P, Wang Q, Xu J, et al. Brønsted/Lewis acid synergy in methanol-to-aromatics conversion on Ga-modified ZSM-5 zeolites, As studied by solid-state NMR spectroscopy. ACS Catalysis, 2018, 8 (1): 69-74.

[205] Mohammadparast F, Halladj R, Askari S. The crystal size effect of nano-sized ZSM-5 in the catalytic performance of petrochemical processes: A review. Chemical Engineering Communication, 2014, 202 (4): 542-556.

[206] Leth K T, Rovik A K, Holm M S, et al. Synthesis and characterization of conventional and mesoporous Ga-MFI for ethane dehydrogenation. Applied Catalysis A: General, 2008, 348 (2): 257-265.

[207] Li S Y, Li J F, Dong M, et al. Strategies to control zeolite particle morphology. Chemical Society Reviews, 2019, 48 (3): 885-907.

[208] Wang K, Dong M, Li J F, et al. Facile fabrication of ZSM-5 zeolite hollow spheres for catalytic conversion of methanol to aromatics. Catalysis Science & Technology, 2017, 7 (3): 560-564.

[209] Wang N, Qian W Z, Shen K, et al. Bayberry-like ZnO/MFI zeolite as high performance methanol-to-aromatics catalyst. Chemical Communications, 2016, 52 (10): 2011-2014.

[210] Dai H, Shen Y, Yang T, et al. Finned zeolite catalysts. Nature Materials, 2020, 19 (10): 1074-1080.

[211] Zhang B F, Li G Z, Liu S B, et al. Boosting propane dehydrogenation over PtZn encapsulated in an epitaxial high-crystallized zeolite with a low surface barrier. ACS Catalysis, 2022, 12 (2): 1310-1314.

[212] Cai D L, Wang N, Chen X, et al. Highly selective conversion of methanol to propylene: Design of an MFI zeolite with selective blockage of (010) surfaces. Nanoscale, 2019, 11 (17): 8096-8101.

[213] Liu C, Su J J, Liu S, et al. Insights into the key factor of zeolite morphology on the selective conversion of syngas to light aromatics over a Cr$_2$O$_3$/ZSM-5 catalyst. ACS Catalysis, 2020, 10 (24): 15227-15237.

[214] Arslan M T, Qureshi B A, Gilani S Z A, et al. Single-step conversion of H$_2$-deficient syngas into high yield of tetramethylbenzene. ACS Catalysis, 2019, 9 (3): 2203-2212.

[215] Zhang L L, Song Y, Li G D, et al. F-assisted synthesis of a hierarchical ZSM-5 zeolite for methanol to propylene reaction: A b-oriented thinner dimensional morphology. RSC Advances, 2015, 5 (75): 61354-61363.

[216] Dai W J, Kouvatas C, Tai W S, et al. Platelike MFI crystals with controlled crystal faces aspect ratio. Journal of the American Chemical Society, 2021, 143 (4): 1993-2004.

[217] Choi M, Na K, Kim J, et al. Stable single-unit-cell nanosheets of zeolite MFI as active and long-lived catalysts. Nature, 2009, 461 (7261): 246-249.

[218] Kim J, Kim W, Seo Y, et al. N-Heptane hydroisomerization over Pt/MFI zeolite nanosheets: Effects of zeolite crystal thickness and platinum location. Journal of Catalysis, 2013, 301: 187-197.

[219] Xu D, Wang S Y, Wu B S, et al. Tailoring Pt locations in KL zeolite by improved atomic layer deposition for excellent performance in n-heptane aromatization. Journal of Catalysis, 2018, 365: 163-173.

[220] Liu C, Su J, Xiao Y, et al. Constructing directional component distribution in a bifunctional catalyst to boost the tandem reaction of syngas conversion. Chem Catalysis, 2021, 1 (4): 896-907.

[221] Niu X J, Gao J, Miao Q, et al. Influence of preparation method on the performance of Zn-containing HZSM-5 catalysts in methanol-to-aromatics. Microporous and Mesoporous Materials, 2014, 197: 252-261.

[222] Ni Y M, Chen Z Y, Fu Y, et al. Selective conversion of CO$_2$ and H$_2$ into aromatics. Nature Communications, 2018, 9 (1): 3457.

[223] Yan H, He K, Samek I A, et al. Tandem In$_2$O$_3$-Pt/Al$_2$O$_3$ catalyst for coupling of propane dehydrogenation to selective H$_2$ combustion. Science, 2021, 371(6535): 1257-1260.

[224] Steinberg K H, Mroczek U, Roessner F. Aromatization of ethane on platinum containing ZSM-5 zeolites. Applied Catalysis, 1990, 66(1): 37-44.

[225] Arora S S, Nieskens D L S, Malek A, et al. Lifetime improvement in methanol-to-olefins catalysis over chabazite materials by high-pressure H$_2$ co-feeds. Nature Catalysis, 2018, 1: 666-672.

[226] Gujar A C, Guda V K, Nolan M, et al. Reactions of methanol and higher alcohols over H-ZSM-5. Applied Catalysis A: General, 2009, 363(1/2): 115-121.

[227] Arora S S, Shi Z, Bhan A. Mechanistic basis for effects of high-pressure H$_2$ co-feeds on methanol-to-hydrocarbons catalysis over zeolites. ACS Catalysis, 2019, 9(7): 6407-6414.

[228] De W K, Wondergem C S, Ensing B, et al. Insight into the effect of water on the methanol to olefins conversion in H-SAPO-34 from molecular simulations and *in situ* microspectroscopy. ACS Catalysis, 2016, 6(3): 1991-2002.

[229] Zhi Y C, Shi H, Mu L Y, et al. Dehydration pathways of 1-propanol on HZSM-5 in the presence and absence of water. Journal of the American Chemical Society, 2015, 137(50): 15781-15794.

[230] Liao Y, Zhong R, Makshina E, et al. Propylphenol to phenol and propylene over acidic zeolites: role of shape selectivity and presence of steam. ACS Catalysis, 2018, 8(9): 7861-7878.

[231] Tsang S C E, Ye L, Lo B T W, et al. A new route for de-carboxylation of lactones over Zn/ZSM-5: elucidation of structure and molecular interactions. Angewandte Chemie International Edition, 2017, 56(36): 10711-10716.

[232] Almutairi S M T, Mezari B, Magusin P C M M, et al. Structure and reactivity of Zn-modified ZSM-5 zeolites: The importance of clustered cationic Zn complexes. ACS Catalysis, 2012, 2(1): 71-83.

[233] Li Z L, Lepore A W, Salazar M F, et al. Selective conversion of bio-derived ethanol to renewable BTX over Ga-ZSM-5. Green Chemistry, 2017, 19(18): 4344-4352.

[234] Ausavasukhi A, Sooknoi T. Tunable activity of [Ga]HZSM-5 with H$_2$ treatment: Ethane dehydrogenation. Catalysis Communications, 2014, 45: 63-68.

[235] Wang H Q, Hou Y L, Sun W J, et al. Insight into the effects of water on the ethene to aromatics reaction with HZSM-5. ACS Catalysis, 2020, 10(9): 5288-5298.

[236] Hensen E J M, Pidko E A, Rane N, et al. Water-promoted hydrocarbon activation catalyzed by binuclear gallium sites in ZSM-5 zeolite. Angewandte Chemie International Edition, 2007, 46(38): 7273-7276.

[237] Xiao H, Zhang J F, Wang X X, et al. A highly efficient Ga/ZSM-5 catalyst prepared by formic acid impregnation and *in situ* treatment for propane aromatization. Catalysis Science & Technology, 2015, 5(8): 4081-4090.

[238] Yeh Y H, Gorte R J, Rangarajan S, et al. Adsorption of small alkanes on ZSM-5 zeolites: Influence of brønsted sites. The Journal of Physical Chemistry C, 2016, 120(22): 12132-12138.

[239] Ying L, Zhu J J, Cheng Y W, et al. Kinetic modeling of C$_2$~C$_7$ olefins interconversion over ZSM-5 catalyst. Journal of Industrial and Engineering Chemistry, 2016, 33(25): 80-90.

[240] Choudhary V R, Devadas P. Influence of space velocity on product selectivity and distribution of aromatics and xylenes in propane aromatization over H-GaMFI zeolite. Journal of Catalysis, 1997, 172(2): 475-478.

[241] Choudhary V R, Devadas P, Banerjee S, et al. Aromatization of dilute ethylene over Ga-modified ZSM-5 type zeolite catalysts. Microporous and Mesoporous Materials, 2001, 47(2/3): 253-267.

[242] Choudhary V R, Banerjee S, Panjala D. Product distribution in the aromatization of dilute ethene over H-GaAlMFI zeolite: Effect of space velocity. Microporous and Mesoporous Materials, 2002, 51(3): 203-210.

[243] Choudhary T V, Kinage A, Banerjee S, et al. Influence of space velocity on product selectivity and distribution of aromatics in propane aromatization over H-GaAlMFI zeolite. Journal of Molecular Catalysis A: Chemical, 2006, 246(1/2): 79-84.

[244] Wang Y R, Liu M, Zhang A, et al. Methanol usage in toluene methylation over Pt modified ZSM-5 catalyst: Effects of total pressure and carrier gas. Industrial & Engineering Chemistry Research, 2017, 56(16): 4709-4717.

[245] Guisnet M, Gnep N S. Mechanism of short-chain alkane transformation over protonic zeolites: Alkylation, disproportionation and aromatization. Applied Catalysis A: General, 1996, 146(1): 33-64.

[246] Liu J X, La Hong A S N, He N, et al. The crucial role of reaction pressure in the reaction paths for i-butane conversion over Zn/HZSM-5. Chemical Engineering Journal, 2013, 218(15): 1-8.

[247] Wang Y H, Wang G Y, Cheng K, et al. Visualizing element migration over bifunctional metal-zeolite catalysts and its impact on catalysis. Angewandte Chemie International Edition, 2021, 60(32): 17735-17743.

[248] Biscardi J A, Meitzner G D, Iglesia E. Structure and density of active Zn species in Zn/H-ZSM5 propane aromatization catalysts. Journal of Catalysis, 1998, 179(1): 192-202.

[249] 刘亚聪, 董梅, 樊卫斌, 等. 用于乙烯芳构化反应的 Zn/HZSM-5 催化剂失活机制研究. 燃料化学学报, 2018, 46(7): 826-834.

[250] Lee K Y, Kang M Y, Ihm S K. Deactivation by coke deposition on the HZSM-5 catalysts in the methanol-to-hydrocarbon conversion. Journal of Physics and Chemistry of Solids, 2012, 73(12): 1542-1545.

[251] Wannapakdee W, Wattanakit C, Paluka V, et al. One-pot synthesis of novel hierarchical bifunctional Ga/HZSM-5 nanosheets for propane aromatization. RSC Advances, 2016, 6(4): 2875-2881.

[252] Li B, Xu Z X, Chu W, et al. Ordered mesoporous Sn-SBA-15 as support for Pt catalyst with enhanced performance in propane dehydrogenation. Chinese Journal of Catalysis, 2017, 38(4): 726-735.

[253] Gayubo A G, Aguayo A T, Castilla M, et al. Catalyst reactivation kinetics for methanol transformation into hydrocarbons. Expressions for designing reaction-regeneration cycles in isothermal and adiabatic fixed bed reactor. Chemical Engineering Science, 2001, 56(17): 5059-5071.

[254] Aguayo A T, Gayubo A G, Ereña J, et al. Study of the regeneration stage of the MTG process in a pseudoadiabatic fixed bed reactor. Chemical Engineering Journal, 2003, 92(1/2/3): 141-150.

[255] Aguayo A T, Gayubo A G, Atutxa A, et al. Regeneration of a HZSM-5 zeolite catalyst deactivated in the transformation of aqueous ethanol into hydrocarbons. Catalysis Today, 2005, 107: 410-416.

[256] Yarulina I, Kapteijn F, Gascon J. The importance of heat effects in the methanol to hydrocarbons reaction over ZSM-5: On the role of mesoporosity on catalyst performance. Catalysis Science & Technology, 2016, 6(14): 5320-5325.

[257] Kim S, Sasmaz E, Lauterbach J. Effect of Pt and Gd on coke formation and regeneration during JP-8 cracking over ZSM-5 catalysts. Applied Catalysis B: Environmental, 2015, 168: 212-219.

[258] Khangkham S, Julcour L C, Damronglerd S, et al. Regeneration of coked zeolite from PMMA cracking process by ozonation. Applied Catalysis B: Environmental, 2013, 140: 396-405.

[259] Zhang J C, Zhang H B, Yang X Y, et al. Study on the deactivation and regeneration of the ZSM-5 catalyst used in methanol to olefins. Journal of Natural Gas Chemistry, 2011, 20(3): 266-270.

[260] Hafezkhiabani N, Fathi S, Shokri B, et al. A novel method for decoking of Pt-Sn/Al₂O₃ in the naphtha reforming process using RF and pin-to-plate DBD plasma systems. Applied Catalysis A: General, 2015, 493(5): 8-16.

[261] Jia L Y, Farouha A, Pinard L, et al. New routes for complete regeneration of coked zeolite. Applied Catalysis B: Environmental, 2017, 219: 82-91.

[262] Guisnet M. "Coke" molecules trapped in the micropores of zeolites as active species in hydrocarbon transformations. Journal of Molecular Catalysis A: Chemical, 2002, 182: 367-382.

[263] Collett C H, McGregor J. Things go better with coke: The beneficial role of carbonaceous deposits in heterogeneous catalysis. Catalysis Science & Technology, 2016, 6(2): 363-378.

[264] Zhou J B, Gao M B, Zhang J L, et al. Directed transforming of coke to active intermediates in methanol to olefins catalyst to boost light olefins selectivity. Nature Communications, 2021, 12(1): 17.

[265] Chen N Y, Yan T Y. M₂ forming a process for aromatization of light hydrocarbons. Industrial & Engineering Chemistry Process Design and Development, 1986, 25(1): 151-155.

[266] Arai H, Izumi Y, Iwamoto M. Science and technology in catalysis 1994: Proceedings of the Second Tokyo Conference on

Advanced Catalytic Science and Technology. Tokyo: Kodansha, 1995.

[267] Giannetto G, Monque R, Galiasso R. Transformation of LPG into aromatic hydrocarbons and hydrogen over zeolite catalysts. Catalysis Reviews, 1994, 36 (2): 271-304.

第 6 章

煤制油技术展望

煤制油技术起源于 20 世纪 10~20 年代的德国，并在 30 年代实现了工业化。50 年代后，煤制油技术的产业化实践转移至南非，南非 SASOL 公司先后发展了低温固定床、高温流化床和低温浆态床等多种工艺路线。2000 年后，中国的煤制油技术取得了飞速突破，在直接液化领域，神华集团完成了技术的自主开发，并于 2008 建成投产了全球唯一一套百万吨级直接液化项目。在间接液化领域，中国科学院山西煤炭化学研究所和中科合成油技术股份有限公司首次提出并成功开发了中温费-托合成工艺路线，建成了包括全球单体最大神华宁煤 400 万 t/a 间接液化项目在内的多套工业化装置。兖矿集团采用低温浆态床工艺建成运行了 100 万 t/a 的工业装置。大连化物所、中国科学院山西煤炭化学研究所分别建成投产了 Co 基浆态床和 Co 基固定床的工业示范装置。近 20 年的技术进步和产业化实践已使我国成为煤制油领域技术水平最高、技术路线最丰富的国家。

纵观煤制油技术的发展历史可以发现，煤制油技术的发展与国家需求紧密相连。德国、南非和中国均为煤炭资源丰富、石油资源严重短缺的国家，煤制油技术的发展得到了国家政策的大力支持，成为弥补石油短缺、提升国家能源安全、保障国民经济发展的重要手段。目前，我国的煤制油产业的总规模不足 900 万 t/a，相对每年 6 亿多吨的原油进口量而言，对国家能源安全的作用有限。2021 年国家发布了《中华人民共和国国民经济和社会发展第十四个五年规划和 2035 年远景目标纲要》，提出了全面的能源安全保障措施，强调："坚持立足国内、补齐短板、多元保障、强化储备，完善产供储销体系，增强能源持续稳定供应和风险管控能力，实现煤炭供应安全兜底、油气核心需求依靠自保、电力供应稳定可靠。夯实国内产量基础，保持原油和天然气稳产增产，做好煤制油气战略基地规划布局和管控。"，从国家政策层面明确了煤制油气技术是提升能源安全的重要手段。根据"十四五"规划要求，未来将在内蒙古鄂尔多斯、陕西榆林、山西晋北、新疆准东、新疆哈密建设煤制油气基地，建立产能和技术储备。

经过长期的技术研发和产业化实践，我国的煤制油技术已达到国际领先水平，但目前仍存在 CO_2 排放量高、产品结构单一、市场竞争力弱等问题，解决这些问题是推动国家煤制油气基地建设的关键，也是技术升级发展的方向。煤制油过程的 CO_2 排放主要由两部分组成。一是能量损失，直接液化的能效为 55%~60%，间接液化的能效为 39%~44%，煤中大量的热值未能转移至油品，而是热的形式损耗了，并排出了 CO_2。二是水气变换反应，煤的主要成分为碳，氢含量很低，在煤制油过程中需要引入氢气才能制得合格油品。目前工业上主要通过水气变换反应制备氢气（$CO+H_2O \longrightarrow H_2+CO_2$），氢气的制备过程产生了大量的 CO_2。煤制油过程降低 CO_2 排放的主要方法是提高能源转化效率和减少水气变换反应。近中期内，提高能源转化效率是煤制油过程实现 CO_2 减排的主要方法。远期，伴随新能源制氢技术的成熟和成本的降低，在煤制油过程引入绿氢，替代现有的水气变换工艺，可最终实现煤制油过程的碳中和。

与石油路线相比，煤制油技术的工艺路线复杂，投资和运行费用高，在低油价时期企业的盈利压力非常大。如果无法保证长期稳定盈利，煤制油产业的规模将难以有效提高，也就无法体现其提升能源安全的战略意义。我国现有煤制油项目的主要产品均为柴油、石脑油、LPG 和少量化学品，产品结构单一，市场竞争力较弱。煤制油行业市场竞争力的提升一方面需要国家在产业政策方面进行相应的扶持，另一方面更需要行业内部通过技术升级实现降耗增效。主要的技术升级内容包括：进一步提升催化剂性能，降低催化剂消耗；优化产品加工方案，实现产品的高端化、多元化等。从国家能源安全的角度看，在和平时期，尤其是低油价时期，煤制油产业可以多产高值化学品，保证稳定的盈利水平，维持产业的健康发展。在高油价时期，特别是国家的石油供应面临严重威胁的特殊时期，煤制油产业应大量生产油品，真正起到提高国家能源安全的作用。要实现这一设想，煤制油技术亟需开发油品与化学品动态联产工艺，实现在投资成本不增加或少量增加的情况下，通过改变催化剂和反应工艺来调整油品和化学品生产规模的目标。

展望未来，通过技术的持续升级，煤制油过程的能源转化效率将进一步提高，产品结构优化，市场竞争力显著提升。技术的升级将推动国家煤制油气产能基地建设规划的落实，推动煤制油产业的高端化、多元化和低碳化发展。煤制油技术将逐渐担负起降低油品对外依存度，提升国家能源安全的重任。